安徽省农作物种质资源

蔬菜作物卷·壹

主　编　荣松柏

时代出版传媒股份有限公司
安徽科学技术出版社

图书在版编目(CIP)数据

安徽省农作物种质资源.蔬菜作物卷.壹 / 荣松柏主编. --合肥:安徽科学技术出版社,2025.4

ISBN 978-7-5337-9200-8

Ⅰ.S329.254

中国国家版本馆 CIP 数据核字第 202581HS57 号

安徽省农作物种质资源·蔬菜作物卷·壹　　　　　　　　　主编　荣松柏

总　策　划：安徽省农业科学院农业经济与信息研究所　　项目策划：鲍立新

出 版 人：王筱文　　选题策划：李志成　　责任编辑：黄柏松　李志成

责任校对：胡　铭　　责任印制：梁东兵　　装帧设计：冯　劲

出版发行：安徽科学技术出版社　　　　http://www.ahstp.net

（合肥市政务文化新区翡翠路 1118 号出版传媒广场,邮编:230071)

电话：(0551)63533330

印　　制：安徽联众印刷有限公司　　电话:(0551)65661327

（如发现印装质量问题,影响阅读,请与印刷厂商联系调换)

开本：889×1194　1/16　　　　印张：26.5　　　字数：330 千

版次：2025 年 4 月第 1 版　　　　印次：2025 年 4 月第 1 次印刷

ISBN 978-7-5337-9200-8　　　　　　　　　　　　　定价：378.00 元

本书编写委员会

主　　任：汪学军　张正竹

顾　　问：徐义流

副主任：潘　鑫　李泽福　李　成

委　　员：刘　军　陈剑华　胡　涛　傅应军　刘　根
　　　　　陈　钧　张　琦　燕　丽　康　艳　杨　普
　　　　　李廷春　徐　磊　鲍立新　荣松柏

本书主要编写人员

主　　编：荣松柏

成　　员：荆泉凯　赵西拥　赵　莉　李玉龙　李强生
　　　　　周坤能　杨华应　李廷春　阚画春　郑曙峰
　　　　　周　斌　陈晓东　夏家平　赵　斌　吴泽江
　　　　　程　鹏　刘　泽　丁开霞　李嘉欣　张彩娟
　　　　　李　俊

安徽省第三次全国农作物种质资源普查与收集行动
承担单位

（排名不分先后）

安徽省农业农村厅	东至县农业农村局	蒙城县农业农村局
安徽省农业科学院	石台县农业农村局	利辛县农业农村局
固镇县农业农村局	青阳县农业农村局	谯城区农业农村局
五河县农业农村局	南谯区农业农村局	宣州区农业农村局
怀远县农业农村局	天长市农业农村局	郎溪县农业农村局
南陵县农业农村局	来安县农业农村局	广德市农业农村局
湾沚区农业农村局	全椒县农业农村局	宁国市农业农村局
无为市农业农村局	定远县农业农村局	泾县农业农村局
繁昌区农业农村局	明光市农业农村局	绩溪县农业农村局
三山经开区农村发展局	凤阳县农业农村局	旌德县农业农村局
霍邱县农业农村局	潘集区农业农村局	萧县农业农村局
金寨县农业农村局	八公山区农业农村水利局	萧县农业科学研究所
霍山县农业农村局	寿县农业农村局	灵璧县农业农村局
舒城县农业农村局	凤台县农业农村局	砀山县农业农村局
金安区农业农村局	黄山区农业农村局	砀山县农业科学研究所
铜陵市郊区农业农村局	徽州区农业农村局	泗县农业农村局
铜陵市义安区农业农村局	黟县农业农村水利局	泗县农业科学研究所
枞阳县农业农村局	休宁县农业农村局	埇桥区农业农村局
铜官区农业农村水利局	歙县农业农村局	肥西县农业农村局
颍上县农业农村局	祁门县农业农村局	肥东县农业农村局
阜南县农业农村局	怀宁县农业农村局	庐江县农业农村局
临泉县农业农村局	桐城市农业农村局	巢湖市农业农村局
太和县农业农村局	潜山市农业农村局	长丰县农业农村局
界首市农业农村局	太湖县农业农村局	和县农业农村局
濉溪县农业农村局	望江县农业农村局	当涂县农业农村局
烈山区农业农村水利局	岳西县农业农村局	博望区农业农村水利局
杜集区农业农村水利局	宿松县农业农村局	含山县农业农村局
贵池区农业农村局	涡阳县农业农村局	

安徽省第三次全国农作物种质资源普查与收集行动
部分主要参与人员

（排名不分先后）

苏莉	桂法银	范厚亚	郑本一	张诗晗	李庭奇	苑文才	朱有龙	张俊
曹玉洪	刘怡	余丽	夏雪琴	葛小平	王玲	张天林	陈艳梅	刘春松
王勇	徐建新	毛文婷	李景军	董昌升	熊克巍	李紫兰	许四五	许兴旺
葛严鑫	王天柱	宋伟	李琦	陈凤山	魏振标	张虎	李楠	梅宝
姜山	兰金	刘炜	田茂尚	权蒙蒙	刘娜	黄尧	刘亚东	梁杨
王家瑞	李芳	王升红	肖志红	王甜	郑忠	徐礼森	朱再生	严向东
王浩东	周锐	汪向东	张长海	黄剑平	应世干	杨金龙	王珺	胡秀松
常桂宝	张丽	李舒瑶	晁元上	陈俊生	李立志	吕俊义	姜威	朱静宜
张明慧	高春慧	邓军海	张月林	王守明	毕劲松	怀文辉	谢亚	陈金莉
张宏斌	张玲	唐立芳	杨勇	程才军	黄伟	牛涛	邵峰	杨超华
王道斌	任功平	邵六海	耿基玉	刘辉	徐学珍	王旭	闪顺章	於杰
李家起	王兴银	周琴	王元祥	刘双喜	张俊	陆建生	陶益宝	崔德勋
何毅	金钟	程帆	赵吉胜	周维军	杨文胜	张丽	卓越	殷修刚
孙晓伟	黄卫华	孔凤琴	赵玉萍	刘荣魁	褚敬青	邹顺利	王振江	李千和
李永	叶宏生	王伟	王永刚	杜长青	项琪敏	李竹	江小伟	庄世荣
江佑民	戴丽玲	方永新	黄洁	严康泉	汪少波	杨阳	田霞	刘卫民
汪志祥	马贤炳	李国宏	严江	郑智慧	赵晓东	毕玉昌	陈军	刘强
吴鹏	沈田国	刘归定	方忠坤	吴险峰	刘本芳	谢梦雅	余倩倩	万有保
张英姿	尤洁莉	陈恩全	武美兰	叶北朝	章辉	鲍锡来	陈国清	李东红
高宜兴	张广才	丁树忠	伯智	莫从古	马琨	米晓梅	李健峰	秦小峰
吴保同	查全英	周洪琴	施佳	刘祥刚	徐斌	阮志取	周斌	荣松柏
王明霞	赵西拥	张效忠	宁志怨	阮旭	胡国玉	甘斌杰	严从生	刘才宇
杨勇	杨华应	陈晓东	夏家平	丁开霞	齐永杰	李瑞雪	刘泽	程文龙
孙皓								

序

种质资源是种业的"芯片",是国家重要的战略性资源,也是衡量综合国力的重要指标。保护好、利用好种质资源是全面打赢种业翻身仗的关键。种质资源保护工作关系到国家粮食安全和种业安全,意义重大。

近年来,随着新型工业化、新型城镇化进程的加快,以及农业种植结构调整和气候环境变化等因素,野生近缘植物资源生存繁衍的栖息地环境受到影响,地方品种大量消失,生物多样性遭到破坏。在此背景下,农业农村部牵头组织开展了第三次全国农作物种质资源普查与收集行动。

安徽地处暖温带与亚热带过渡地带,地形地貌呈现多样性,农业种质资源丰富。通过第三次全国农作物种质资源普查与收集行动,安徽抢救性收集了一批古老地方种、种植年代久远的育成品种、重要作物的野生近缘植物及其他珍稀、濒危的野生植物资源,取得了显著成效。

本书是在对收集资源进行科学分类,开展大量田间表型鉴定的基础上编撰而成的资源科普类图书。书中内容涵盖的作物类型丰富,资源特征特性描述翔实,图片生动清晰,全面展示了所收集资源的基本特征,可为农业科研、推广、生产等相关领域提供较为全面的资源信息,为"新、特、优、稀"种质资源的开发利用提供参考,是全面认识和了解安徽农作物种质资源的科普书籍。

中国工程院院士 刘旭

2025年2月

前　言

　　作物种质资源是保障国家粮食安全与重要农产品供给、建设生态文明、维护生物多样性的战略性资源，是农业科技原始创新、作物育种及生物技术产业的物质基础。作物种质资源保护与利用是农业持续发展的前提。

　　安徽省地处我国中东部地区，四季分明，境内长江、淮河横贯东西，南部、西部山峦绵延，形成了天然的淮北平原、皖西大别山区、江淮丘陵、长江下游平原和皖南山区五大自然生态区，物种多样，种类繁多，资源丰富。2019—2023 年，在农业农村部统一部署下，由安徽省农业农村厅和安徽省农业科学院牵头，各级地市县区参与下全面完成了安徽省第三次全国农作物种质资源普查与收集行动，涉及 78 个普查县（市、区）和 22 个系统调查县（市、区），收集并移交国家资源库圃资源共5 480 份。

　　《安徽省农作物种质资源》是基于安徽省第三次全国农作物种质资源普查与收集行动，参照国家《农作物种质资源技术规范》，开展资源田间鉴定评价，采集大量资源农艺性状数据，拍摄丰富资源特征图片的基础上，对收集资源进行汇总编写而成，是一部既有收藏价值又有实用价值的大型科普图书。

　　《安徽省农作物种质资源》根据作物类别分为粮食作物卷、蔬菜作物卷、经济作物及果树牧草卷共三卷，其中粮食作物卷四册，蔬菜作物卷四册，经济作物及果树牧草卷二册。本书的主要内容是根据资源鉴定所采集的数据图片，结合资源普查调查信息，以图文并茂的形式对每一份资源的来源地、分类、资源主要特征特性等进行详细描述，达到便于查询,使读者可更加直接地了解资源所具有的各项特性和高效利用的目的。

本书所汇总的农作物种质资源主要为安徽省第三次全国农作物种质资源普查与收集行动成果,已保存于国家库圃和尚未采集的资源不在本次编写范围内。鉴于本次资源采集规则,部分资源特征性状存在极为相似现象,编写中进行了筛选;同时,受客观条件限制,对于果树等多年生资源未开展鉴定,本书仅以表格形式对此类资源的采集编号、种质名称、采集地点等信息进行描述。

本书由安徽省农业科学院组织编写。撰写过程中,中国农业科学院高爱农研究员、辛霞研究员给予了宝贵意见,安徽省农业科学院作物研究所、水稻研究所、园艺研究所、蔬菜研究所、经济作物研究所等相关研究所及同事提供了试验条件和技术帮助,在此表示衷心感谢。尤其感谢第三次全国农作物种质资源普查与收集行动专项、安徽省种业发展农业种质资源保护利用专项为本书的出版提供了资助。

鉴于编者水平有限,不足之处在所难免,敬请读者批评指正。

编 者

2024年12月

目

录

●

辣椒

目 录

●

南瓜

目 录

●

苋菜

目 录

●

辣

椒

莲 花 辣 椒

【作物名称】辣椒 *Capsicum annuum* L.

【作物类别】蔬菜

【分　　类】茄科辣椒属

【采集地点】安庆市太湖县

【采集编号】2021349056

【特征特性】

　　株型半直立,株高约48.4 cm,无限分枝类型,分枝性强,叶长卵圆形,绿色。首花节位第7节,花冠白色,单节叶腋着生花数1朵,花梗下垂。果短锥形,果面棱沟浅,有光泽,光滑,果肩凸,果顶钝圆,青熟果黄绿色,老熟果鲜红色。商品果纵径约7.4 cm,横径约2.7 cm,果肉厚约2.3 mm,心室3个,单果重约7.3 g。

弥 陀 辣 椒

【作物名称】辣椒 *Capsicum annuum* L.
【作物类别】蔬菜
【分　　类】茄科辣椒属
【采集地点】安庆市太湖县
【采集编号】2021349085

【特征特性】

　　株型半直立,株高约47.8 cm,无限分枝类型,分枝性中,叶长卵圆形,深绿色。首花节位第8节,花冠白色,单节叶腋着生花数1朵,花梗侧生。果短牛角形,果面棱沟浅,有光泽,光滑,果肩凸,果顶细尖,青熟果深绿色,老熟果暗红色。商品果纵径约7.4 cm,横径约2.1 cm,果肉厚约2.1 mm,心室2个,单果重约13.8 g。

北 中 辣 椒

【作物名称】辣椒 *Capsicum annuum* L.

【作物类别】蔬菜

【分　　类】茄科辣椒属

【采集地点】安庆市太湖县

【采集编号】P340825006

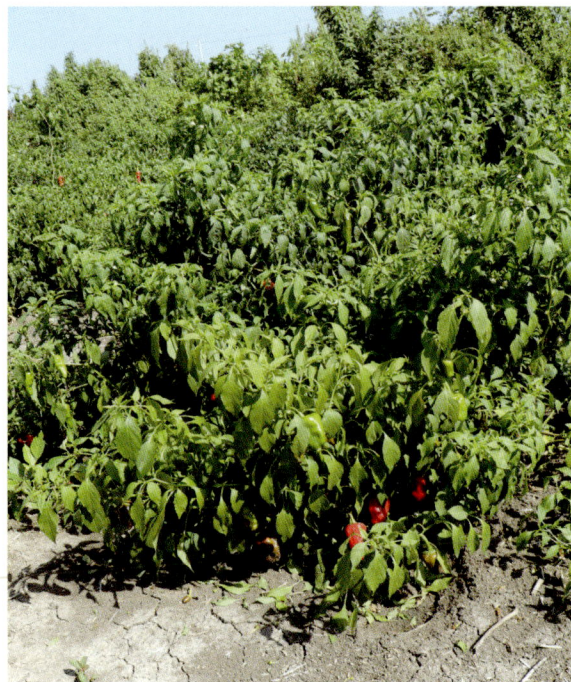

【特征特性】

　　株型半直立,株高约40.1 cm,无限分枝类型,分枝性强,叶长卵圆形,绿色。首花节位第9节,花冠白色,单节叶腋着生花数1朵,花梗下垂。果短牛角形,果面棱沟浅,有光泽,光滑,果肩凸,果顶钝圆,青熟果浅绿色,老熟果鲜红色。商品果纵径约7.6 cm,横径约2.3 cm,果肉厚约2.5 mm,心室3个,单果重约9.3 g。

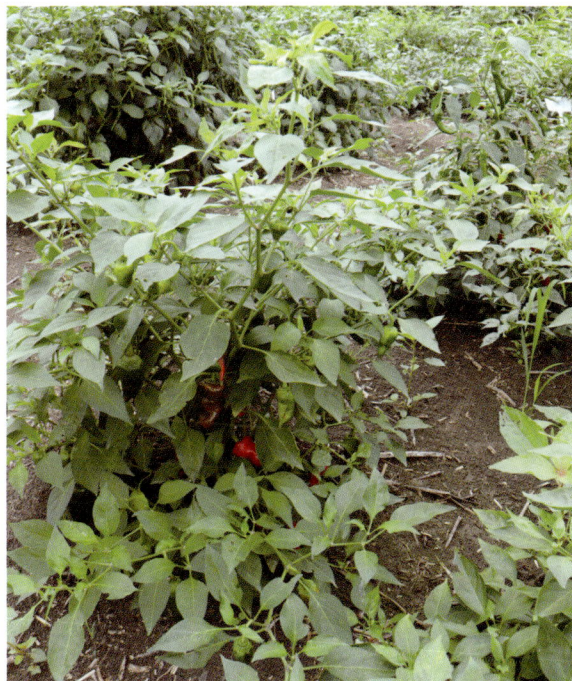

小 池 辣 椒

【作物名称】辣椒 *Capsicum annuum* L.
【作物类别】蔬菜
【分　　类】茄科辣椒属
【采集地点】安庆市太湖县
【采集编号】P340825011

【特征特性】

　　株型半直立,株高约61.5 cm,无限分枝类型,分枝性强,叶长卵圆形,深绿色。首花节位第11节,花冠白色,单节叶腋着生花数1朵,花梗下垂。果短锥形,果面棱沟中,有光泽,微皱,果肩凹陷,果顶钝圆,青熟果绿色,老熟果鲜红色。商品果纵径约4.5 cm,横径约2.2 cm,果肉厚约1.7 mm,心室2个,单果重约9.6 g。

黄尾辣椒

【作物名称】辣椒 *Capsicum annuum* L.

【作物类别】蔬菜

【分　　类】茄科辣椒属

【采集地点】安庆市岳西县

【采集编号】2020342084

【特征特性】

　　株型半直立,株高约45.5 cm,无限分枝类型,分枝性强,叶长卵圆形,深绿色。首花节位第7节,花冠白色,单节叶腋着生花数1朵,花梗下垂。果短牛角形,果面棱沟浅,有光泽,微皱,果肩微凹近平,果顶钝圆,青熟果深绿色,老熟果鲜红色。商品果纵径约5.9 cm,横径约1.9 cm,果肉厚约1.5 mm,心室4个,单果重约8.4 g。

黄尾线椒

【作物名称】辣椒 *Capsicum annuum* L.
【作物类别】蔬菜
【分　　类】茄科辣椒属
【采集地点】安庆市岳西县
【采集编号】2020342105

【特征特性】

株型直立,株高约52.1 cm,无限分枝类型,分枝性中,叶披针形,深绿色。首花节位第11节,花冠白色,单节叶腋着生花数1朵,花梗下垂。果线形,果面棱沟浅,有光泽,皱,无果肩,果顶细尖,青熟果绿色,老熟果鲜红色。商品果纵径约12.8 cm,横径约0.8 cm,果肉厚约1.2 mm,心室2个,单果重约4.0 g。

中关辣椒

【作物名称】辣椒 *Capsicum annuum* L.
【作物类别】蔬菜
【分　　类】茄科辣椒属
【采集地点】安庆市岳西县
【采集编号】P340828010

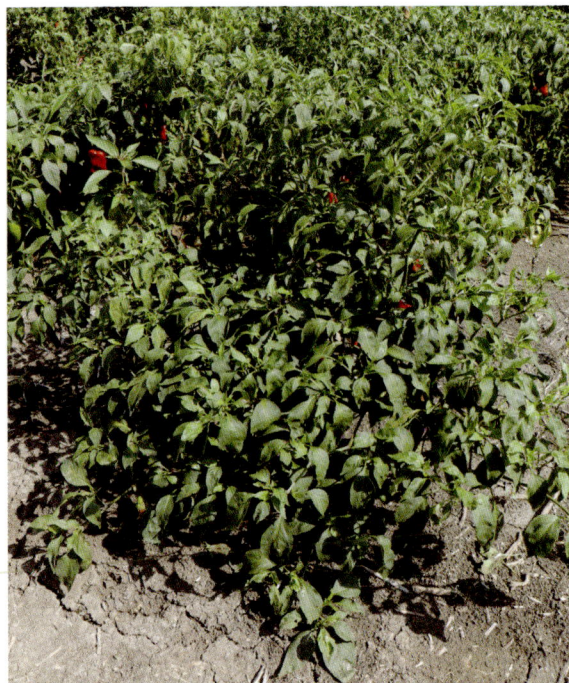

【特征特性】

　　株型半直立,株高约45.7 cm,无限分枝类型,分枝性中,叶长卵圆形,深绿色。首花节位第12节,花冠白色,单节叶腋着生花数1朵,花梗下垂。果短锥形,果面棱沟深,有光泽,微皱,果肩凸,果顶细尖,青熟果绿色,老熟果暗红色。商品果纵径约6.6 cm,横径约2.4 cm,果肉厚约1.6 mm,心室2个,单果重约6.1 g。

包家灯笼椒

【作物名称】辣椒 *Capsicum annuum* L.

【作物类别】蔬菜

【分　　类】茄科辣椒属

【采集地点】安庆市岳西县

【采集编号】P340828050

【特征特性】

　　株型半直立,株高约46.4 cm,无限分枝类型,分枝性强,叶长卵圆形,深绿色。首花节位第11节,花冠白色,单节叶腋着生花数1朵,花梗下垂。果扁灯笼形,果面棱沟浅,有光泽,光滑,果肩凹陷,果顶钝圆,青熟果深绿色,老熟果暗红色。商品果纵径约3.4 cm,横径约4.0 cm,果肉厚约2.9 mm,心室3个,单果重约16.9 g。

趾 凤 土 辣 椒

【作物名称】辣椒 *Capsicum annuum* L.
【作物类别】蔬菜
【分　　类】茄科辣椒属
【采集地点】安庆市宿松县
【采集编号】P340826012

【**特征特性**】

　　株型半直立,株高约56.4 cm,无限分枝类型,分枝性强,叶卵圆形,深绿色。首花节位第11节,花冠白色,单节叶腋着生花数1朵,花梗下垂。果短牛角形,果面棱沟浅,有光泽,微皱,果肩凸,果顶细尖,青熟果绿色,老熟果鲜红色。商品果纵径约9.3 cm,横径约2.3 cm,果肉厚约2.3 mm,心室3个,单果重约10.8 g。

源 潭 辣 椒

【作物名称】辣椒 *Capsicum annuum* L.

【作物类别】蔬菜

【分　　类】茄科辣椒属

【采集地点】安庆市潜山市

【采集编号】P340824118

【特征特性】

　　株型半直立,株高约60.3 cm,无限分枝类型,分枝性中,叶长卵圆形,深绿色。首花节位第9节,花冠白色,单节叶腋着生花数1朵,花梗直立。果长指形,果面棱沟浅,有光泽,微皱,果肩凸,果顶细尖,青熟果绿色,老熟果橙红色。商品果纵径约14.9 cm,横径约2.3 cm,果肉厚约1.9 mm,心室3个,单果重约10.9 g。

秀 山 尖 椒

【作物名称】辣椒 *Capsicum annuum* L.
【作物类别】蔬菜
【分　　类】茄科辣椒属
【采集地点】安庆市怀宁县
【采集编号】P340822026

【特征特性】

　　株型直立,株高约46.6 cm,无限分枝类型,分枝性弱,叶长卵圆形,绿色。首花节位第12节,花冠白色,单节叶腋着生花数1朵,花梗下垂。果长指形,果面棱沟浅,有光泽,微皱,果肩凸,果顶细尖,青熟果绿色,老熟果橙黄色。商品果纵径约8.4 cm,横径约1.4 cm,果肉厚约1.6 mm,心室3个,单果重约4.8 g。

石 牌 土 八 寸

【作物名称】辣椒 *Capsicum annuum* L.
【作物类别】蔬菜
【分　　类】茄科辣椒属
【采集地点】安庆市怀宁县
【采集编号】P340822002

【特征特性】

　　株型半直立,株高约39.8 cm,无限分枝类型,分枝性强,叶长卵圆形,绿色。首花节位第10节,花冠白色,单节叶腋着生花数1朵,花梗下垂。果短牛角形,果面棱沟浅,有光泽,微皱,果肩凸,果顶细尖,青熟果绿色,老熟果鲜红色。商品果纵径约9.5 cm,横径约2.5 cm,果肉厚约1.6 mm,心室3个,单果重约10.4 g。

仲 兴 小 彩 椒

【作物名称】辣椒 *Capsicum annuum* L.
【作物类别】蔬菜
【分　　类】茄科辣椒属
【采集地点】蚌埠市固镇县
【采集编号】P340323050

【特征特性】

　　株型直立,株高约51.2 cm,无限分枝类型,分枝性中,叶长卵圆形,深绿色。首花节位第13节,花冠紫色,单节叶腋着生花数1朵,花梗侧生。果短锥形,果面棱沟无,有光泽,微皱,无果肩,果顶细尖,青熟果紫色,老熟果暗红色。商品果纵径约2.7 cm,横径约1.5 cm,果肉厚约1.5 mm,心室2个,单果重约8.6 g。

石 湖 红 尖 椒

【作物名称】辣椒 *Capsicum annuum* L.

【作物类别】蔬菜

【分　　类】茄科辣椒属

【采集地点】蚌埠市固镇县

【采集编号】P340323063

【特征特性】

　　株型直立,株高约63.2 cm,无限分枝类型,分枝性强,叶长卵圆形,绿色。首花节位第15节,花冠白色,单节叶腋着生花数1朵,花梗下垂。果短指形,果面棱沟中,有光泽,皱,果肩凸,果顶细尖,青熟果绿色,老熟果鲜红色。商品果纵径约5.7 cm,横径约0.8 cm,果肉厚约1.7 mm,心室3个,单果重约9.6 g。

石 湖 朝 天 椒

【作物名称】辣椒 *Capsicum annuum* L.

【作物类别】蔬菜

【分　　类】茄科辣椒属

【采集地点】蚌埠市固镇县

【采集编号】P340323065

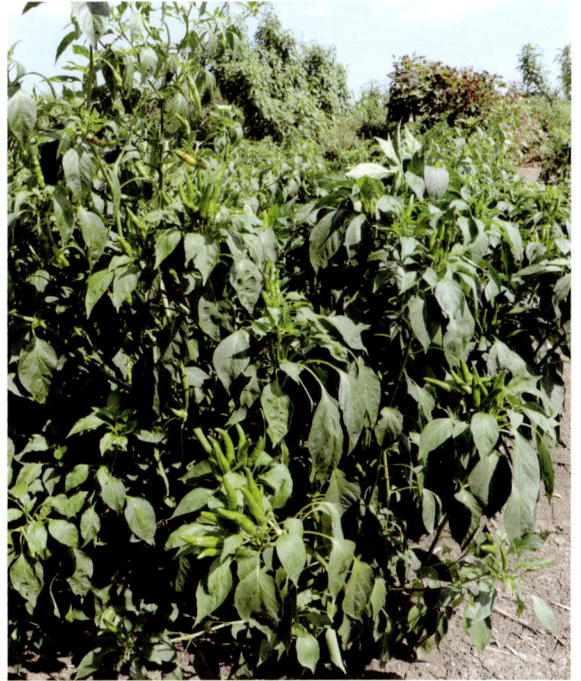

【特征特性】

　　株型直立,株高约58.7 cm,有限分枝类型,分枝性弱,叶长卵圆形,深绿色。首花节位第17节,花冠白色,单节叶腋着生花数14朵,花梗直立。果短牛角形,果面棱沟无,有光泽,微皱,果肩凸,果顶细尖,青熟果绿色,老熟果暗红色。商品果纵径约5.4 cm,横径约1.7 cm,果肉厚约1.5 mm,心室2个,单果重约3.6 g。

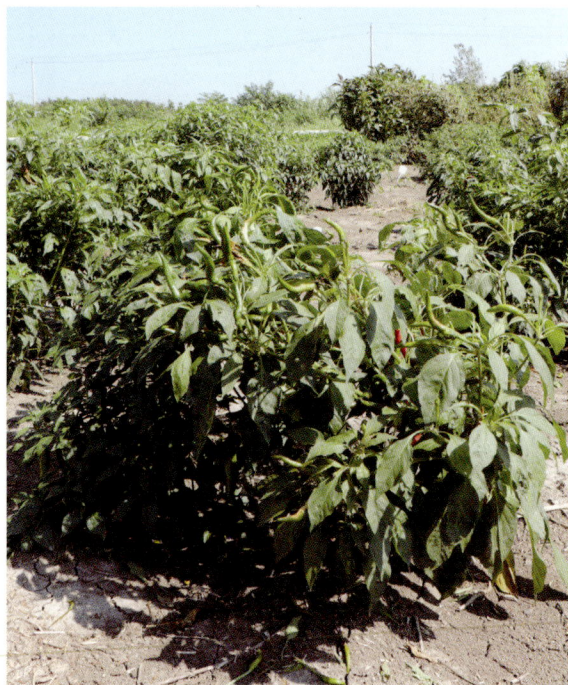

小 五 指 辣 椒

【作物名称】辣椒 *Capsicum annuum* L.
【作物类别】蔬菜
【分　　类】茄科辣椒属
【采集地点】蚌埠市怀远县
【采集编号】P340321026

【特征特性】

　　株型半直立,株高约46.2 cm,有限分枝类型,分枝性中,叶长卵圆形,绿色。首花节位第9节,花冠白色,单节叶腋着生花数9朵,花梗侧生。果短指形,果面棱沟中,有光泽,微皱,果肩凸,果顶凹,青熟果浅绿色,老熟果鲜红色。商品果纵径约7.5 cm,横径约1.1 cm,果肉厚约2.2 mm,心室2个,单果重约12.2 g。

申 集 辣 椒

【作物名称】辣椒 *Capsicum annuum* L.

【作物类别】蔬菜

【分　　类】茄科辣椒属

【采集地点】蚌埠市五河县

【采集编号】2019345088

【特征特性】

　　株型直立,株高约42.1 cm,无限分枝类型,分枝性强,叶长卵圆形,深绿色。首花节位第13节,花冠白色,单节叶腋着生花数1朵,花梗直立。果短牛角形,果面棱沟浅,有光泽,皱,无果肩,果顶细尖,青熟果浅绿色,老熟果暗红色。商品果纵径约4.3 cm,横径约1.0 cm,果肉厚约1.3 mm,心室2个,单果重约6.2 g。

一触椒

【作物名称】辣椒 *Capsicum annuum* L.

【作物类别】蔬菜

【分　　类】茄科辣椒属

【采集地点】蚌埠市五河县

【采集编号】2019345129

【特征特性】

　　株型半直立,株高约47.8 cm,无限分枝类型,分枝性中,叶长卵圆形,深绿色。首花节位第14节,花冠白色,单节叶腋着生花数1朵,花梗侧生。果短羊角形,果面棱沟中,有光泽,皱,果肩凸,果顶细尖,青熟果浅绿色,老熟果橙红色。商品果纵径约7.1 cm,横径约1.7 cm,果肉厚约1.0 mm,心室3个,单果重约4.2 g。

双 庙 小 黄 椒

【作物名称】辣椒 *Capsicum annuum* L.
【作物类别】蔬菜
【分　　类】茄科辣椒属
【采集地点】蚌埠市五河县
【采集编号】2019345151

【特征特性】

　　株型半直立,株高约51.3 cm,无限分枝类型,分枝性强,叶长卵圆形,深绿色。首花节位第12节,花冠白色,单节叶腋着生花数1朵,花梗侧生。果短指形,果面棱沟浅,有光泽,皱,无果肩,果顶细尖,青熟果绿色,老熟果橙黄色。商品果纵径约7.8 cm,横径约1.1 cm,果肉厚约1.2 mm,心室2个,单果重约4.6 g。

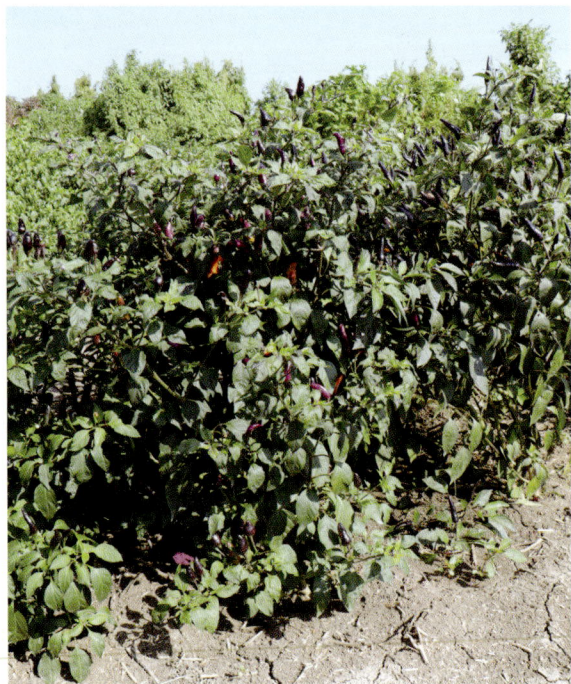

大 新 紫 辣 椒

【作物名称】辣椒 *Capsicum annuum* L.

【作物类别】蔬菜

【分　　类】茄科辣椒属

【采集地点】蚌埠市五河县

【采集编号】P340322228

【特征特性】

株型直立,株高约49.8 cm,无限分枝类型,分枝性强,叶长卵圆形,紫色。首花节位第13节,花冠紫色,单节叶腋着生花数1朵,花梗下垂。果短羊角形,果面棱沟浅,有光泽,微皱,果肩凸,果顶细尖,青熟果紫黑色,老熟果鲜红色。商品果纵径约8.4 cm,横径约2.5 cm,果肉厚约2.3 mm,心室2个,单果重约16.9 g。

利辛牛角椒

【作物名称】辣椒 *Capsicum annuum* L.

【作物类别】蔬菜

【分　　类】茄科辣椒属

【采集地点】亳州市利辛县

【采集编号】P341623019

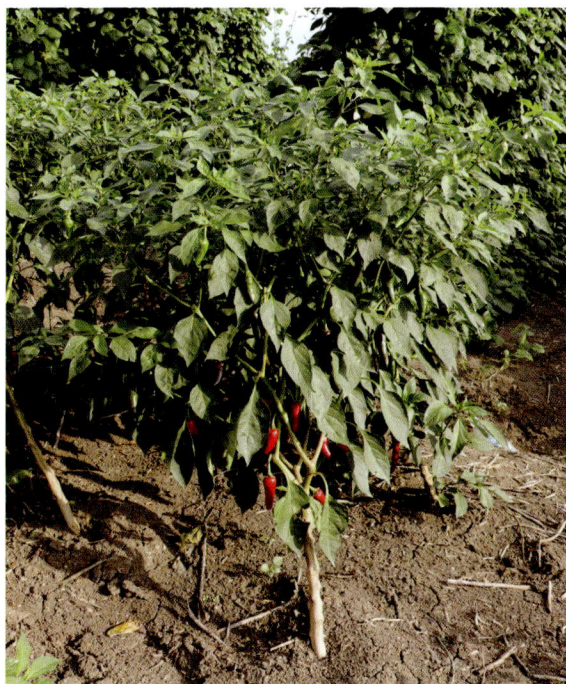

【特征特性】

　　株型半直立,株高约68.2 cm,无限分枝类型,分枝性中,叶长卵圆形,绿色。首花节位第18节,花冠白色,单节叶腋着生花数1朵,花梗下垂。果短牛角形,果面棱沟深,有光泽,皱,果肩微凹近平,果顶钝圆,青熟果深绿色,老熟果鲜红色。商品果纵径约7.2 cm,横径约1.8 cm,果肉厚约2.1 mm,心室3个,单果重约5.2 g。

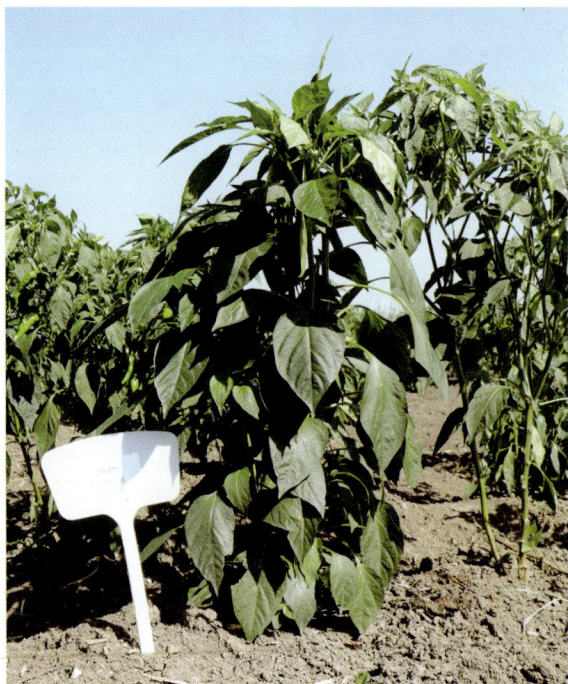

大 杨 朝 天 椒

【作物名称】辣椒 *Capsicum annuum* L.

【作物类别】蔬菜

【分　　类】茄科辣椒属

【采集地点】亳州市谯城区

【采集编号】2021342510

【特征特性】

株型直立,株高约55.8 cm,有限分枝类型,分枝性中,叶卵圆形,深绿色。首花节位第13节,花冠白色,单节叶腋着生花数1朵,花梗下垂。果短羊角形,果面棱沟浅,无光泽,皱,无果肩,果顶细尖,青熟果绿色,老熟果鲜红色。商品果纵径约5.6 cm,横径约1.8 cm,果肉厚约1.0 mm,心室3个,单果重约5.0 g。

牛集泡椒

【作物名称】辣椒 *Capsicum annuum* L.
【作物类别】蔬菜
【分　　类】茄科辣椒属
【采集地点】亳州市谯城区
【采集编号】2021342567

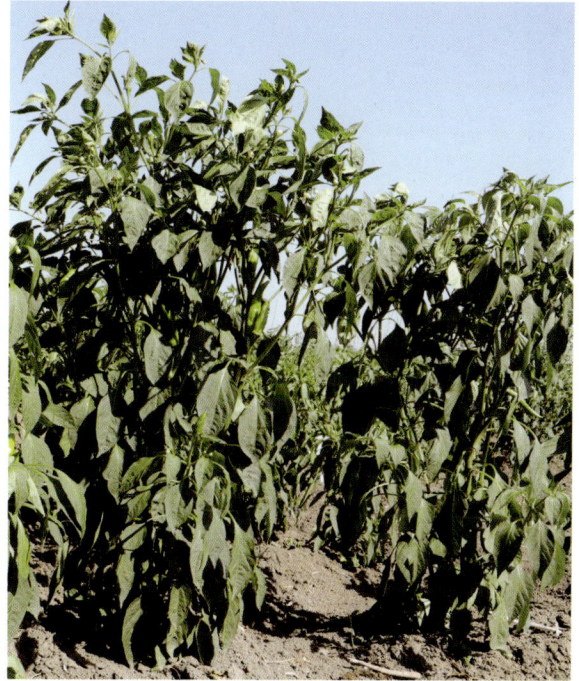

【特征特性】

　　株型直立,株高约64.7 cm,无限分枝类型,分枝性强,叶长卵圆形,深绿色。首花节位第13节,花冠白色,单节叶腋着生花数1朵,花梗直立。果短牛角形,果面棱沟浅,有光泽,微皱,果肩凸,果顶凹,青熟果浅绿色,老熟果鲜红色。商品果纵径约4.1 cm,横径约1.3 cm,果肉厚约2.0 mm,心室3个,单果重约7.1 g。

观堂辣椒

【作物名称】辣椒 *Capsicum annuum* L.

【作物类别】蔬菜

【分　　类】茄科辣椒属

【采集地点】亳州市谯城区

【采集编号】2021342618

【特征特性】

株型半直立，株高约43.5 cm，无限分枝类型，分枝性强，叶长卵圆形，绿色。首花节位第11节，花冠白色，单节叶腋着生花数1朵，花梗下垂。果长指形，果面棱沟浅，有光泽，微皱，无果肩，果顶细尖，青熟果浅绿色，老熟果鲜红色。商品果纵径约12.2 cm，横径约1.9 cm，果肉厚约1.7 mm，心室2个，单果重约10.8 g。

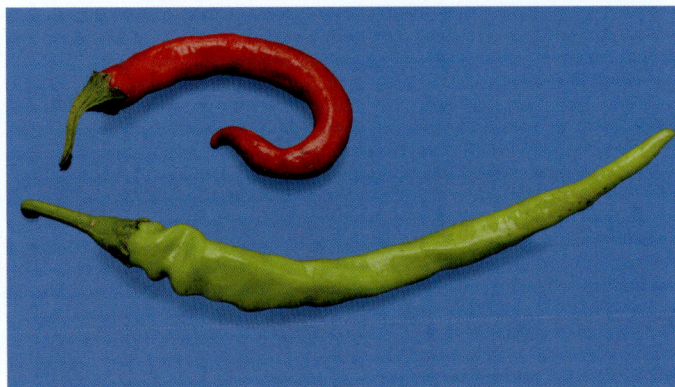

洋 湖 辣 椒

【作物名称】辣椒 *Capsicum annuum* L.
【作物类别】蔬菜
【分　　类】茄科辣椒属
【采集地点】池州市东至县
【采集编号】2022341721007

【特征特性】

　　株型半直立,株高约43.4 cm,无限分枝类型,分枝性强,叶长卵圆形,绿色。首花节位第6节,花冠白色,单节叶腋着生花数1朵,花梗侧生。果短锥形,果面棱沟中,有光泽,微皱,果肩凸,果顶凹,青熟果绿色,老熟果鲜红色。商品果纵径约6.4 cm,横径约2.7 cm,果肉厚约2.1 mm,心室2个,单果重约12.6 g。

葛 公 辣 椒

【作物名称】辣椒 *Capsicum annuum* L.

【作物类别】蔬菜

【分　　类】茄科辣椒属

【采集地点】池州市东至县

【采集编号】P341721022

【特征特性】

株型半直立,株高约51.7 cm,无限分枝类型,分枝性中,叶长卵圆形,绿色。首花节位第13节,花冠白色,单节叶腋着生花数1朵,花梗侧生。果短锥形,果面棱沟中,有光泽,微皱,果肩凸,果顶钝圆,青熟果深绿色,老熟果鲜红色。商品果纵径约4.2 cm,横径约2.3 cm,果肉厚约1.6 mm,心室3个,单果重约7.7 g。

龙 泉 辣 椒

【作物名称】辣椒 *Capsicum annuum* L.

【作物类别】蔬菜

【分　　类】茄科辣椒属

【采集地点】池州市东至县

【采集编号】P341721057

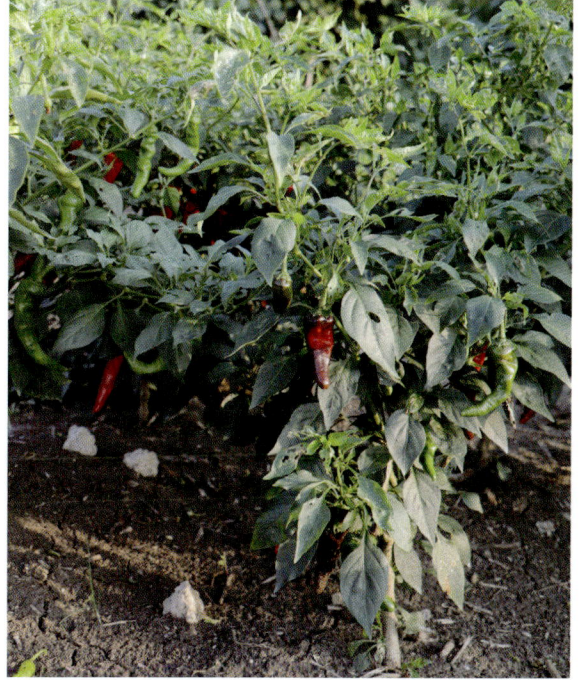

【特征特性】

株型半直立,株高约49.5 cm,无限分枝类型,分枝性中,叶长卵圆形,深绿色。首花节位第8节,花冠白色,单节叶腋着生花数1朵,花梗侧生。果长牛角形,果面棱沟中,有光泽,皱,果肩微凹近平,果顶细尖,青熟果绿色,老熟果暗红色。商品果纵径约10.6 cm,横径约2.2 cm,果肉厚约2.2 mm,心室3个,单果重约14.9 g。

陵 阳 长 辣 椒

【作物名称】辣椒 *Capsicum annuum* L.
【作物类别】蔬菜
【分　　类】茄科辣椒属
【采集地点】池州市青阳县
【采集编号】2021343526

【特征特性】

　　株型直立,株高约68.3 cm,无限分枝类型,分枝性强,叶长卵圆形,绿色。首花节位第9节,花冠白色,单节叶腋着生花数1朵,花梗下垂。果长指形,果面棱沟中,无光泽,皱,果肩凸,果顶细尖,青熟果绿色,老熟果暗红色。商品果纵径约12.5 cm,横径约2.2 cm,果肉厚约1.4 mm,心室3个,单果重约14.0 g。

陵 阳 短 辣 椒

【作物名称】辣椒 *Capsicum annuum* L.

【作物类别】蔬菜

【分　　类】茄科辣椒属

【采集地点】池州市青阳县

【采集编号】2021343529

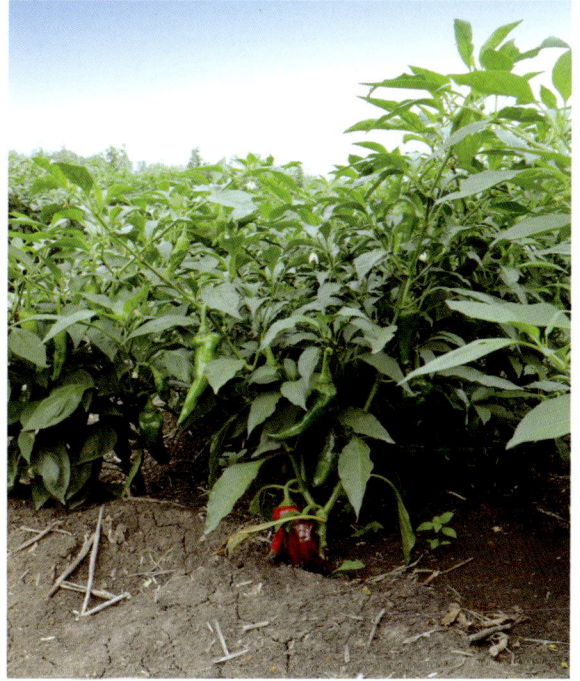

【特征特性】

　　株型半直立,株高约57.5 cm,无限分枝类型,分枝性强,叶长卵圆形,绿色。首花节位第6节,花冠白色,单节叶腋着生花数1朵,花梗下垂。果短锥形,果面棱沟中,有光泽,微皱,果肩凹陷,果顶凹,青熟果绿色,老熟果鲜红色。商品果纵径约5.9 cm,横径约3.1 cm,果肉厚约2.4 mm,心室3个,单果重约13.2 g。

杜 村 辣 椒

【作物名称】辣椒 *Capsicum annuum* L.
【作物类别】蔬菜
【分　　类】茄科辣椒属
【采集地点】池州市青阳县
【采集编号】2021343580

【特征特性】

　　株型半直立,株高约59.4 cm,无限分枝类型,分枝性中,叶长卵圆形,深绿色。首花节位第7节,花冠白色,单节叶腋着生花数1朵,花梗下垂。果长指形,果面棱沟中,有光泽,微皱,无果肩,果顶细尖,青熟果绿色,老熟果鲜红色。商品果纵径约10.7 cm,横径约2.1 cm,果肉厚约1.5 mm,心室2个,单果重约10.1 g。

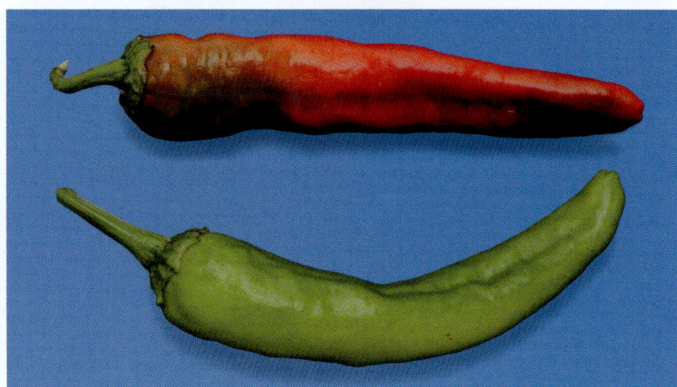

蓉 城 辣 椒

【作物名称】辣椒 *Capsicum annuum* L.

【作物类别】蔬菜

【分　　类】茄科辣椒属

【采集地点】池州市青阳县

【采集编号】2022341723012

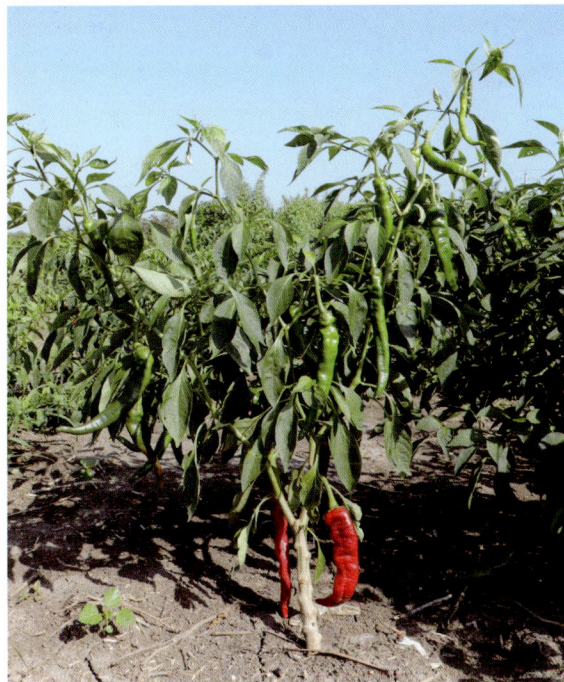

【特征特性】

　　株型半直立,株高约53.8 cm,无限分枝类型,分枝性中,叶长卵圆形,深绿色。首花节位第10节,花冠白色,单节叶腋着生花数1朵,花梗侧生。果长指形,果面棱沟浅,有光泽,微皱,果肩凸,果顶细尖,青熟果绿色,老熟果暗红色。商品果纵径约10.2 cm,横径约1.9 cm,果肉厚约2.9 mm,心室2个,单果重约14.2 g。

七 都 辣 椒

【作物名称】辣椒 *Capsicum annuum* L.

【作物类别】蔬菜

【分　　类】茄科辣椒属

【采集地点】池州市石台县

【采集编号】P341722018

【 **特征特性** 】

　　株型直立,株高约48.9 cm,无限分枝类型,分枝性中,叶长卵圆形,绿色。首花节位第7节,花冠白色,单节叶腋着生花数1朵,花梗侧生。果短牛角形,果面棱沟中,有光泽,微皱,果肩凸,果顶细尖,青熟果绿色,老熟果鲜红色。商品果纵径约6.8 cm,横径约1.8 cm,果肉厚约2.1 mm,心室2个,单果重约5.1 g。

半塔辣椒

【作物名称】辣椒 *Capsicum annuum* L.

【作物类别】蔬菜

【分　　类】茄科辣椒属

【采集地点】滁州市来安县

【采集编号】2021348026

【特征特性】

　　株型直立,株高约51.7 cm,无限分枝类型,分枝性中,叶卵圆形,绿色。首花节位第11节,花冠白色,单节叶腋着生花数1朵,花梗下垂。果长指形,果面棱沟无,有光泽,微皱,无果肩,果顶细尖,青熟果绿色,老熟果暗红色。商品果纵径约8.8 cm,横径约1.1 cm,果肉厚约1.0 mm,心室3个,单果重约4.6 g。

杨郢辣椒

【作物名称】辣椒 *Capsicum annuum* L.

【作物类别】蔬菜

【分　　类】茄科辣椒属

【采集地点】滁州市来安县

【采集编号】2021348079

【特征特性】

　　株型直立,株高约60.9 cm,无限分枝类型,分枝性强,叶长卵圆形,绿色。首花节位第12节,花冠白色,单节叶腋着生花数1朵,花梗直立。果长指形,果面棱沟浅,有光泽,微皱,无果肩,果顶细尖,青熟果深绿色,老熟果鲜红色。商品果纵径约8.2 cm,横径约1.6 cm,果肉厚约1.6 mm,心室2个,单果重约6.2 g。

张 山 辣 椒

【作物名称】辣椒 *Capsicum annuum* L.
【作物类别】蔬菜
【分　　类】茄科辣椒属
【采集地点】滁州市来安县
【采集编号】2021348101

【特征特性】

株型直立,株高约59.2 cm,无限分枝类型,分枝性中,叶长卵圆形,深绿色。首花节位第14节,花冠白色,单节叶腋着生花数1朵,花梗直立。果长指形,果面棱沟浅,有光泽,微皱,无果肩,果顶细尖,青熟果绿色,老熟果鲜红色。商品果纵径约9.1 cm,横径约1.2 cm,果肉厚约1.3 mm,心室2个,单果重约4.8 g。

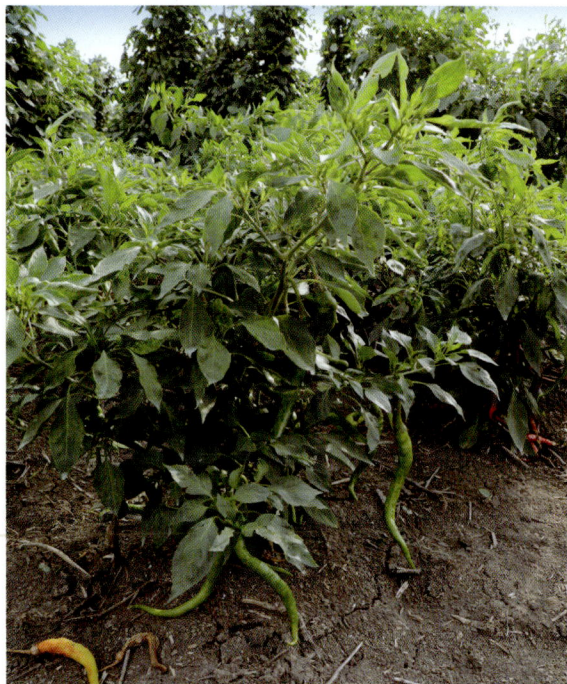

女山湖红弯辣椒

【作物名称】辣椒 *Capsicum annuum* L.
【作物类别】蔬菜
【分　　类】茄科辣椒属
【采集地点】滁州市明光市
【采集编号】2020244347

【特征特性】

　　株型半直立,株高约50.0 cm,无限分枝类型,分枝性中,叶长卵圆形,绿色。首花节位第11节,花冠白色,单节叶腋着生花数1朵,花梗侧生。果长指形,果面棱沟中,有光泽,皱,无果肩,果顶细尖,青熟果绿色,老熟果鲜红色。商品果纵径约13.3 cm,横径约1.6 cm,果肉厚约1.8 mm,心室3个,单果重约12.0 g。

女 山 湖 细 尖 椒

【作物名称】辣椒 *Capsicum annuum* L.
【作物类别】蔬菜
【分　　类】茄科辣椒属
【采集地点】滁州市明光市
【采集编号】2020344043

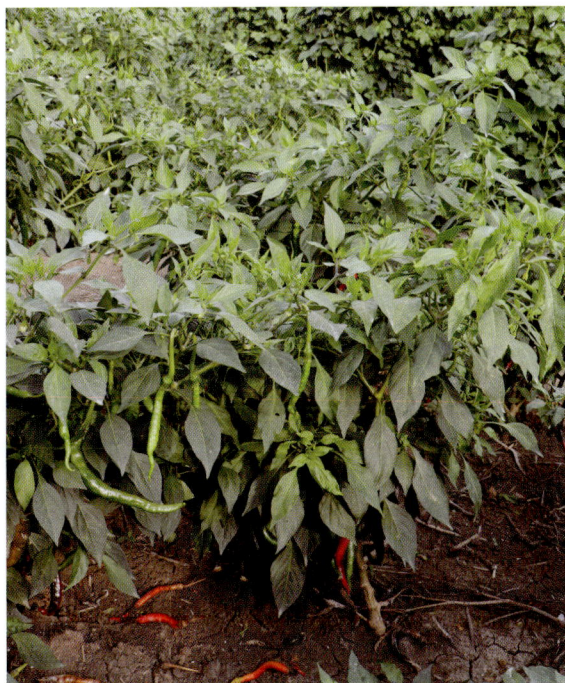

【特征特性】

　　株型半直立,株高约48.3 cm,无限分枝类型,分枝性强,叶长卵圆形,深绿色。首花节位第8节,花冠白色,单节叶腋着生花数1朵,花梗下垂。果长指形,果面棱沟中,有光泽,微皱,无果肩,果顶细尖,青熟果深绿色,老熟果暗红色。商品果纵径约12.4 cm,横径约1.4 cm,果肉厚约2.5 mm,心室2个,单果重约9.3 g。

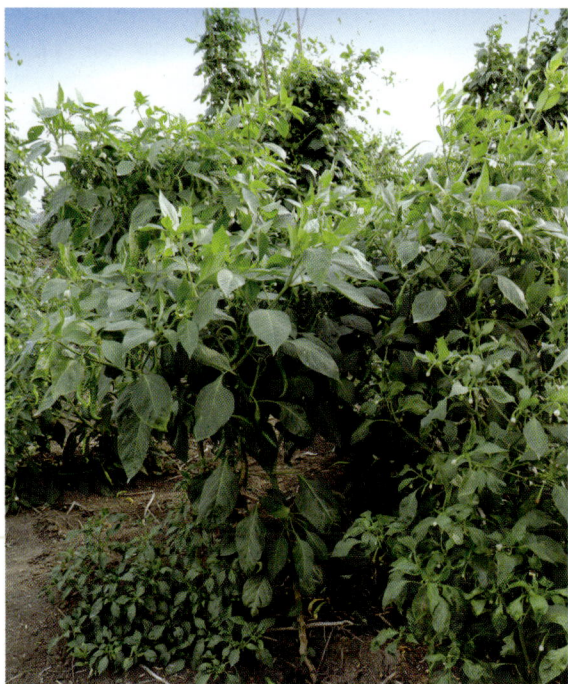

女山湖黄辣椒

【作物名称】辣椒 *Capsicum annuum* L.

【作物类别】蔬菜

【分　　类】茄科辣椒属

【采集地点】滁州市明光市

【采集编号】2020344044

【特征特性】

　　株型直立,株高约96.1 cm,无限分枝类型,分枝性弱,叶卵圆形,深绿色。首花节位第14节,花冠白色,单节叶腋着生花数1朵,花梗下垂。果短指形,果面棱沟浅,有光泽,皱,无果肩,果顶细尖,青熟果深绿色,老熟果橙黄色。商品果纵径约7.0 cm,横径约1.1 cm,果肉厚约1.0 mm,心室2个,单果重约3.7 g。

女山湖朝天椒

【作物名称】辣椒 *Capsicum annuum* L.
【作物类别】蔬菜
【分　　类】茄科辣椒属
【采集地点】滁州市明光市
【采集编号】2020344048

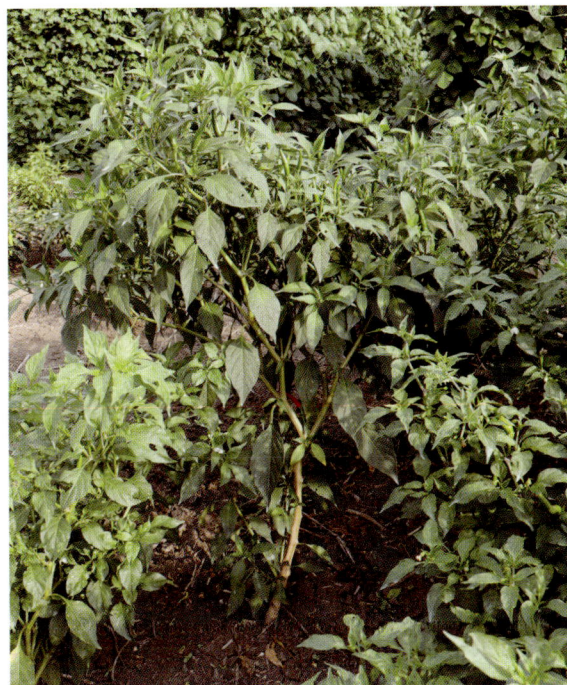

【特征特性】

　　株型直立,株高约49.4 cm,无限分枝类型,分枝性中,叶长卵圆形,绿色。首花节位第10节,花冠白色,单节叶腋着生花数1朵,花梗直立。果短指形,果面棱沟无,有光泽,光滑,无果肩,果顶细尖,青熟果深绿色,老熟果鲜红色。商品果纵径约6.4 cm,横径约1.1 cm,果肉厚约1.2 mm,心室2个,单果重约3.0 g。

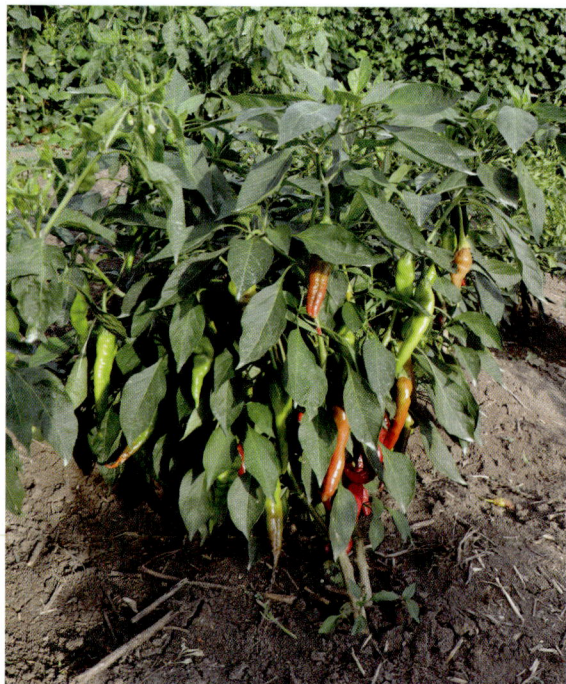

女山湖青辣椒

【作物名称】辣椒 *Capsicum annuum* L.

【作物类别】蔬菜

【分　　类】茄科辣椒属

【采集地点】滁州市明光市

【采集编号】2020344050

【特征特性】

株型直立,株高约57.3 cm,无限分枝类型,分枝性强,叶长卵圆形,深绿色。首花节位第8节,花冠白色,单节叶腋着生花数1朵,花梗下垂。果短羊角形,果面棱沟中,有光泽,皱,果肩凸,果顶细尖,青熟果浅绿色,老熟果暗红色。商品果纵径约8.2 cm,横径约1.9 cm,果肉厚约2.8 mm,心室3个,单果重约7.9 g。

天 长 朝 天 椒

【作物名称】辣椒 *Capsicum annuum* L.

【作物类别】蔬菜

【分　　类】茄科辣椒属

【采集地点】滁州市天长市

【采集编号】P341181014

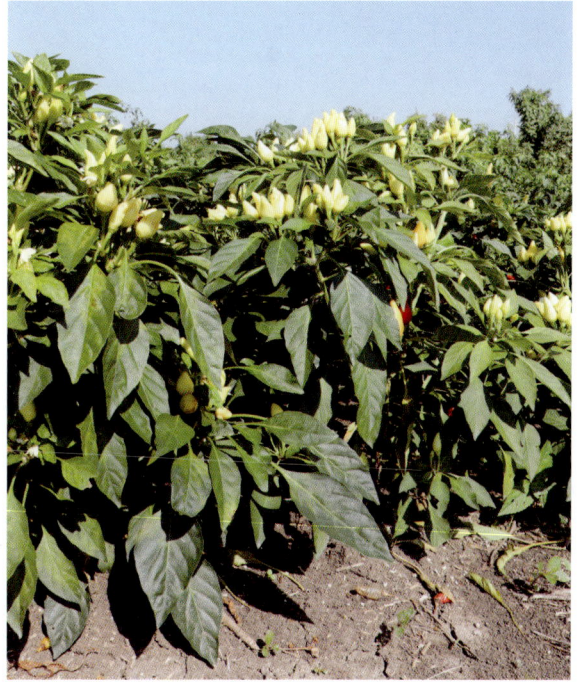

【 **特征特性** 】

　　株型半直立,株高约45.5 cm,有限分枝类型,分枝性弱,叶长卵圆形,深绿色。首花节位第17节,花冠白色,单节叶腋着生花数8朵,花梗直立。果短锥形,果面棱沟无,有光泽,微皱,果肩凸,果顶钝圆,青熟果黄白色,老熟果橙红色。商品果纵径约3.4 cm,横径约1.8 cm,果肉厚约1.5 mm,心室3个,单果重约3.7 g。

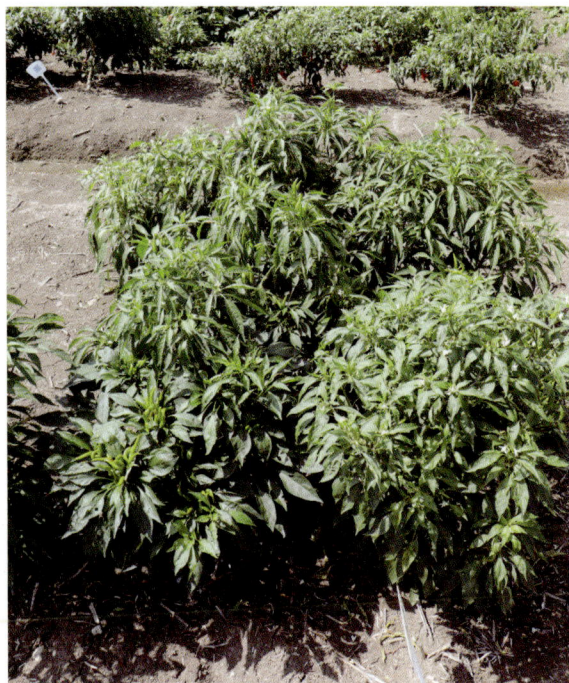

舒庄满天星

【作物名称】辣椒 *Capsicum annuum* L.

【作物类别】蔬菜

【分　　类】茄科辣椒属

【采集地点】阜阳市界首市

【采集编号】2021343146

【特征特性】

　　株型直立,株高约64.6 cm,有限分枝类型,分枝性中,叶长卵圆形,深绿色。首花节位第13节,花冠白色,单节叶腋着生花数7朵,花梗直立。果短指形,果面棱沟无,有光泽,微皱,无果肩,果顶细尖,青熟果浅绿色,老熟果鲜红色。商品果纵径约6.8 cm,横径约0.9 cm,果肉厚约1.6 mm,心室3个,单果重约2.7 g。

舒 庄 辣 椒

【作物名称】辣椒 *Capsicum annuum* L.
【作物类别】蔬菜
【分　　类】茄科辣椒属
【采集地点】阜阳市界首市
【采集编号】2021343147

【特征特性】

　　株型直立,株高约54.3 cm,无限分枝类型,分枝性弱,叶长卵圆形,绿色。首花节位第11节,花冠白色,单节叶腋着生花数1朵,花梗直立。果短牛角形,果面棱沟中,有光泽,皱,无果肩,果顶凹,青熟果绿色,老熟果鲜红色。商品果纵径约5.9 cm,横径约1.7 cm,果肉厚约1.4 mm,心室2个,单果重约5.4 g。

清浅小辣椒

【作物名称】辣椒 *Capsicum annuum* L.

【作物类别】蔬菜

【分　　类】茄科辣椒属

【采集地点】阜阳市太和县

【采集编号】2021342123

【 特征特性 】

　　株型半直立,株高约57.6 cm,无限分枝类型,分枝性弱,叶长卵圆形,绿色。首花节位第14节,花冠白色,单节叶腋着生花数1朵,花梗下垂。果短羊角形,果面棱沟中,有光泽,微皱,果肩凸,果顶钝圆,青熟果浅绿色,老熟果暗红色。商品果纵径约6.9 cm,横径约2.0 cm,果肉厚约2.0 mm,心室3个,单果重约9.0 g。

清 浅 满 天 星

【作物名称】辣椒 *Capsicum annuum* L.
【作物类别】蔬菜
【分　　类】茄科辣椒属
【采集地点】阜阳市太和县
【采集编号】2021342124

【特征特性】

　　株型直立,株高约60.8 cm,无限分枝类型,分枝性中,叶长卵圆形,绿色。首花节位第12节,花冠白色,单节叶腋着生花数1朵,花梗下垂。果长指形,果面棱沟浅,有光泽,微皱,无果肩,果顶细尖,青熟果浅绿色,老熟果暗红色。商品果纵径约9.4 cm,横径约1.1 cm,果肉厚约0.9 mm,心室3个,单果重约4.9 g。

夏阁辣椒

【作物名称】辣椒 *Capsicum annuum* L.

【作物类别】蔬菜

【分　　类】茄科辣椒属

【采集地点】合肥市巢湖市

【采集编号】P340181215

【特征特性】

　　株型半直立,株高约43.2 cm,无限分枝类型,分枝性弱,叶长卵圆形,深绿色。首花节位第9节,花冠白色,单节叶腋着生花数1朵,花梗侧生。果长灯笼形,果面棱沟中,有光泽,微皱,果肩凸,果顶凹,青熟果绿色,老熟果鲜红色。商品果纵径约7.0 cm,横径约3.4 cm,果肉厚约2.8 mm,心室3个,单果重约23.9 g。

夏阁朝天椒

【作物名称】辣椒 *Capsicum annuum* L.
【作物类别】蔬菜
【分　　类】茄科辣椒属
【采集地点】合肥市巢湖市
【采集编号】P340181216

【特征特性】

　　株型直立,株高约46.2 cm,有限分枝类型,分枝性强,叶长卵圆形,深绿色。首花节位第18节,花冠白色,单节叶腋着生花数9朵,花梗直立。果短羊角形,果面棱沟无,有光泽,微皱,无果肩,果顶细尖,青熟果绿色,老熟果暗红色。商品果纵径约4.7 cm,横径约1.0 cm,果肉厚约1.1 mm,心室3个,单果重约2.5 g。

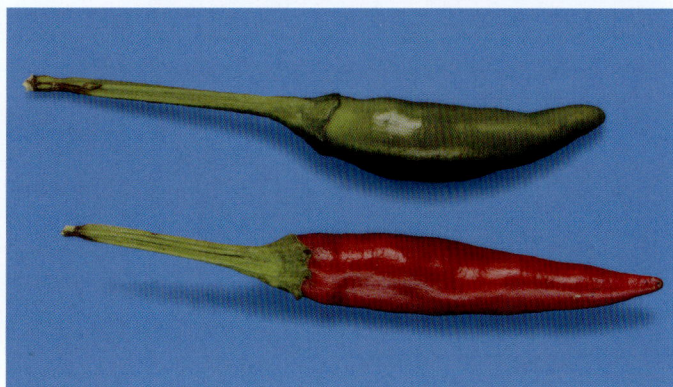

古 城 辣 椒

【作物名称】辣椒 *Capsicum annuum* L.

【作物类别】蔬菜

【分　　类】茄科辣椒属

【采集地点】合肥市肥东县

【采集编号】2019343046

【特征特性】

　　株型半直立,株高约52.1 cm,有限分枝类型,分枝性弱,叶长卵圆形,深绿色。首花节位第12节,花冠白色,单节叶腋着生花数10朵,花梗侧生。果短牛角形,果面棱沟浅,有光泽,皱,无果肩,果顶细尖,青熟果绿色,老熟果鲜红色。商品果纵径约3.3 cm,横径约0.7 cm,果肉厚约0.7 mm,心室2个,单果重约3.1 g。

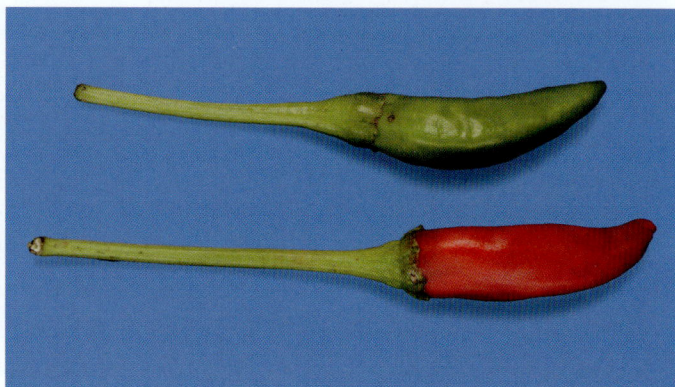

石 塘 辣 椒

【作物名称】辣椒 *Capsicum annuum* L.
【作物类别】蔬菜
【分　　类】茄科辣椒属
【采集地点】合肥市肥东县
【采集编号】2019343623

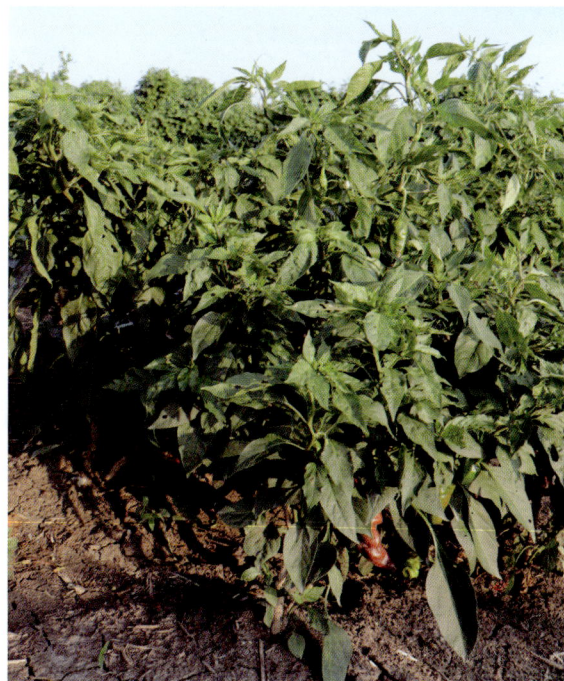

【 特征特性 】

　　株型半直立,株高约38.7 cm,无限分枝类型,分枝性中,叶卵圆形,深绿色。首花节位第8节,花冠白色,单节叶腋着生花数1朵,花梗下垂。果短羊角形,果面棱沟中,有光泽,微皱,果肩凸,果顶钝圆,青熟果绿色,老熟果暗红色。商品果纵径约8.1 cm,横径约2.1 cm,果肉厚约1.8 mm,心室2个,单果重约9.5 g。

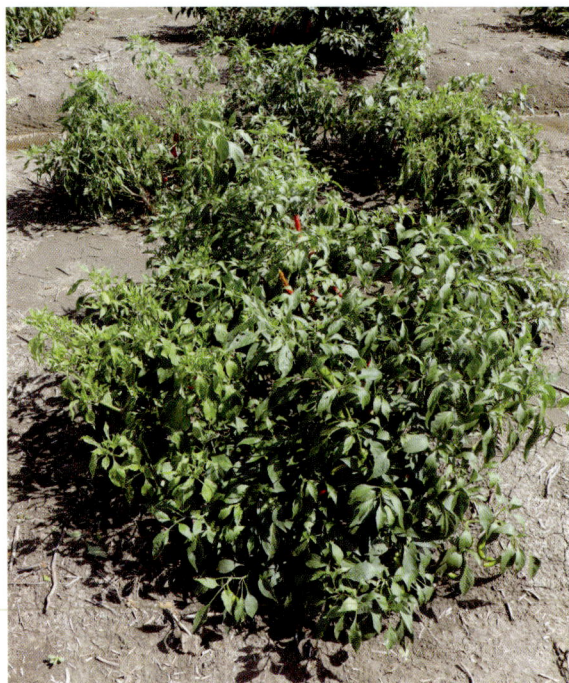

牌坊辣椒

【作物名称】辣椒 *Capsicum annuum* L.

【作物类别】蔬菜

【分　　类】茄科辣椒属

【采集地点】合肥市肥东县

【采集编号】P340122052

【特征特性】

　　株型直立,株高约44.5 cm,无限分枝类型,分枝性强,叶长卵圆形,深绿色。首花节位第11节,花冠白色,单节叶腋着生花数1朵,花梗侧生。果短羊角形,果面棱沟深,有光泽,皱,果肩微凹近平,果顶凹,青熟果绿色,老熟果鲜红色。商品果纵径约6.9 cm,横径约1.9 cm,果肉厚约2.2 mm,心室3个,单果重约24.3 g。

白山辣椒

【作物名称】辣椒 *Capsicum annuum* L.
【作物类别】蔬菜
【分　　类】茄科辣椒属
【采集地点】合肥市庐江县
【采集编号】2021346012

【特征特性】

株型直立,株高约45.5 cm,无限分枝类型,分枝性强,叶卵圆形,深绿色。首花节位第10节,花冠白色,单节叶腋着生花数1朵,花梗侧生。果方灯笼形,果面棱沟中,有光泽,光滑,果肩凹陷,果顶钝圆,青熟果浅绿色,老熟果暗红色。商品果纵径约4.2 cm,横径约3.6 cm,果肉厚约3.9 mm,心室2个,单果重约18.7 g。

双 墩 黄 椒

【作物名称】辣椒 *Capsicum annuum* L.

【作物类别】蔬菜

【分　　类】茄科辣椒属

【采集地点】合肥市长丰县

【采集编号】P340121003

【特征特性】

株型直立,株高约53.5 cm,无限分枝类型,分枝性中,叶长卵圆形,深绿色。首花节位第12节,花冠白色,单节叶腋着生花数1朵,花梗下垂。果长指形,果面棱沟浅,有光泽,光滑,无果肩,果顶细尖,青熟果绿色,老熟果橙黄色。商品果纵径约9.1 cm,横径约1.3 cm,果肉厚约1.6 mm,心室2个,单果重约3.9 g。

望天猴

【作物名称】辣椒 *Capsicum annuum* L.
【作物类别】蔬菜
【分　　类】茄科辣椒属
【采集地点】淮北市烈山区
【采集编号】P340604032

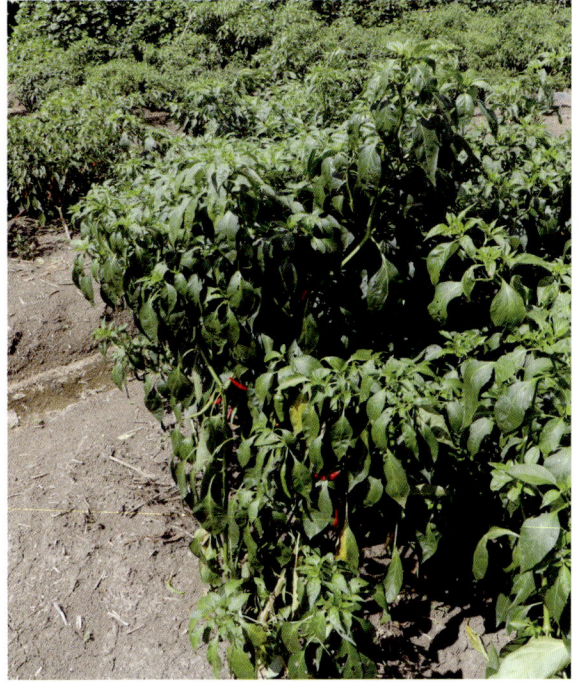

【特征特性】

　　株型直立,株高约35.0 cm,无限分枝类型,分枝性强,叶长卵圆形,深绿色。首花节位第16节,花冠白色,单节叶腋着生花数1朵,花梗下垂。果短指形,果面棱沟无,有光泽,光滑,无果肩,果顶细尖,青熟果绿色,老熟果暗红色。商品果纵径约5.0 cm,横径约0.9 cm,果肉厚约0.8 mm,心室2个,单果重约1.8 g。

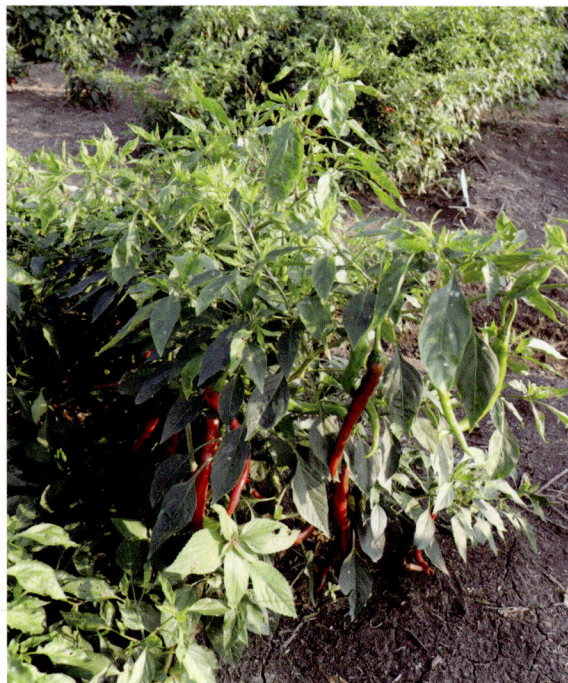

香 山 辣 椒

【作物名称】辣椒 *Capsicum annuum* L.

【作物类别】蔬菜

【分　　类】茄科辣椒属

【采集地点】淮南市凤台县

【采集编号】2019341616

【特征特性】

　　株型半直立,株高约42.7 cm,无限分枝类型,分枝性强,叶长卵圆形,深绿色。首花节位第9节,花冠白色,单节叶腋着生花数1朵,花梗下垂。果长指形,果面棱沟浅,有光泽,微皱,无果肩,果顶细尖,青熟果绿色,老熟果鲜红色。商品果纵径约11.0 cm,横径约1.2 cm,果肉厚约1.6 mm,心室2个,单果重约7.0 g。

大 兴 辣 椒

【作物名称】辣椒 *Capsicum annuum* L.

【作物类别】蔬菜

【分　　类】茄科辣椒属

【采集地点】淮南市凤台县

【采集编号】2019341619

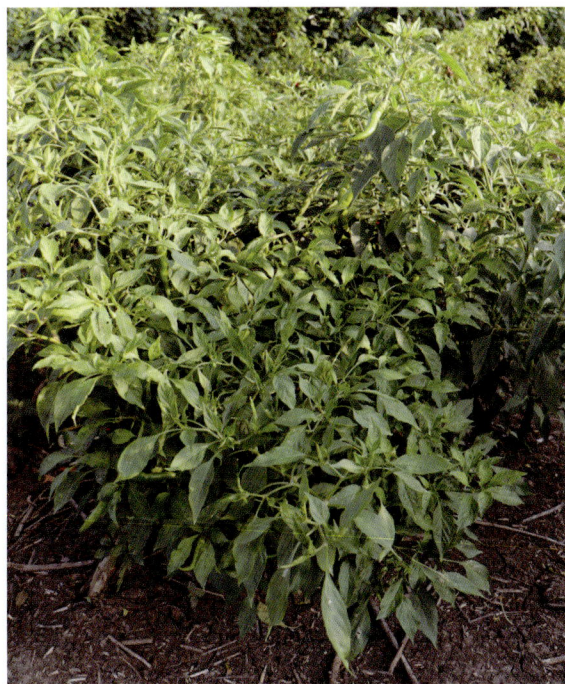

【特征特性】

株型直立,株高约55.3 cm,无限分枝类型,分枝性中,叶长卵圆形,绿色。首花节位第11节,花冠白色,单节叶腋着生花数1朵,花梗下垂。果长指形,果面棱沟浅,有光泽,微皱,无果肩,果顶细尖,青熟果绿色,老熟果暗红色。商品果纵径约11.5 cm,横径约1.3 cm,果肉厚约1.4 mm,心室2个,单果重约8.0 g。

古沟羊角辣椒

【作物名称】辣椒 *Capsicum annuum* L.

【作物类别】蔬菜

【分　　类】茄科辣椒属

【采集地点】淮南市潘集区

【采集编号】P340406005

【特征特性】

　　株型半直立,株高约54.7 cm,无限分枝类型,分枝性中,叶长卵圆形,深绿色。首花节位第11节,花冠白色,单节叶腋着生花数1朵,花梗下垂。果长羊角形,果面棱沟浅,有光泽,微皱,果肩凸,果顶细尖,青熟果绿色,老熟果鲜红色。商品果纵径约11.4 cm,横径约2.6 cm,果肉厚约2.7 mm,心室2个,单果重约19.3 g。

焦 村 辣 椒

【作物名称】辣椒 *Capsicum annuum* L.

【作物类别】蔬菜

【分　　类】茄科辣椒属

【采集地点】黄山市黄山区

【采集编号】P341003006

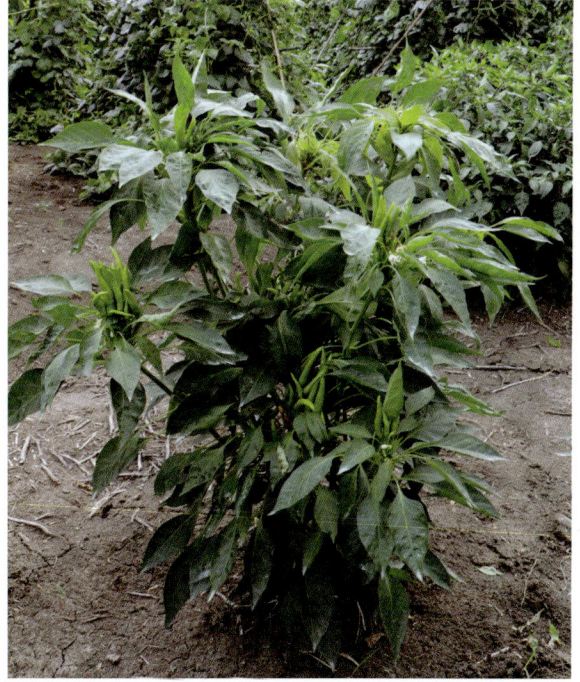

【特征特性】

　　株型直立,株高约63.4 cm,有限分枝类型,分枝性中,叶长卵圆形,深绿色。首花节位第13节,花冠白色,单节叶腋着生花数16朵,花梗直立。果短指形,果面棱沟无,有光泽,微皱,无果肩,果顶细尖,青熟果浅绿色,老熟果鲜红色。商品果纵径约6.7 cm,横径约0.8 cm,果肉厚约1.2 mm,心室2个,单果重约2.3 g。

龙门短角椒

【作物名称】辣椒 *Capsicum annuum* L.

【作物类别】蔬菜

【分　　类】茄科辣椒属

【采集地点】黄山市黄山区

【采集编号】P341003021

【特征特性】

　　株型半直立,株高约51.6 cm,无限分枝类型,分枝性中,叶长卵圆形,深绿色。首花节位第10节,花冠白色,单节叶腋着生花数1朵,花梗下垂。果短牛角形,果面棱沟浅,无光泽,微皱,无果肩,果顶细尖,青熟果深绿色,老熟果鲜红色。商品果纵径约7.4 cm,横径约2.2 cm,果肉厚约1.1 mm,心室2个,单果重约4.0 g。

杨 村 辣 椒

【作物名称】辣椒 *Capsicum annuum* L.
【作物类别】蔬菜
【分　　类】茄科辣椒属
【采集地点】黄山市徽州区
【采集编号】P341004006

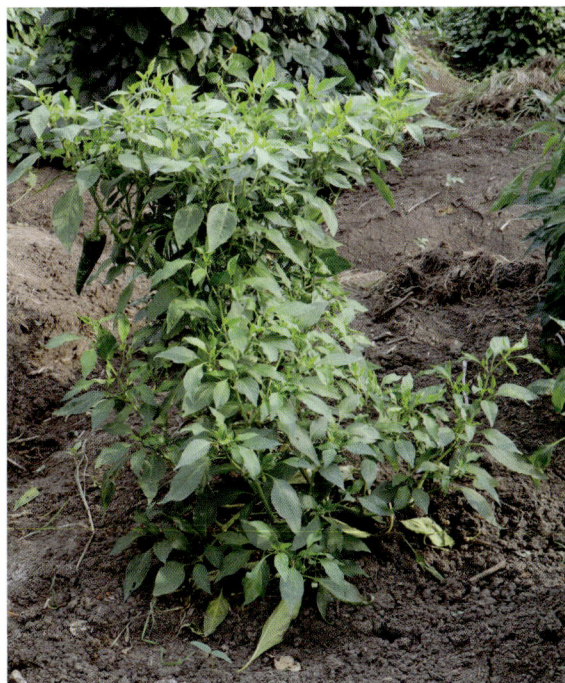

【特征特性】

　　株型半直立，株高约64.6 cm，无限分枝类型，分枝性中，叶长卵圆形，深绿色。首花节位第12节，花冠白色，单节叶腋着生花数1朵，花梗下垂。果长指形，果面棱沟中，有光泽，皱，果肩微凹近平，果顶细尖，青熟果浅绿色，老熟果鲜红色。商品果纵径约13.1 cm，横径约2.2 cm，果肉厚约2.0 mm，心室3个，单果重约15.4 g。

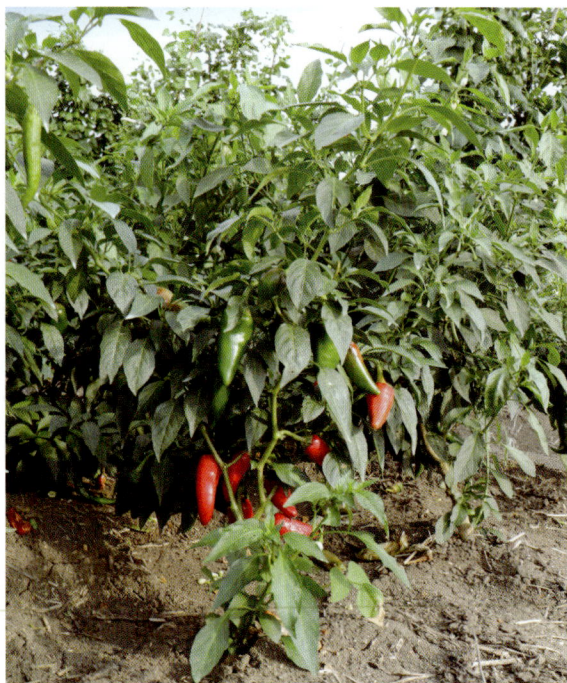

上丰辣椒

【作物名称】辣椒 *Capsicum annuum* L.

【作物类别】蔬菜

【分　　类】茄科辣椒属

【采集地点】黄山市歙县

【采集编号】2020343026

【特征特性】

　　株型半直立,株高约52.2 cm,无限分枝类型,分枝性中,叶长卵圆形,深绿色。首花节位第9节,花冠白色,单节叶腋着生花数1朵,花梗下垂。果短牛角形,果面棱沟浅,有光泽,微皱,果肩凸,果顶细尖,青熟果深绿色,老熟果暗红色。商品果纵径约7.0 cm,横径约2.3 cm,果肉厚约2.6 mm,心室3个,单果重约17.5 g。

溪 口 青 辣 椒

【作物名称】辣椒 *Capsicum annuum* L.

【作物类别】蔬菜

【分　　类】茄科辣椒属

【采集地点】黄山市歙县

【采集编号】2020343056

【特征特性】

　　株型半直立,株高约58.2 cm,无限分枝类型,分枝性强,叶长卵圆形,深绿色。首花节位第9节,花冠白色,单节叶腋着生花数1朵,花梗下垂。果短锥形,果面棱沟深,有光泽,微皱,果肩凸,果顶凹陷带尖,青熟果绿色,老熟果鲜红色。商品果纵径约5.7 cm,横径约2.1 cm,果肉厚约1.4 mm,心室2个,单果重约5.0 g。

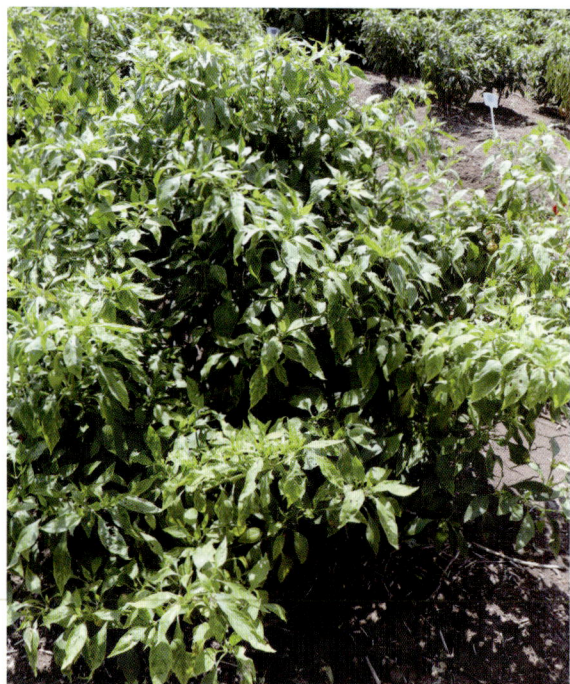

许村土辣椒

【作物名称】辣椒 *Capsicum annuum* L.

【作物类别】蔬菜

【分　　类】茄科辣椒属

【采集地点】黄山市歙县

【采集编号】2020343133

【特征特性】

　　株型半直立,株高约49.2 cm,无限分枝类型,分枝性强,叶长卵圆形,绿色。首花节位第11节,花冠白色,单节叶腋着生花数1朵,花梗下垂。果长牛角形,果面棱沟深,有光泽,光滑,果肩凹陷,果顶凹,青熟果浅绿色,老熟果鲜红色。商品果纵径约10.6 cm,横径约3.1 cm,果肉厚约1.8 mm,心室2个,单果重约14.2 g。

大谷运辣椒

【作物名称】辣椒 *Capsicum annuum* L.

【作物类别】蔬菜

【分　　类】茄科辣椒属

【采集地点】黄山市歙县

【采集编号】P341021077

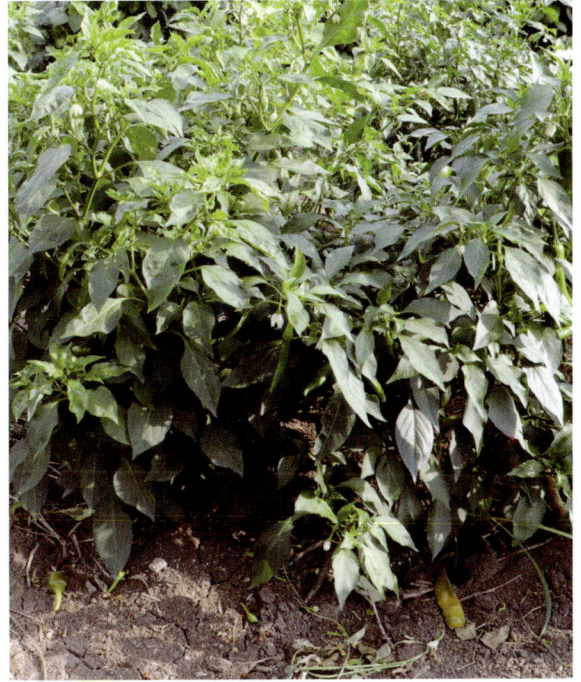

【特征特性】

　　株型直立,株高约42.8 cm,无限分枝类型,分枝性强,叶长卵圆形,深绿色。首花节位第7节,花冠白色,单节叶腋着生花数1朵,花梗下垂。果长指形,果面棱沟无,无光泽,光滑,无果肩,果顶细尖,青熟果浅绿色,老熟果暗红色。商品果纵径约9.2 cm,横径约1.6 cm,果肉厚约2.2 mm,心室2个,单果重约8.6 g。

海 阳 辣 椒

【作物名称】辣椒 *Capsicum annuum* L.

【作物类别】蔬菜

【分　　类】茄科辣椒属

【采集地点】黄山市休宁县

【采集编号】2021347037

【特征特性】

　　株型半直立,株高约52.8 cm,无限分枝类型,分枝性中,叶长卵圆形,深绿色。首花节位第9节,花冠白色,单节叶腋着生花数1朵,花梗下垂。果短牛角形,果面棱沟深,无光泽,微皱,果肩凹陷,果顶细尖,青熟果浅绿色,老熟果鲜红色。商品果纵径约9.4 cm,横径约2.3 cm,果肉厚约2.0 mm,心室3个,单果重约14.4 g。

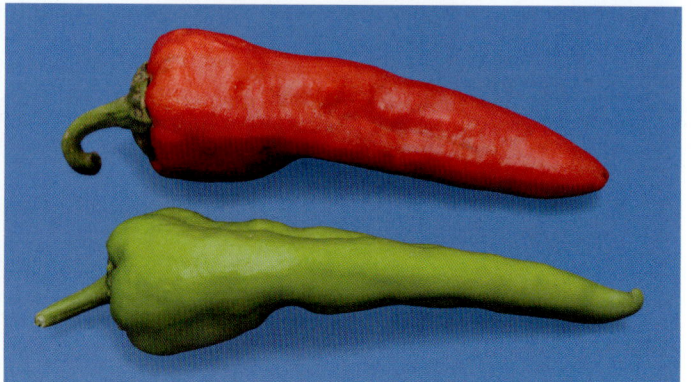

海 阳 朝 天 椒

【作物名称】辣椒 *Capsicum annuum* L.

【作物类别】蔬菜

【分　　类】茄科辣椒属

【采集地点】黄山市休宁县

【采集编号】2021347039

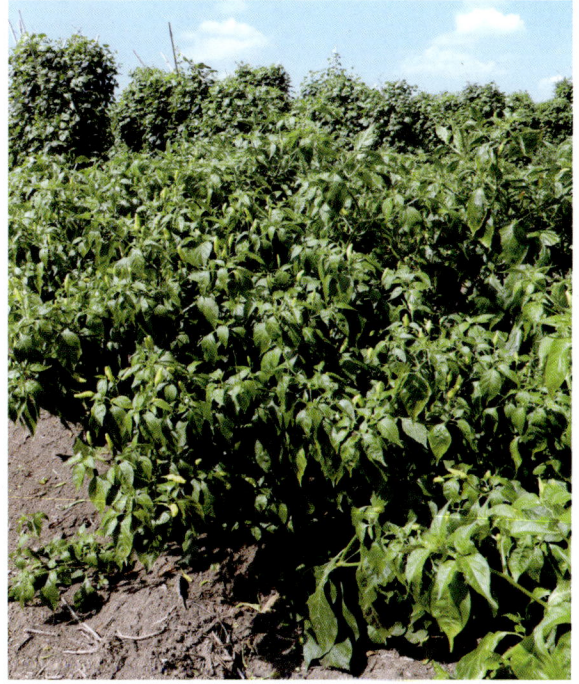

【特征特性】

　　株型半直立,株高约68.0 cm,无限分枝类型,分枝性强,叶长卵圆形,浅绿色。首花节位第15节,花冠浅绿色,单节叶腋着生花数1朵,花梗直立。果短锥形,果面棱沟中,无光泽,微皱,无果肩,果顶凹,青熟果黄绿色,老熟果鲜红色。商品果纵径约3.1 cm,横径约1.2 cm,果肉厚约0.7 mm,心室2个,单果重约1.0 g。

月 潭 湖 辣 椒

【作物名称】辣椒 *Capsicum annuum* L.
【作物类别】蔬菜
【分　　类】茄科辣椒属
【采集地点】黄山市休宁县
【采集编号】2021347050

【特征特性】

　　株型半直立,株高约59.4 cm,无限分枝类型,分枝性中,叶长卵圆形,深绿色。首花节位第10节,花冠白色,单节叶腋着生花数1朵,花梗下垂。果短牛角形,果面棱沟中,有光泽,光滑,果肩微凹近平,果顶钝圆,青熟果深绿色,老熟果暗红色。商品果纵径约9.5 cm,横径约3.0 cm,果肉厚约2.4 mm,心室3个,单果重约22.9 g。

白 际 辣 椒

【作物名称】辣椒 *Capsicum annuum* L.
【作物类别】蔬菜
【分　　类】茄科辣椒属
【采集地点】黄山市休宁县
【采集编号】2021347137

【特征特性】

　　株型半直立,株高约42.5 cm,无限分枝类型,分枝性弱,叶长卵圆形,深绿色。首花节位第7节,花冠白色,单节叶腋着生花数1朵,花梗下垂。果短羊角形,果面棱沟浅,无光泽,皱,果肩凸,果顶细尖,青熟果浅绿色,老熟果鲜红色。商品果纵径约7.2 cm,横径约1.5 cm,果肉厚约1.4 mm,心室2个,单果重约5.1 g。

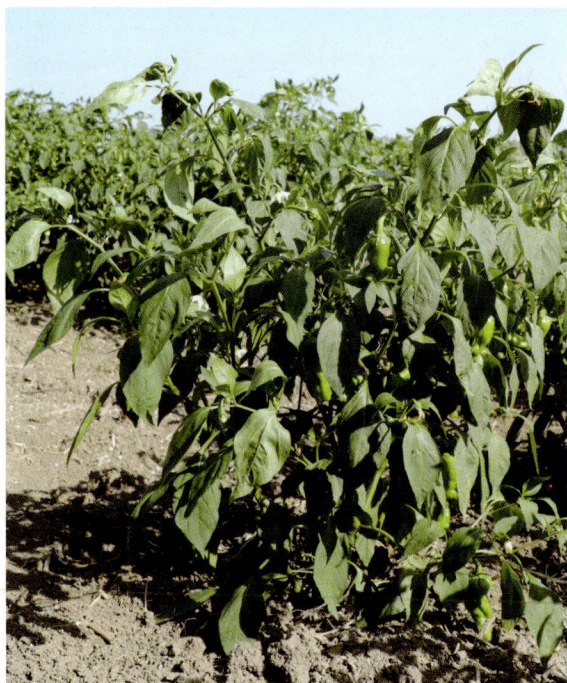

源 芳 辣 椒

【作物名称】辣椒 *Capsicum annuum* L.

【作物类别】蔬菜

【分　　类】茄科辣椒属

【采集地点】黄山市休宁县

【采集编号】2021347146

【特征特性】

　　株型半直立,株高约51.6 cm,无限分枝类型,分枝性中,叶卵圆形,深绿色。首花节位第8节,花冠白色,单节叶腋着生花数1朵,花梗下垂。果短锥形,果面棱沟中,有光泽,微皱,果肩微凹近平,果顶凹,青熟果绿色,老熟果暗红色。商品果纵径约7.2 cm,横径约3.0 cm,果肉厚约1.5 mm,心室3个,单果重约16.5 g。

宏潭辣椒

【作物名称】辣椒 *Capsicum annuum* L.
【作物类别】蔬菜
【分　　类】茄科辣椒属
【采集地点】黄山市黟县
【采集编号】P341023026

【特征特性】

　　株型半直立,株高约41.3 cm,无限分枝类型,分枝性强,叶卵圆形,深绿色。首花节位第7节,花冠白色,单节叶腋着生花数1朵,花梗侧生。果短牛角形,果面棱沟中,有光泽,微皱,果肩凸,果顶细尖,青熟果浅绿色,老熟果鲜红色。商品果纵径约8.4 cm,横径约1.8 cm,果肉厚约1.9 mm,心室2个,单果重约11.9 g。

溪 下 辣 椒

【作物名称】辣椒 *Capsicum annuum* L.

【作物类别】蔬菜

【分　　类】茄科辣椒属

【采集地点】黄山市黟县

【采集编号】P341023045

【特征特性】

　　株型半直立,株高约69.9 cm,无限分枝类型,分枝性中,叶长卵圆形,绿色。首花节位第14节,花冠白色,单节叶腋着生花数1朵,花梗下垂。果长灯笼形,果面棱沟中,有光泽,光滑,果肩微凹近平,果顶凹陷带尖,青熟果绿色,老熟果暗红色。商品果纵径约5.8 cm,横径约4.5 cm,果肉厚约2.3 mm,心室4个,单果重约20.4 g。

夏店辣椒

【作物名称】辣椒 *Capsicum annuum* L.

【作物类别】蔬菜

【分　　类】茄科辣椒属

【采集地点】六安市霍邱县

【采集编号】P341522027

【特征特性】

　　株型半直立,株高约45.3 cm,无限分枝类型,分枝性强,叶长卵圆形,深绿色。首花节位第6节,花冠白色,单节叶腋着生花数1朵,花梗下垂。果短羊角形,果面棱沟浅,有光泽,微皱,果肩凸,果顶细尖,青熟果浅绿色,老熟果鲜红色。商品果纵径约9.5 cm,横径约2.2 cm,果肉厚约2.7 mm,心室2个,单果重约10.3 g。

红灯笼辣椒

【作物名称】辣椒 *Capsicum annuum* L.

【作物类别】蔬菜

【分　　类】茄科辣椒属

【采集地点】六安市霍山县

【采集编号】P341525010

【特征特性】

株型半直立,株高约59.2 cm,无限分枝类型,分枝性中,叶长卵圆形,绿色。首花节位第10节,花冠白色,单节叶腋着生花数1朵,花梗侧生。果扁灯笼形,果面棱沟无,有光泽,光滑,果肩微凹近平,果顶凹,青熟果绿色,老熟果暗红色。商品果纵径约2.6 cm,横径约3.3 cm,果肉厚约3.7 mm,心室3个,单果重约11.5 g。

椿 树 辣 椒

【作物名称】辣椒 *Capsicum annuum* L.
【作物类别】蔬菜
【分　　类】茄科辣椒属
【采集地点】六安市金安区
【采集编号】2022342401003

【特征特性】

　　株型直立,株高约49.7 cm,无限分枝类型,分枝性弱,叶长卵圆形,深绿色。首花节位第8节,花冠白色,单节叶腋着生花数1朵,花梗下垂。果长指形,果面棱沟浅,有光泽,皱,果肩凸,果顶钝圆,青熟果绿色,老熟果暗红色。商品果纵径约15.8 cm,横径约2.4 cm,果肉厚约1.7 mm,心室3个,单果重约18.7 g。

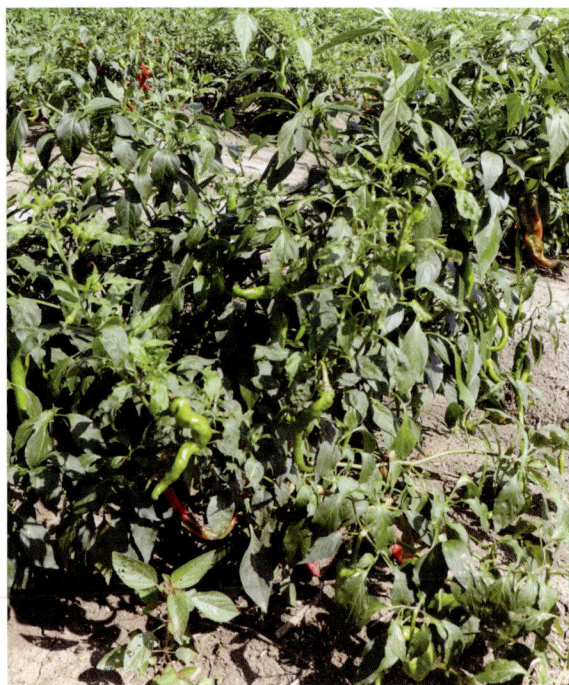

东 河 口 角 椒

【作物名称】辣椒 *Capsicum annuum* L.

【作物类别】蔬菜

【分　　类】茄科辣椒属

【采集地点】六安市金安区

【采集编号】P342401006

【特征特性】

　　株型半直立,株高约31.5 cm,无限分枝类型,分枝性弱,叶长卵圆形,深绿色。首花节位第8节,花冠白色,单节叶腋着生花数1朵,花梗下垂。果短牛角形,果面棱沟中,有光泽,微皱,果肩凸,果顶细尖,青熟果绿色,老熟果鲜红色。商品果纵径约5.5 cm,横径约2.0 cm,果肉厚约2.0 mm,心室2个,单果重约12.9 g。

木厂辣椒

【作物名称】辣椒 *Capsicum annuum* L.
【作物类别】蔬菜
【分　　类】茄科辣椒属
【采集地点】六安市金安区
【采集编号】P342401052

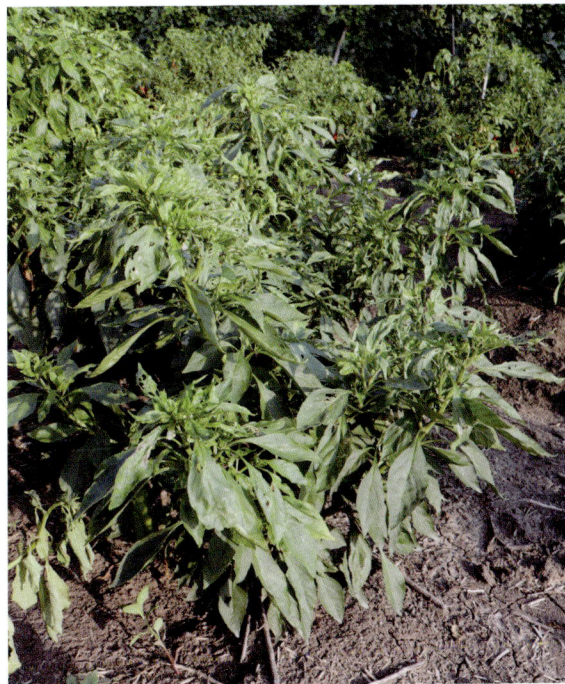

【特征特性】

　　株型直立,株高约38.2 cm,无限分枝类型,分枝性弱,叶长卵圆形,绿色。首花节位第8节,花冠白色,单节叶腋着生花数1朵,花梗侧生。果长牛角形,果面棱沟深,无光泽,微皱,果肩凸,果顶钝圆,青熟果浅绿色,老熟果橙红色。商品果纵径约14.6 cm,横径约3.7 cm,果肉厚约2.0 mm,心室2个,单果重约11.7 g。

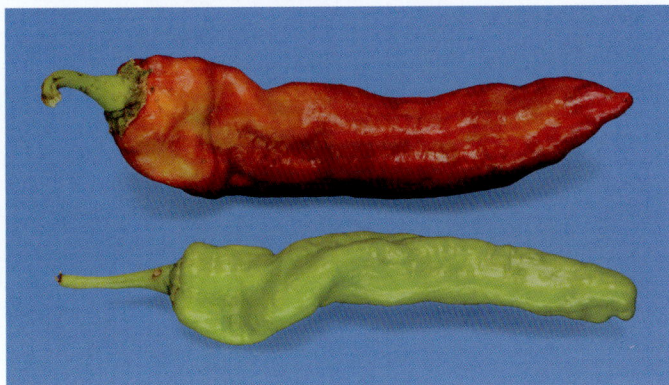

木 厂 紫 椒

【作物名称】辣椒 *Capsicum annuum* L.

【作物类别】蔬菜

【分　　类】茄科辣椒属

【采集地点】六安市金安区

【采集编号】P342401053

【 **特征特性** 】

　　株型半直立,株高约53.5 cm,无限分枝类型,分枝性弱,叶长卵圆形,深绿色。首花节位第9节,花冠紫色,单节叶腋着生花数1朵,花梗侧生。果短牛角形,果面棱沟浅,有光泽,微皱,果肩凸,果顶凹,青熟果紫黑色,老熟果暗红色。商品果纵径约6.7 cm,横径约1.5 cm,果肉厚约2.1 mm,心室3个,单果重约5.0 g。

木厂樱桃椒

【作物名称】辣椒 *Capsicum annuum* L.
【作物类别】蔬菜
【分　　类】茄科辣椒属
【采集地点】六安市金安区
【采集编号】P342401054

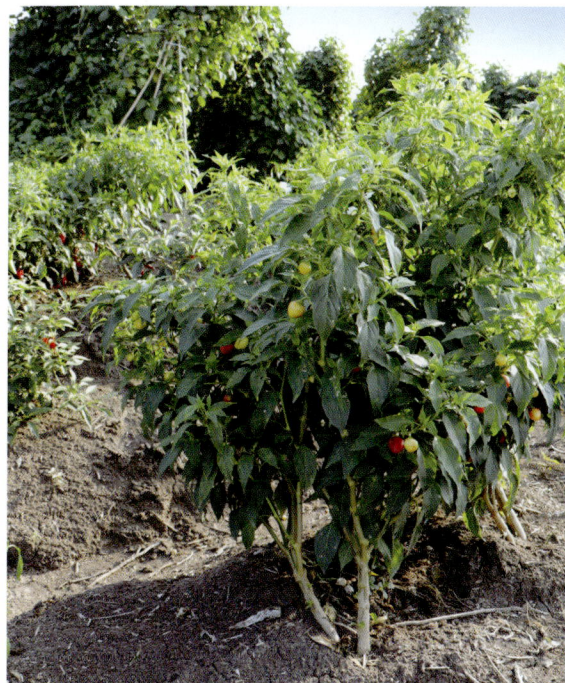

【特征特性】

　　株型直立,株高约50.5 cm,无限分枝类型,分枝性中,叶长卵圆形,深绿色。首花节位第9节,花冠白色,单节叶腋着生花数1朵,花梗侧生。果圆球形,果面棱沟无,有光泽,光滑,果肩凸,果顶钝圆,青熟果乳黄色,老熟果鲜红色。商品果纵径约2.8 cm,横径约2.0 cm,果肉厚约3.2 mm,心室2个,单果重约5.1 g。

张 冲 朝 天 椒

【作物名称】辣椒 *Capsicum annuum* L.

【作物类别】蔬菜

【分　　类】茄科辣椒属

【采集地点】六安市金寨县

【采集编号】2021344110

【特征特性】

　　株型直立,株高约70.4 cm,无限分枝类型,分枝性弱,叶卵圆形,绿色。首花节位第8节,花冠白色,单节叶腋着生花数1朵,花梗直立。果短牛角形,果面棱沟中,有光泽,皱,无果肩,果顶钝圆,青熟果深绿色,老熟果暗红色。商品果纵径约3.9 cm,横径约1.2 cm,果肉厚约1.3 mm,心室2个,单果重约1.8 g。

长 岭 团 辣 椒

【作物名称】辣椒 *Capsicum annuum* L.

【作物类别】蔬菜

【分　　类】茄科辣椒属

【采集地点】六安市金寨县

【采集编号】2021344149

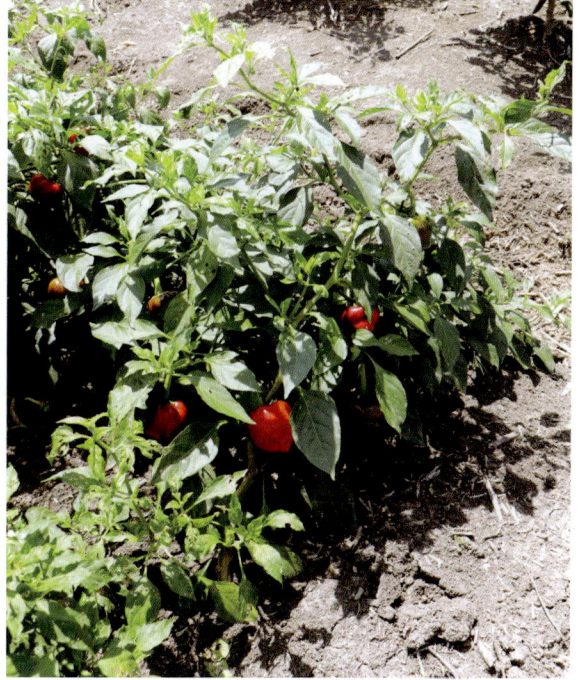

【特征特性】

　　株型半直立,株高约47.7 cm,无限分枝类型,分枝性中,叶卵圆形,深绿色。首花节位第11节,花冠白色,单节叶腋着生花数1朵,花梗下垂。果方灯笼形,果面棱沟中,有光泽,光滑,果肩凹陷,果顶凹,青熟果深绿色,老熟果暗红色。商品果纵径约3.0 cm,横径约3.9 cm,果肉厚约3.3 mm,心室2个,单果重约15.1 g。

天 堂 寨 辣 椒

【作物名称】辣椒 *Capsicum annuum* L.

【作物类别】蔬菜

【分　　类】茄科辣椒属

【采集地点】六安市金寨县

【采集编号】2021344181

【特征特性】

　　株型半直立,株高约45.5 cm,无限分枝类型,分枝性弱,叶长卵圆形,深绿色。首花节位第10节,花冠白色,单节叶腋着生花数1朵,花梗下垂。果短锥形,果面棱沟深,有光泽,光滑,果肩凹陷,果顶凹,青熟果深绿色,老熟果鲜红色。商品果纵径约3.2 cm,横径约4.5 cm,果肉厚约3.3 mm,心室3个,单果重约20.7 g。

天 堂 寨 团 辣 椒

【作物名称】辣椒 *Capsicum annuum* L.
【作物类别】蔬菜
【分　　类】茄科辣椒属
【采集地点】六安市金寨县
【采集编号】2021344191

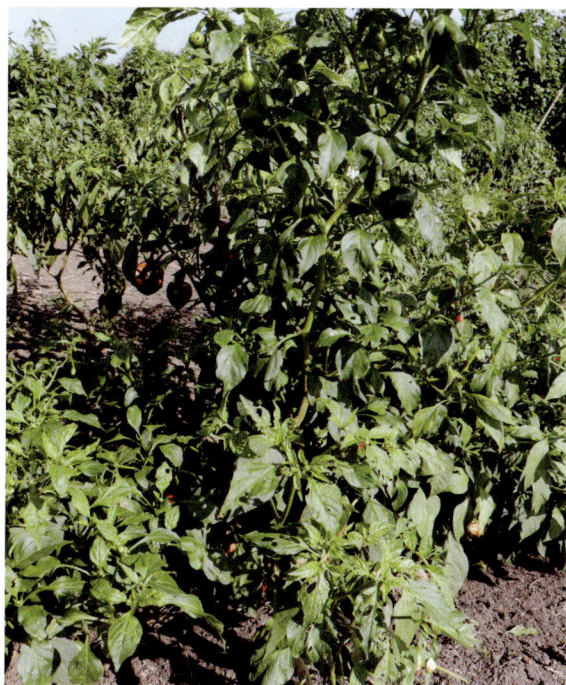

【特征特性】

　　株型半直立,株高约47.1 cm,无限分枝类型,分枝性中,叶长卵圆形,深绿色。首花节位第12节,花冠白色,单节叶腋着生花数1朵,花梗下垂。果圆球形,果面棱沟中,无光泽,微皱,果肩凹陷,果顶凹,青熟果绿色,老熟果鲜红色。商品果纵径约3.7 cm,横径约3.8 cm,果肉厚约3.2 mm,心室3个,单果重约16.9 g。

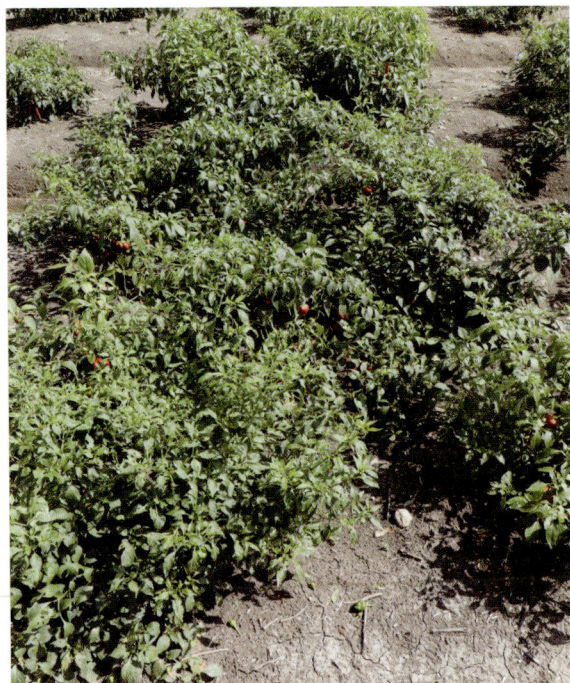

天堂寨红灯笼辣椒

【作物名称】辣椒 *Capsicum annuum* L.

【作物类别】蔬菜

【分　　类】茄科辣椒属

【采集地点】六安市金寨县

【采集编号】P341524017

【特征特性】

　　株型直立,株高约54.3 cm,无限分枝类型,分枝性中,叶卵圆形,深绿色。首花节位第10节,花冠白色,单节叶腋着生花数1朵,花梗下垂。果方灯笼形,果面棱沟中,有光泽,光滑,果肩凹陷,果顶凹,青熟果绿色,老熟果暗红色。商品果纵径约4.9 cm,横径约4.6 cm,果肉厚约2.8 mm,心室3个,单果重约24.1 g。

晓 天 薄 皮 辣 椒

【作物名称】辣椒 *Capsicum annuum* L.

【作物类别】蔬菜

【分　　类】茄科辣椒属

【采集地点】六安市舒城县

【采集编号】P341523043

【特征特性】

　　株型半直立,株高约43.2 cm,无限分枝类型,分枝性中,叶长卵圆形,深绿色。首花节位第6节,花冠白色,单节叶腋着生花数1朵,花梗下垂。果长牛角形,果面棱沟中,有光泽,微皱,果肩凸,果顶细尖,青熟果绿色,老熟果鲜红色。商品果纵径约9.2 cm,横径约3.0 cm,果肉厚约2.0 mm,心室2个,单果重约13.9 g。

丹 阳 辣 椒

【作物名称】辣椒 *Capsicum annuum* L.

【作物类别】蔬菜

【分　　类】茄科辣椒属

【采集地点】马鞍山市博望区

【采集编号】P340506024

【特征特性】

　　株型直立,株高约43.6 cm,无限分枝类型,分枝性中,叶长卵圆形,深绿色。首花节位第14节,花冠紫色,单节叶腋着生花数1朵,花梗下垂。果长指形,果面棱沟无,有光泽,皱,无果肩,果顶细尖,青熟果紫色,老熟果鲜红色。商品果纵径约8.9 cm,横径约1.1 cm,果肉厚约2.4 mm,心室3个,单果重约4.1 g。

龙 山 辣 椒

【作物名称】辣椒 *Capsicum annuum* L.

【作物类别】蔬菜

【分　　类】茄科辣椒属

【采集地点】马鞍山市博望区

【采集编号】P340506030

【特征特性】

　　株型直立,株高约40.7 cm,无限分枝类型,分枝性中,叶长卵圆形,绿色。首花节位第7节,花冠白色,单节叶腋着生花数1朵,花梗下垂。果短羊角形,果面棱沟浅,无光泽,微皱,果肩微凹近平,果顶细尖,青熟果绿色,老熟果鲜红色。商品果纵径约9.2 cm,横径约1.9 cm,果肉厚约2.1 mm,心室3个,单果重约11.6 g。

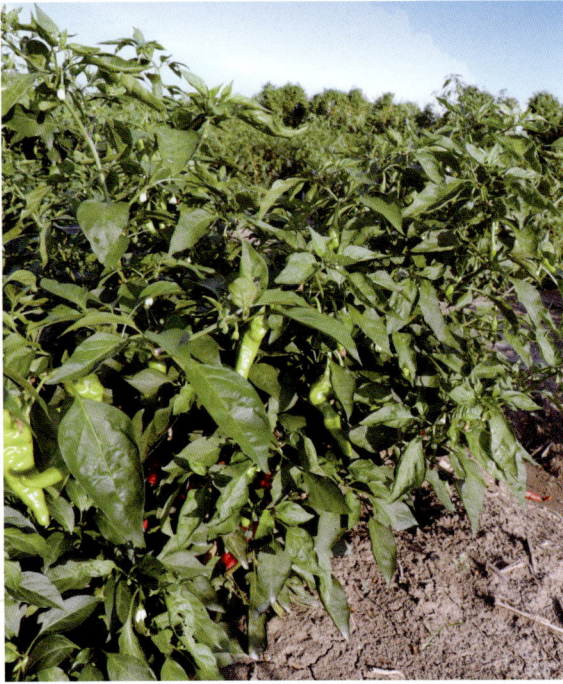

新 市 尖 椒

【作物名称】辣椒 *Capsicum annuum* L.

【作物类别】蔬菜

【分　　类】茄科辣椒属

【采集地点】马鞍山市博望区

【采集编号】P340506031

【特征特性】

　　株型半直立,株高约43.8 cm,无限分枝类型,分枝性中,叶长卵圆形,绿色。首花节位第7节,花冠白色,单节叶腋着生花数1朵,花梗下垂。果长羊角形,果面棱沟浅,有光泽,微皱,果肩微凹近平,果顶细尖,青熟果浅绿色,老熟果鲜红色。商品果纵径约10.1 cm,横径约2.3 cm,果肉厚约1.5 mm,心室2个,单果重约12.0 g。

善厚辣椒

【作物名称】辣椒 *Capsicum annuum* L.

【作物类别】蔬菜

【分　　类】茄科辣椒属

【采集地点】马鞍山市和县

【采集编号】P340523001

【特征特性】

　　株型半直立,株高约59.1 cm,无限分枝类型,分枝性弱,叶长卵圆形,深绿色。首花节位第10节,花冠白色,单节叶腋着生花数1朵,花梗下垂。果短牛角形,果面棱沟中,无光泽,微皱,果肩凸,果顶凹,青熟果浅绿色,老熟果暗红色。商品果纵径约9.0 cm,横径约2.0 cm,果肉厚约1.6 mm,心室3个,单果重约12.8 g。

李 庄 辣 椒

【作物名称】辣椒 *Capsicum annuum* L.

【作物类别】蔬菜

【分　　类】茄科辣椒属

【采集地点】宿州市砀山县

【采集编号】2022341321006

【特征特性】

　　株型直立,株高约64.3 cm,无限分枝类型,分枝性强,叶长卵圆形,深绿色。首花节位第9节,花冠白色,单节叶腋着生花数1朵,花梗直立。果短指形,果面棱沟浅,有光泽,微皱,无果肩,果顶细尖,青熟果绿色,老熟果鲜红色。商品果纵径约7.4 cm,横径约1.1 cm,果肉厚约2.0 mm,心室2个,单果重约4.9 g。

关帝庙辣椒

【作物名称】辣椒 *Capsicum annuum* L.
【作物类别】蔬菜
【分　　类】茄科辣椒属
【采集地点】宿州市砀山县
【采集编号】2022341321015

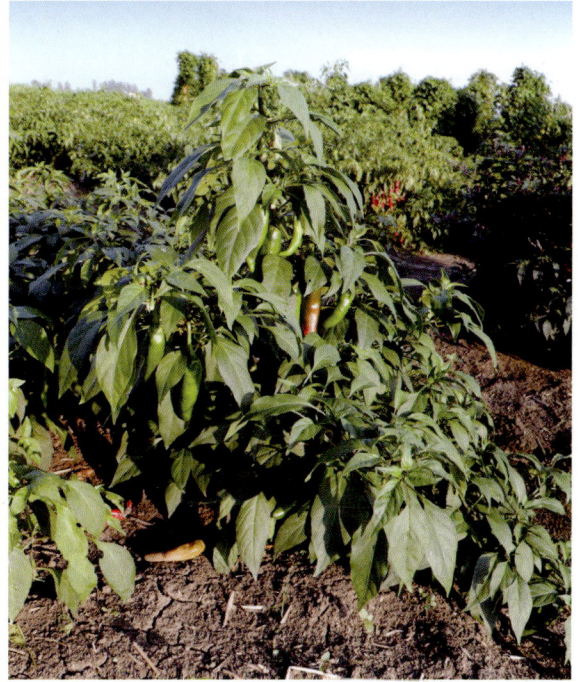

【特征特性】

　　株型半直立,株高约46.7 cm,无限分枝类型,分枝性中,叶长卵圆形,绿色。首花节位第9节,花冠白色,单节叶腋着生花数1朵,花梗下垂。果短牛角形,果面棱沟无,有光泽,微皱,果肩凸,果顶钝圆,青熟果深绿色,老熟果鲜红色。商品果纵径约8.7 cm,横径约2.3 cm,果肉厚约2.4 mm,心室3个,单果重约13.0 g。

虞姬辣椒

【作物名称】辣椒 *Capsicum annuum* L.
【作物类别】蔬菜
【分　　类】茄科辣椒属
【采集地点】宿州市灵璧县
【采集编号】2022341323006

【特征特性】

　　株型直立,株高约71.2 cm,无限分枝类型,分枝性强,叶长卵圆形,绿色。首花节位第15节,花冠白色,单节叶腋着生花数1朵,花梗直立。果短羊角形,果面棱沟浅,有光泽,皱,无果肩,果顶细尖,青熟果深绿色,老熟果鲜红色。商品果纵径约6.4 cm,横径约1.6 cm,果肉厚约1.4 mm,心室3个,单果重约3.7 g。

茅 湖 李 辣 椒

【作物名称】辣椒 *Capsicum annuum* L.

【作物类别】蔬菜

【分　　类】茄科辣椒属

【采集地点】宿州市灵璧县

【采集编号】2022341323012

【特征特性】

　　株型直立,株高约65.4 cm,无限分枝类型,分枝性中,叶长卵圆形,绿色。首花节位第14节,花冠白色,单节叶腋着生花数1朵,花梗直立。果线形,果面棱沟无,有光泽,皱,无果肩,果顶细尖,青熟果深绿色,老熟果鲜红色。商品果纵径约8.6 cm,横径约0.8 cm,果肉厚约0.8 mm,心室2个,单果重约2.0 g。

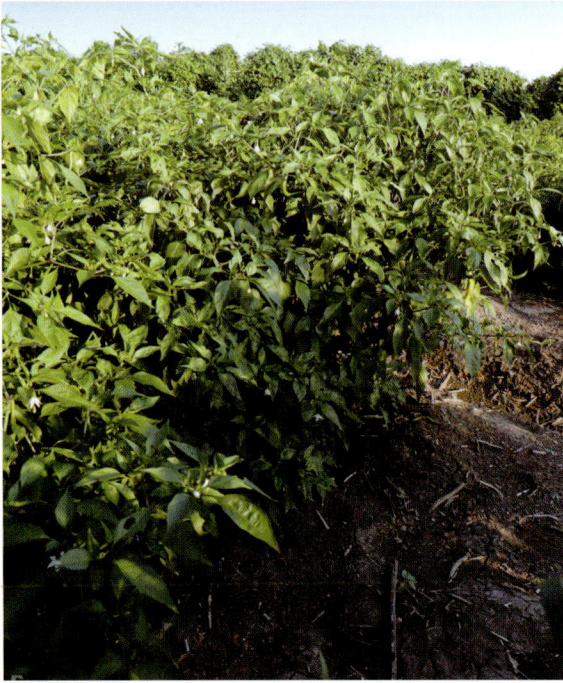

永固红椒

【作物名称】辣椒 *Capsicum annuum* L.
【作物类别】蔬菜
【分　　类】茄科辣椒属
【采集地点】宿州市萧县
【采集编号】2020345057

【特征特性】

　　株型直立,株高约60.8 cm,无限分枝类型,分枝性强,叶长卵圆形,绿色。首花节位第15节,花冠白色,单节叶腋着生花数1朵,花梗下垂。果长指形,果面棱沟浅,有光泽,微皱,无果肩,果顶细尖,青熟果深绿色,老熟果鲜红色。商品果纵径约12.2 cm,横径约1.5 cm,果肉厚约1.7 mm,心室3个,单果重约9.4 g。

永 固 尖 椒

【作物名称】辣椒 *Capsicum annuum* L.

【作物类别】蔬菜

【分　　类】茄科辣椒属

【采集地点】宿州市萧县

【采集编号】2020345058

【特征特性】

　　株型直立,株高约51.8 cm,无限分枝类型,分枝性中,叶长卵圆形,绿色。首花节位第12节,花冠白色,单节叶腋着生花数1朵,花梗侧生。果长指形,果面棱沟浅,有光泽,皱,无果肩,果顶细尖,青熟果深绿色,老熟果暗红色。商品果纵径约9.1 cm,横径约1.5 cm,果肉厚约1.2 mm,心室2个,单果重约5.1 g。

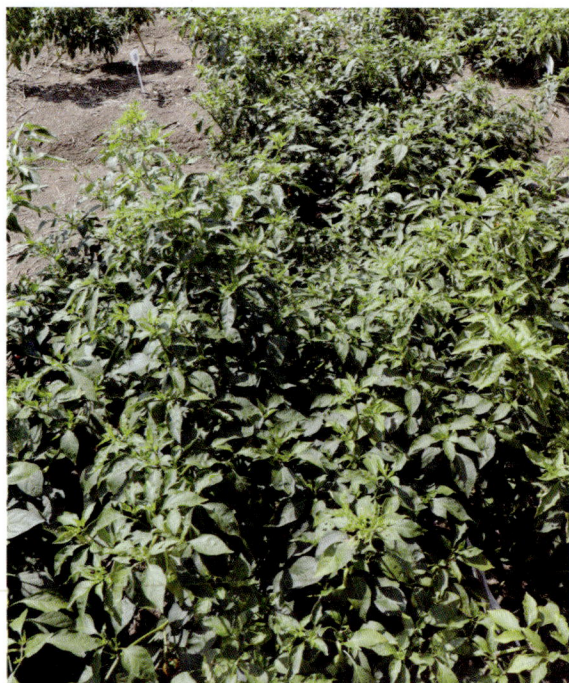

永固草莓椒

【作物名称】辣椒 *Capsicum annuum* L.
【作物类别】蔬菜
【分　　类】茄科辣椒属
【采集地点】宿州市萧县
【采集编号】2020345059

【特征特性】

　　株型半直立,株高约45.5 cm,无限分枝类型,分枝性强,叶长卵圆形,深绿色。首花节位第14节,花冠白色,单节叶腋着生花数1朵,花梗下垂。果短牛角形,果面棱沟无,有光泽,微皱,无果肩,果顶细尖,青熟果深绿色,老熟果鲜红色。商品果纵径约6.3 cm,横径约1.9 cm,果肉厚约2.0 mm,心室2个,单果重约9.7 g。

马 井 小 红 椒

【作物名称】辣椒 *Capsicum annuum* L.

【作物类别】蔬菜

【分　　类】茄科辣椒属

【采集地点】宿州市萧县

【采集编号】2020345066

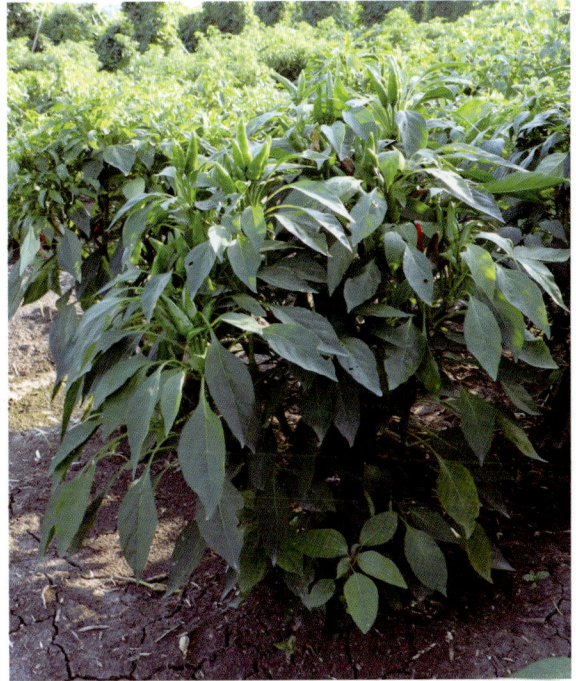

【特征特性】

　　株型半直立,株高约62.4 cm,有限分枝类型,分枝性强,叶长卵圆形,深绿色。首花节位第9节,花冠白色,单节叶腋着生花数11朵,花梗下垂。果短指形,果面棱沟浅,有光泽,微皱,无果肩,果顶细尖,青熟果绿色,老熟果鲜红色。商品果纵径约4.1 cm,横径约0.8 cm,果肉厚约1.6 mm,心室2个,单果重约5.4 g。

新 庄 辣 椒

【作物名称】辣椒 *Capsicum annuum* L.

【作物类别】蔬菜

【分　　类】茄科辣椒属

【采集地点】宿州市萧县

【采集编号】P341322064

【特征特性】

　　株型半直立,株高约52.9 cm,无限分枝类型,分枝性中,叶长卵圆形,紫色。首花节位第8节,花冠白色,单节叶腋着生花数1朵,花梗下垂。果短牛角形,果面棱沟浅,有光泽,微皱,果肩凸,果顶细尖,青熟果绿色,老熟果暗红色。商品果纵径约8.8 cm,横径约2.2 cm,果肉厚约2.4 mm,心室2个,单果重约18.2 g。

大店辣椒

【作物名称】辣椒 *Capsicum annuum* L.
【作物类别】蔬菜
【分　　类】茄科辣椒属
【采集地点】宿州市埇桥区
【采集编号】2022341302024

【特征特性】

　　株型直立,株高约55.3 cm,无限分枝类型,分枝性强,叶长卵圆形,深绿色。首花节位第16节,花冠白色,单节叶腋着生花数1朵,花梗下垂。果短锥形,果面棱沟无,有光泽,微皱,无果肩,果顶细尖,青熟果深绿色,老熟果鲜红色。商品果纵径约3.5 cm,横径约1.4 cm,果肉厚约1.2 mm,心室2个,单果重约5.1 g。

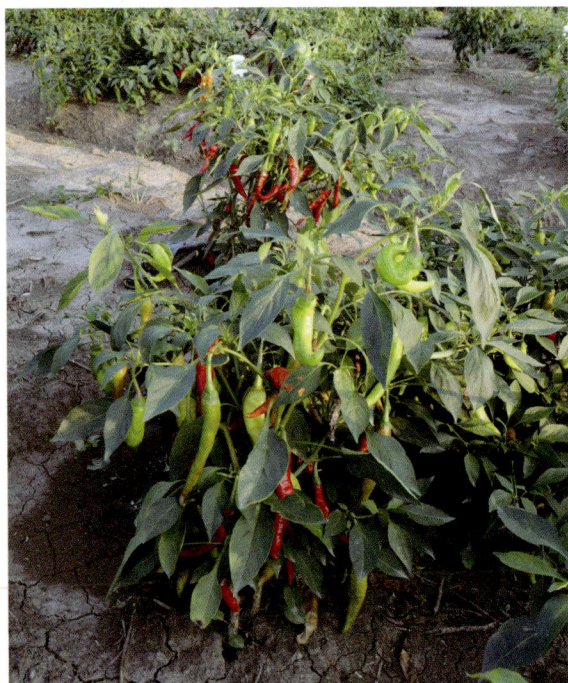

东 张 长 辣 椒

【作物名称】辣椒 *Capsicum annuum* L.

【作物类别】蔬菜

【分　　类】茄科辣椒属

【采集地点】宿州市埇桥区

【采集编号】2022341302027

【特征特性】

　　株型半直立,株高约42.0 cm,无限分枝类型,分枝性弱,叶长卵圆形,深绿色。首花节位第8节,花冠白色,单节叶腋着生花数1朵,花梗下垂。果长指形,果面棱沟无,有光泽,微皱,无果肩,果顶细尖,青熟果浅绿色,老熟果鲜红色。商品果纵径约10.7 cm,横径约1.5 cm,果肉厚约2.4 mm,心室2个,单果重约8.6 g。

符 离 朝 天 椒

【作物名称】辣椒 *Capsicum annuum* L.
【作物类别】蔬菜
【分　　类】茄科辣椒属
【采集地点】宿州市埇桥区
【采集编号】2022341302038

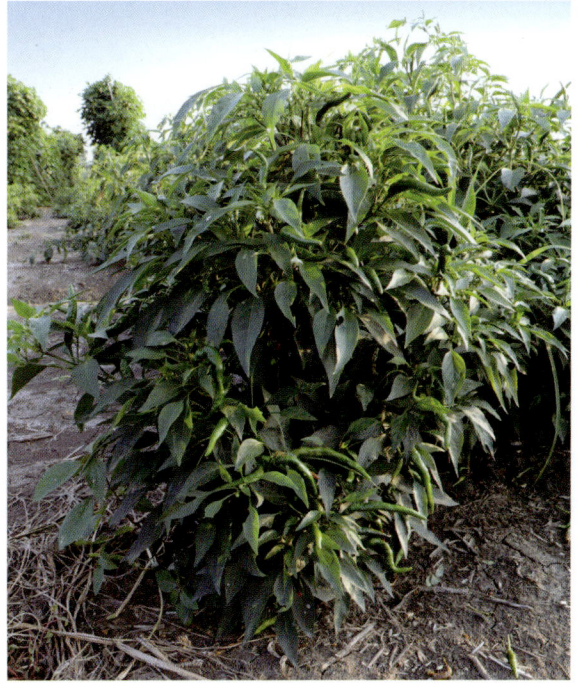

【特征特性】

　　株型直立,株高约39.2 cm,无限分枝类型,分枝性强,叶长卵圆形,深绿色。首花节位第9节,花冠白色,单节叶腋着生花数1朵,花梗直立。果短指形,果面棱沟无,有光泽,微皱,无果肩,果顶细尖,青熟果深绿色,老熟果暗红色。商品果纵径约6.6 cm,横径约0.9 cm,果肉厚约0.8 mm,心室2个,单果重约4.1 g。

西湖辣椒

【作物名称】辣椒 *Capsicum annuum* L.
【作物类别】蔬菜
【分　　类】茄科辣椒属
【采集地点】铜陵市铜官区
【采集编号】P340705012

【特征特性】

　　株型直立,株高约50.5 cm,无限分枝类型,分枝性强,叶长卵圆形,绿色。首花节位第7节,花冠白色,单节叶腋着生花数1朵,花梗下垂。果长指形,果面棱沟浅,有光泽,皱,无果肩,果顶细尖,青熟果深绿色,老熟果鲜红色。商品果纵径约10.2 cm,横径约2.2 cm,果肉厚约1.5 mm,心室2个,单果重约6.3 g。

天门辣椒

【作物名称】辣椒 *Capsicum annuum* L.
【作物类别】蔬菜
【分　　类】茄科辣椒属
【采集地点】铜陵市义安区
【采集编号】P340706038

【特征特性】

　　株型半直立,株高约44.6 cm,无限分枝类型,分枝性强,叶长卵圆形,绿色。首花节位第11节,花冠白色,单节叶腋着生花数1朵,花梗下垂。果长锥形,果面棱沟中,有光泽,微皱,果肩凸,果顶细尖,青熟果绿色,老熟果鲜红色。商品果纵径约8.8 cm,横径约3.2 cm,果肉厚约1.9 mm,心室2个,单果重约11.5 g。

平 铺 小 米 辣 椒

【作物名称】辣椒 *Capsicum annuum* L.

【作物类别】蔬菜

【分　　类】茄科辣椒属

【采集地点】芜湖市繁昌区

【采集编号】P340222006

【特征特性】

　　株型直立,株高约70.4 cm,无限分枝类型,分枝性中,叶长卵圆形,绿色。首花节位第17节,花冠白色,单节叶腋着生花数1朵,花梗直立。果短指形,果面棱沟无,有光泽,皱,无果肩,果顶细尖,青熟果深绿色,老熟果橙黄色。商品果纵径约6.5 cm,横径约0.9 cm,果肉厚约0.9 mm,心室2个,单果重约2.2 g。

平 铺 辣 椒

【作物名称】辣椒 *Capsicum annuum* L.

【作物类别】蔬菜

【分　　类】茄科辣椒属

【采集地点】芜湖市繁昌区

【采集编号】P340222007

【特征特性】

　　株型半直立,株高约51.7 cm,无限分枝类型,分枝性中,叶长卵圆形,深绿色。首花节位第12节,花冠白色,单节叶腋着生花数1朵,花梗下垂。果短羊角形,果面棱沟中,无光泽,皱,无果肩,果顶钝圆,青熟果绿色,老熟果暗红色。商品果纵径约7.8 cm,横径约1.9 cm,果肉厚约1.5 mm,心室2个,单果重约9.3 g。

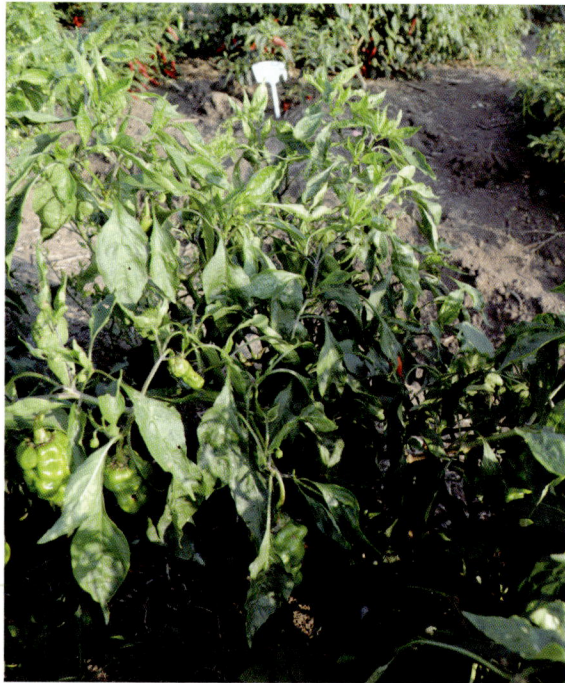

龙 湖 辣 椒

【作物名称】辣椒 *Capsicum annuum* L.

【作物类别】蔬菜

【分　　类】茄科辣椒属

【采集地点】芜湖市三山区

【采集编号】P340208046

【特征特性】

　　株型半直立,株高约29.5 cm,无限分枝类型,分枝性中,叶卵圆形,深绿色。首花节位第8节,花冠白色,单节叶腋着生花数1朵,花梗侧生。果长灯笼形,果面棱沟深,有光泽,微皱,果肩凸,果顶凹,青熟果浅绿色,老熟果暗红色。商品果纵径约8.4 cm,横径约3.0 cm,果肉厚约2.0 mm,心室3个,单果重约18.6 g。

柏 垫 朝 天 椒

【作物名称】辣椒 *Capsicum annuum* L.

【作物类别】蔬菜

【分　　类】茄科辣椒属

【采集地点】宣城市广德市

【采集编号】P341882008

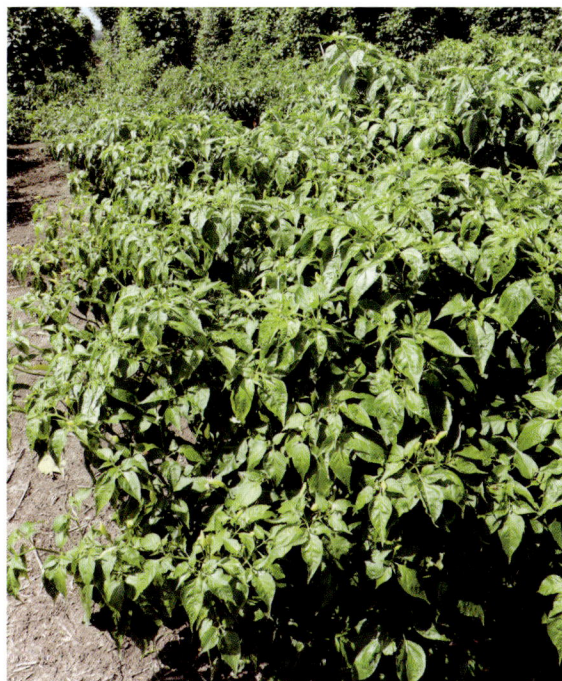

【特征特性】

　　株型半直立,株高约86.8 cm,无限分枝类型,分枝性弱,叶卵圆形,浅绿色。首花节位第20节,花冠浅绿色,单节叶腋着生花数1朵,花梗直立。果短羊角形,果面棱沟浅,有光泽,微皱,无果肩,果顶钝圆,青熟果乳黄色,老熟果橙红色。商品果纵径约4.5 cm,横径约1.0 cm,果肉厚约0.8 mm,心室3个,单果重约1.7 g。

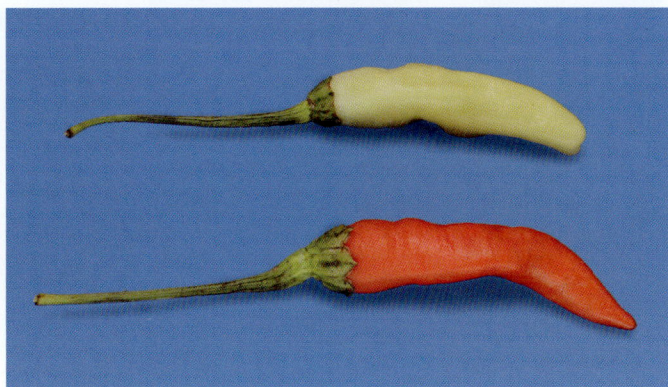

板 桥 头 辣 椒

【作物名称】辣椒 *Capsicum annuum* L.

【作物类别】蔬菜

【分　　类】茄科辣椒属

【采集地点】宣城市绩溪县

【采集编号】2022341824001

【特征特性】

株型半直立,株高约48.6 cm,无限分枝类型,分枝性强,叶长卵圆形,深绿色。首花节位第9节,花冠白色,单节叶腋着生花数1朵,花梗下垂。果长牛角形,果面棱沟浅,有光泽,皱,果肩凸,果顶细尖,青熟果绿色,老熟果鲜红色。商品果纵径约12.2 cm,横径约2.7 cm,果肉厚约1.8 mm,心室2个,单果重约22.0 g。

扬 溪 辣 椒

【作物名称】辣椒 *Capsicum annuum* L.
【作物类别】蔬菜
【分　　类】茄科辣椒属
【采集地点】宣城市绩溪县
【采集编号】P341824048

【特征特性】

　　株型半直立,株高约57.1 cm,无限分枝类型,分枝性中,叶长卵圆形,深绿色。首花节位第12节,花冠白色,单节叶腋着生花数1朵,花梗下垂。果长牛角形,果面棱沟中,有光泽,皱,果肩凹陷,果顶细尖,青熟果浅绿色,老熟果暗红色。商品果纵径约10.9 cm,横径约2.9 cm,果肉厚约1.9 mm,心室3个,单果重约15.8 g。

泾 川 小 辣 椒

【作物名称】辣椒 *Capsicum annuum* L.
【作物类别】蔬菜
【分　　类】茄科辣椒属
【采集地点】宣城市泾县
【采集编号】2021341509

【 特征特性 】

　　株型半直立,株高约58.6 cm,无限分枝类型,分枝性中,叶长卵圆形,深绿色。首花节位第8节,花冠白色,单节叶腋着生花数1朵,花梗下垂。果长指形,果面棱沟浅,有光泽,微皱,无果肩,果顶细尖,青熟果绿色,老熟果鲜红色。商品果纵径约8.8 cm,横径约1.3 cm,果肉厚约1.8 mm,心室3个,单果重约9.6 g。

泾 川 老 辣 椒

【作物名称】辣椒 *Capsicum annuum* L.

【作物类别】蔬菜

【分　　类】茄科辣椒属

【采集地点】宣城市泾县

【采集编号】2021341514

【特征特性】

株型半直立,株高约46.4 cm,无限分枝类型,分枝性中,叶长卵圆形,深绿色。首花节位第7节,花冠白色,单节叶腋着生花数1朵,花梗下垂。果短牛角形,果面棱沟浅,有光泽,微皱,果肩凸,果顶细尖,青熟果绿色,老熟果鲜红色。商品果纵径约7.2 cm,横径约1.8 cm,果肉厚约1.6 mm,心室2个,单果重约9.4 g。

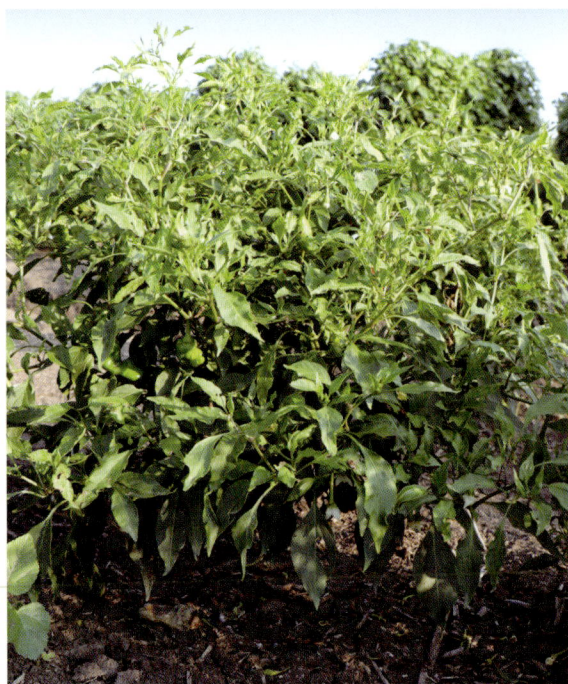

泾川子弹头辣椒

【作物名称】辣椒 *Capsicum annuum* L.
【作物类别】蔬菜
【分　　类】茄科辣椒属
【采集地点】宣城市泾县
【采集编号】2021341534

【特征特性】

　　株型直立,株高约29.6 cm,无限分枝类型,分枝性强,叶长卵圆形,绿色。首花节位第6节,花冠白色,单节叶腋着生花数1朵,花梗下垂。果短锥形,果面棱沟深,有光泽,皱,果肩凸,果顶凹,青熟果浅绿色,老熟果暗红色。商品果纵径约4.0 cm,横径约1.6 cm,果肉厚约1.4 mm,心室3个,单果重约3.6 g。

榔 桥 辣 椒 王

【作物名称】辣椒 *Capsicum annuum* L.

【作物类别】蔬菜

【分　　类】茄科辣椒属

【采集地点】宣城市泾县

【采集编号】2021341563

【特征特性】

　　株型半直立,株高约90.8 cm,无限分枝类型,分枝性强,叶长卵圆形,浅绿色。首花节位第19节,花冠浅绿色,单节叶腋着生花数1朵,花梗直立。果短羊角形,果面棱沟浅,无光泽,微皱,无果肩,果顶凹,青熟果浅绿色,老熟果橙红色。商品果纵径约3.8 cm,横径约1.0 cm,果肉厚约0.5 mm,心室2个,单果重约1.2 g。

旌 阳 辣 椒

【作物名称】辣椒 *Capsicum annuum* L.
【作物类别】蔬菜
【分　　类】茄科辣椒属
【采集地点】宣城市旌德县
【采集编号】2022341825002

【特征特性】

　　株型半直立,株高约47.8 cm,无限分枝类型,分枝性中,叶长卵圆形,深绿色。首花节位第9节,花冠白色,单节叶腋着生花数1朵,花梗直立。果短指形,果面棱沟浅,有光泽,微皱,果肩凸,果顶细尖,青熟果绿色,老熟果橙红色。商品果纵径约7.7 cm,横径约1.3 cm,果肉厚约2.4 mm,心室2个,单果重约10.0 g。

蔡家桥线椒

【作物名称】辣椒 *Capsicum annuum* L.

【作物类别】蔬菜

【分　　类】茄科辣椒属

【采集地点】宣城市旌德县

【采集编号】P341825002

【特征特性】

　　株型半直立,株高约44.9 cm,无限分枝类型,分枝性强,叶长卵圆形,绿色。首花节位第12节,花冠白色,单节叶腋着生花数1朵,花梗下垂。果短指形,果面棱沟深,有光泽,皱,无果肩,果顶细尖,青熟果深绿色,老熟果鲜红色。商品果纵径约8.0 cm,横径约1.1 cm,果肉厚约1.3 mm,心室2个,单果重约3.7 g。

俞村迟辣椒

【作物名称】辣椒 *Capsicum annuum* L.

【作物类别】蔬菜

【分　　类】茄科辣椒属

【采集地点】宣城市旌德县

【采集编号】P341825036

【特征特性】

　　株型直立,株高约42.3 cm,无限分枝类型,分枝性中,叶长卵圆形,深绿色。首花节位第10节,花冠白色,单节叶腋着生花数1朵,花梗下垂。果长锥形,果面棱沟中,有光泽,微皱,果肩凸,果顶钝圆,青熟果深绿色,老熟果鲜红色。商品果纵径约8.3 cm,横径约3.0 cm,果肉厚约1.8 mm,心室3个,单果重约14.9 g。

竹峰红辣椒

【作物名称】辣椒 *Capsicum annuum* L.

【作物类别】蔬菜

【分　　类】茄科辣椒属

【采集地点】宣城市宁国市

【采集编号】2021345009

【特征特性】

株型半直立,株高约45.5 cm,无限分枝类型,分枝性强,叶卵圆形,深绿色。首花节位第12节,花冠白色,单节叶腋着生花数1朵,花梗下垂。果方灯笼形,果面棱沟浅,有光泽,光滑,果肩微凹近平,果顶凹,青熟果深绿色,老熟果鲜红色。商品果纵径约4.9 cm,横径约4.4 cm,果肉厚约3.1 mm,心室3个,单果重约22.4 g。

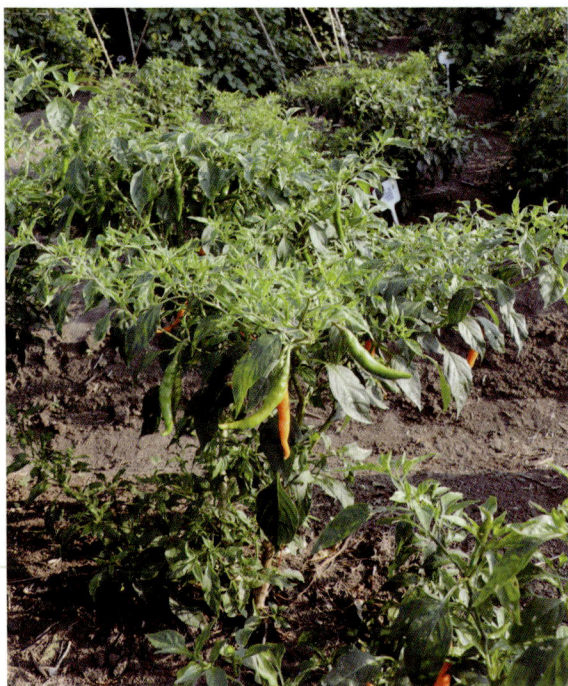

仙霞黄尖椒

【作物名称】辣椒 *Capsicum annuum* L.
【作物类别】蔬菜
【分　　类】茄科辣椒属
【采集地点】宣城市宁国市
【采集编号】2021345071

【特征特性】

　　株型直立,株高约61.5 cm,无限分枝类型,分枝性强,叶卵圆形,深绿色。首花节位第12节,花冠白色,单节叶腋着生花数1朵,花梗侧生。果长指形,果面棱沟浅,有光泽,光滑,无果肩,果顶细尖,青熟果浅绿色,老熟果橙黄色。商品果纵径约9.4 cm,横径约1.1 cm,果肉厚约1.2 mm,心室2个,单果重约4.4 g。

霞西朝天椒

【作物名称】辣椒 *Capsicum annuum* L.
【作物类别】蔬菜
【分　　类】茄科辣椒属
【采集地点】宣城市宁国市
【采集编号】2021345082

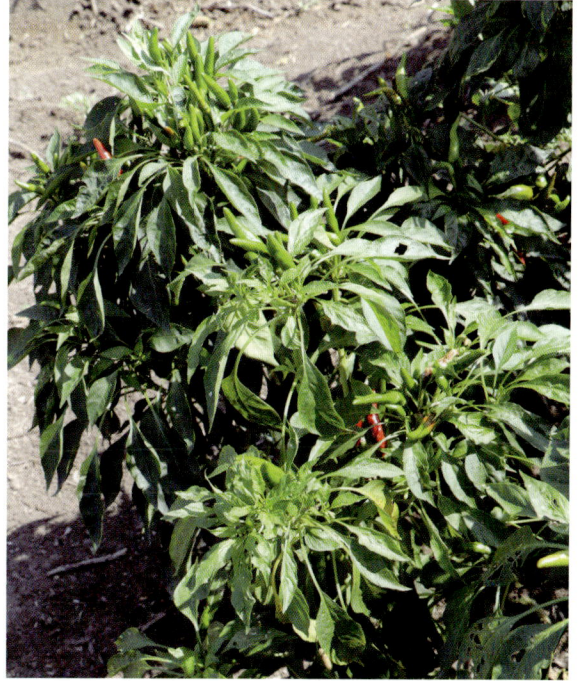

【特征特性】

　　株型直立,株高约55.8 cm,有限分枝类型,分枝性弱,叶长卵圆形,深绿色。首花节位第13节,花冠白色,单节叶腋着生花数10朵,花梗直立。果短指形,果面棱沟无,有光泽,微皱,无果肩,果顶细尖,青熟果深绿色,老熟果暗红色。商品果纵径约7.2 cm,横径约1.2 cm,果肉厚约1.6 mm,心室2个,单果重约4.8 g。

霞 西 大 辣 椒

【作物名称】辣椒 *Capsicum annuum* L.

【作物类别】蔬菜

【分　　类】茄科辣椒属

【采集地点】宣城市宁国市

【采集编号】2021345086

【特征特性】

　　株型半直立,株高约38.6 cm,无限分枝类型,分枝性中,叶长卵圆形,深绿色。首花节位第9节,花冠白色,单节叶腋着生花数1朵,花梗侧生。果短牛角形,果面棱沟浅,有光泽,微皱,果肩微凹近平,果顶细尖,青熟果绿色,老熟果鲜红色。商品果纵径约9.2 cm,横径约2.5 cm,果肉厚约2.1 mm,心室3个,单果重约14.8 g。

南极黄尖椒

【作物名称】辣椒 *Capsicum annuum* L.
【作物类别】蔬菜
【分　　类】茄科辣椒属
【采集地点】宣城市宁国市
【采集编号】2021345154

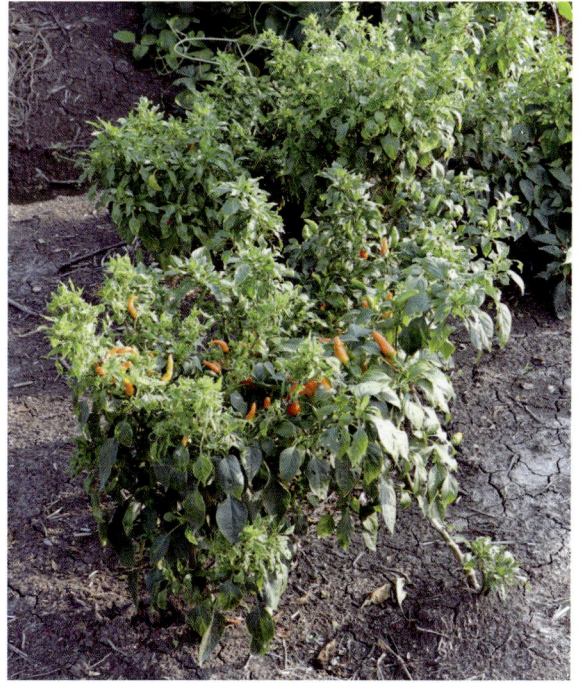

【特征特性】

　　株型直立,株高约43.9 cm,无限分枝类型,分枝性中,叶卵圆形,深绿色。首花节位第11节,花冠白色,单节叶腋着生花数1朵,花梗直立。果短锥形,果面棱沟浅,有光泽,光滑,果肩凸,果顶钝圆,青熟果绿色,老熟果橙黄色。商品果纵径约3.7 cm,横径约1.2 cm,果肉厚约1.4 mm,心室3个,单果重约2.7 g。

竹 峰 黄 尖 椒

【作物名称】辣椒 *Capsicum annuum* L.

【作物类别】蔬菜

【分　　类】茄科辣椒属

【采集地点】宣城市宁国市

【采集编号】2021345231

【特征特性】

　　株型直立,株高约83.3 cm,无限分枝类型,分枝性弱,叶长卵圆形,浅绿色。首花节位第11节,花冠浅绿色,单节叶腋着生花数1朵,花梗直立。果短锥形,果面棱沟浅,有光泽,微皱,无果肩,果顶凹,青熟果乳黄色,老熟果橙红色。商品果纵径约3.2 cm,横径约1.2 cm,果肉厚约0.9 mm,心室3个,单果重约1.5 g。

洪林手指椒

【作物名称】辣椒 *Capsicum annuum* L.

【作物类别】蔬菜

【分　　类】茄科辣椒属

【采集地点】宣城市宣州区

【采集编号】P341802044

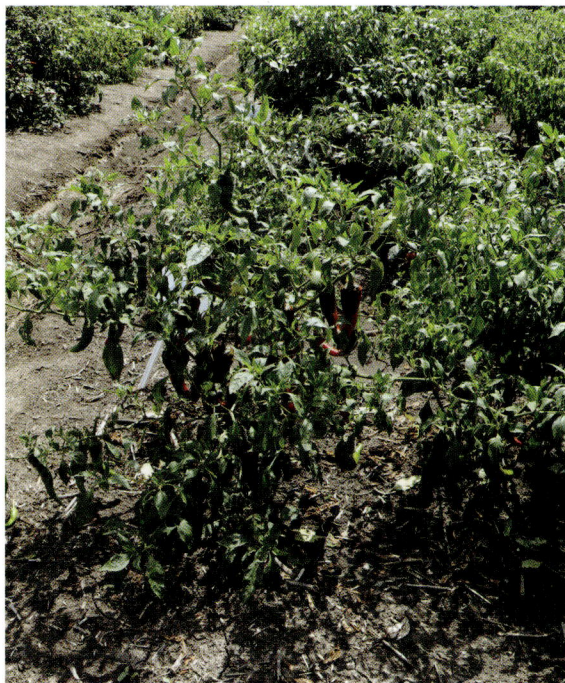

【特征特性】

　　株型半直立,株高约42.7 cm,无限分枝类型,分枝性强,叶长卵圆形,深绿色。首花节位第6节,花冠白色,单节叶腋着生花数1朵,花梗侧生。果短羊角形,果面棱沟中,有光泽,微皱,果肩凸,果顶钝圆,青熟果绿色,老熟果鲜红色。商品果纵径约9.1 cm,横径约2.3 cm,果肉厚约2.3 mm,心室3个,单果重约12.5 g。

南

瓜

水 吼 磨 子 南 瓜

【作物名称】南瓜 *Cucurbita moschata*
【作物类别】蔬菜
【分　　类】葫芦科南瓜属
【采集地点】安庆市潜山市
【采集编号】P340824037

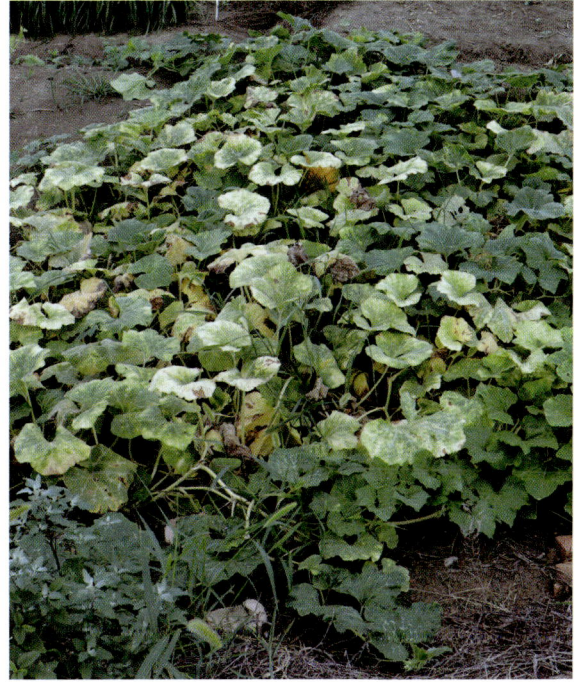

【特征特性】

叶心脏形,绿色,叶面白斑少。瓜梗基部无变化,瓜梗横切面五棱形。瓜扁圆形,瓜面特征多棱,棱沟中,瓜瘤无,瓜面蜡粉少,近瓜蒂端形状为凹,瓜顶形状为凹。瓜皮橙黄色,瓜面斑纹网状,瓜斑纹色绿,瓜肉浅黄色。单瓜重约3.7 kg,纵径约15.8 cm,横径约25.1 cm,商品瓜肉厚约35.8 mm,单株瓜数约11个。

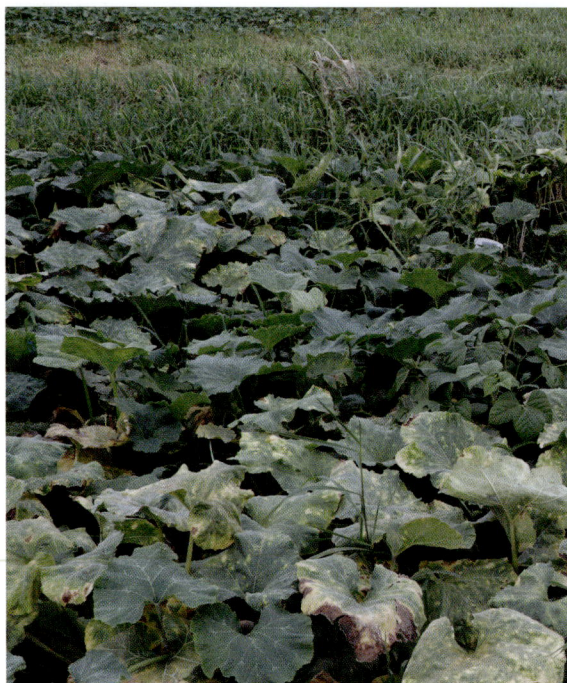

痘姆山南瓜

【作物名称】南瓜 *Cucurbita moschata*

【作物类别】蔬菜

【分　　类】葫芦科南瓜属

【采集地点】安庆市潜山市

【采集编号】P340824101

【特征特性】

　　叶掌状五角形,绿色,叶面白斑少。瓜梗基部无变化,瓜梗横切面五棱形。瓜扁圆形,瓜面特征多棱,棱沟中,瓜瘤小,瓜面蜡粉多,近瓜蒂端形状为凹,瓜顶形状为凹。瓜皮棕黄色,瓜面斑纹块状,瓜斑纹色浅黄,瓜肉黄色。单瓜重约2.7 kg,纵径约12.1 cm,横径约21.0 cm,商品瓜肉厚约48.9 mm,单株瓜数约4个。

凉亭南瓜

【作物名称】南瓜 *Cucurbita moschata*

【作物类别】蔬菜

【分　　类】葫芦科南瓜属

【采集地点】安庆市宿松县

【采集编号】P340826007

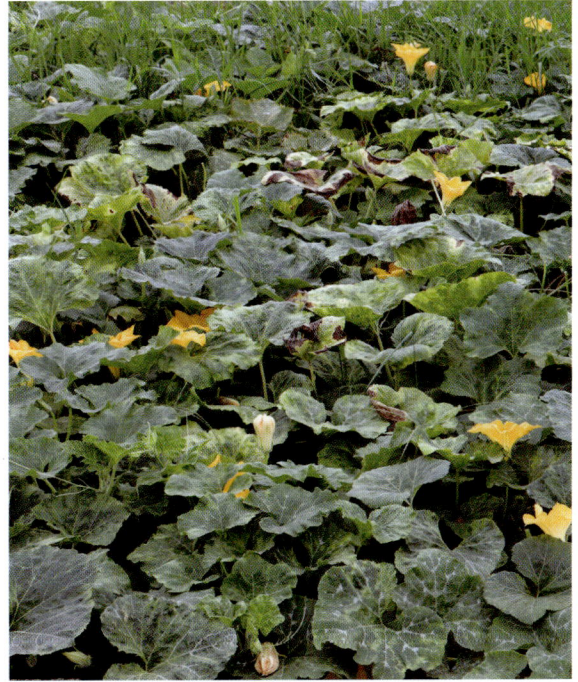

【特征特性】

叶掌状,深绿色,叶面无白斑。瓜梗仅基部膨大,瓜梗横切面五棱形。瓜椭圆形,瓜面特征多棱,棱沟浅,瓜瘤无,瓜面蜡粉少,近瓜蒂端形状为平,瓜顶形状为凸。瓜皮黄褐色,瓜面斑纹条状,瓜斑纹色绿,瓜肉黄色。单瓜重约4.6 kg,纵径约34.2 cm,横径约19.9 cm,商品瓜肉厚约38.5 mm,单株瓜数约6个。

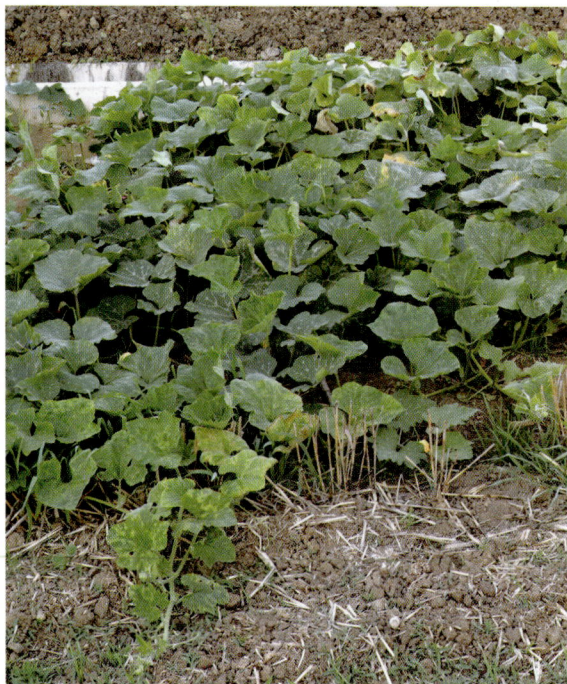

小 池 南 瓜

【作物名称】南瓜 *Cucurbita moschata*
【作物类别】蔬菜
【分　　类】葫芦科南瓜属
【采集地点】安庆市太湖县
【采集编号】2021349012

【特征特性】

　　叶心脏五角形,浅绿色,叶面白斑中等。瓜梗仅基部稍膨大,瓜梗横切面五棱形。瓜近圆形,瓜面特征平滑,棱沟浅,瓜瘤无,瓜面蜡粉多,近瓜蒂端形状为平,瓜顶形状为凹。瓜皮棕黄色,瓜面斑纹条状,瓜斑纹色浅红,瓜肉橙黄色。单瓜重约3.6 kg,纵径约19.3 cm,横径约22.9 cm,商品瓜肉厚约32.6 mm,单株瓜数约4个。

晋熙南瓜

【作物名称】南瓜 *Cucurbita moschata*

【作物类别】蔬菜

【分　　类】葫芦科南瓜属

【采集地点】安庆市太湖县

【采集编号】2021349139

【特征特性】

　　叶心脏五角形,浅绿色,叶面白斑多。瓜梗仅基部稍膨大,瓜梗横切面五棱形。瓜扁圆形,瓜面特征多棱,棱沟浅,瓜瘤无,瓜面蜡粉中,近瓜蒂端形状为平,瓜顶形状为凹。瓜皮棕黄色,瓜面斑纹网状,瓜斑纹色深红,瓜肉橙黄色。单瓜重约4.1 kg,纵径约15.7 cm,横径约26.6 cm,商品瓜肉厚约31.4 mm,单株瓜数约2个。

北 中 南 瓜

【作物名称】南瓜 *Cucurbita moschata*

【作物类别】蔬菜

【分　　类】葫芦科南瓜属

【采集地点】安庆市太湖县

【采集编号】P340825025

【特征特性】

　　叶心脏五角形，绿色，叶面白斑少。瓜梗仅基部稍膨大，瓜梗横切面五棱形。瓜皇冠形，瓜面特征多棱，棱沟浅，瓜瘤小，瓜面蜡粉多，近瓜蒂端形状为平，瓜顶形状为凹。瓜皮棕黄色，瓜面无斑纹，瓜肉橙黄色。单瓜重约3.5 kg，纵径约20.6 cm，横径约22.4 cm，商品瓜肉厚约29.8 mm，单株瓜数约4个。

寺前枕头南瓜

【作物名称】南瓜 *Cucurbita moschata*
【作物类别】蔬菜
【分　　类】葫芦科南瓜属
【采集地点】安庆市太湖县
【采集编号】P340825027

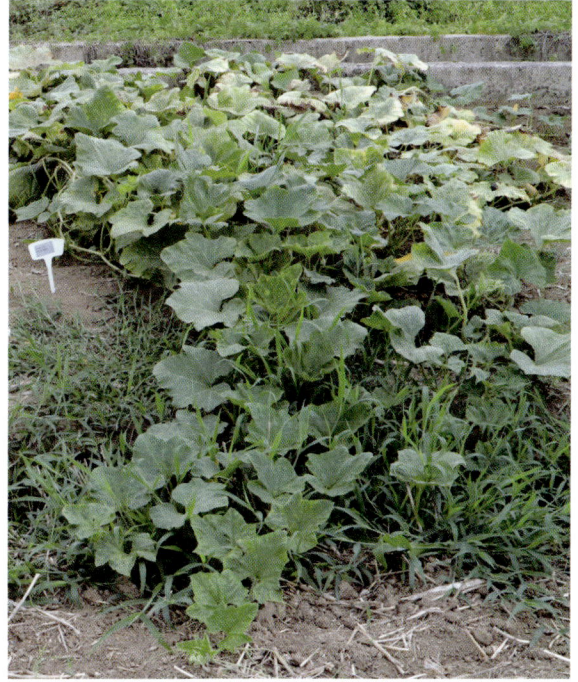

【特征特性】

　　叶掌状五角形,绿色,叶面白斑少。瓜梗仅基部膨大,瓜梗横切面五棱形。瓜长把梨形,瓜面特征多棱,棱沟浅,瓜瘤无,瓜面蜡粉多,近瓜蒂端形状为平,瓜顶形状为平。瓜皮黄褐色,瓜面无斑纹,瓜肉橙黄色。单瓜重约2.0 kg,纵径约37.7 cm,横径约16.8 cm,商品瓜肉厚约15.3 mm,单株瓜数约6个。

井 灌 头 南 瓜

【作物名称】南瓜 *Cucurbita moschata*
【作物类别】蔬菜
【分　　类】葫芦科南瓜属
【采集地点】安庆市桐城市
【采集编号】P340881033

【特征特性】

　　叶心脏形,深绿色,叶面白斑少。瓜梗仅基部膨大,瓜梗横切面五棱形。瓜扁圆形,瓜面特征多棱,棱沟中,瓜瘤无,瓜面蜡粉中,近瓜蒂端形状为凹,瓜顶形状为凸。瓜皮棕黄色,瓜面斑纹条状,瓜斑纹色绿,瓜肉橙黄色。单瓜重约5.4 kg,纵径约21.9 cm,横径约24.8 cm,商品瓜肉厚约50.1 mm,单株瓜数约7个。

面 盆 瓜

【作物名称】南瓜 *Cucurbita moschata*
【作物类别】蔬菜
【分　　类】葫芦科南瓜属
【采集地点】安庆市望江县
【采集编号】P340827214

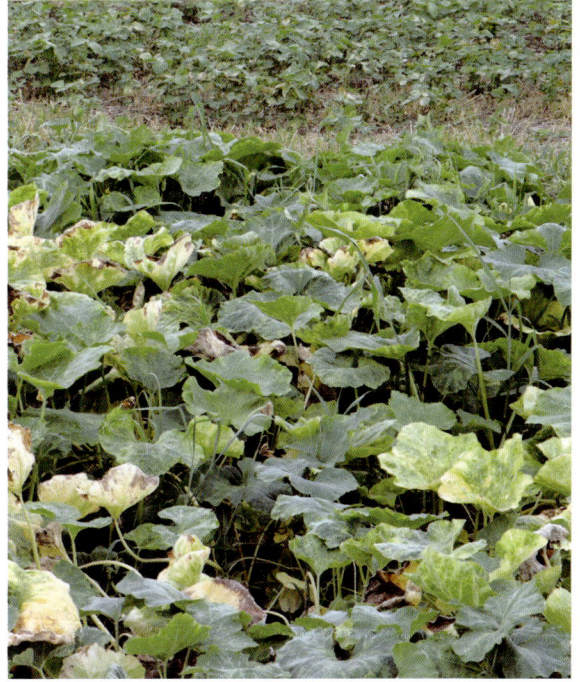

【特征特性】

　　叶掌状,浅绿色,叶面白斑少。瓜梗仅基部膨大,瓜梗横切面五棱形。瓜盘形,瓜面特征多棱,棱沟深,瓜瘤无,瓜面蜡粉少,近瓜蒂端形状为凹,瓜顶形状为凹。瓜皮黄色,瓜面斑纹点状,瓜斑纹色浅黄,瓜肉浅黄色。单瓜重约4.7 kg,纵径约12.5 cm,横径约29.0 cm,商品瓜肉厚约56.6 mm,单株瓜数约7个。

头 陀 南 瓜

【作物名称】南瓜 *Cucurbita moschata*
【作物类别】蔬菜
【分　　类】葫芦科南瓜属
【采集地点】安庆市岳西县
【采集编号】2020342001

【特征特性】

　　叶心脏形,深绿色,叶面白斑少。瓜梗仅基部稍膨大,瓜梗横切面圆形。瓜梨形,瓜面特征平滑,棱沟浅,瓜瘤无,瓜面蜡粉中,近瓜蒂端形状为凸,瓜顶形状为凸。瓜皮黄褐色,瓜面无斑纹,瓜肉橙黄色。单瓜重约1.5 kg,纵径约27.3 cm,横径约12.7 cm,商品瓜肉厚约22.2 mm,单株瓜数约11个。

菖 蒲 南 瓜

【作物名称】南瓜 *Cucurbita moschata*

【作物类别】蔬菜

【分　　类】葫芦科南瓜属

【采集地点】安庆市岳西县

【采集编号】2020342021

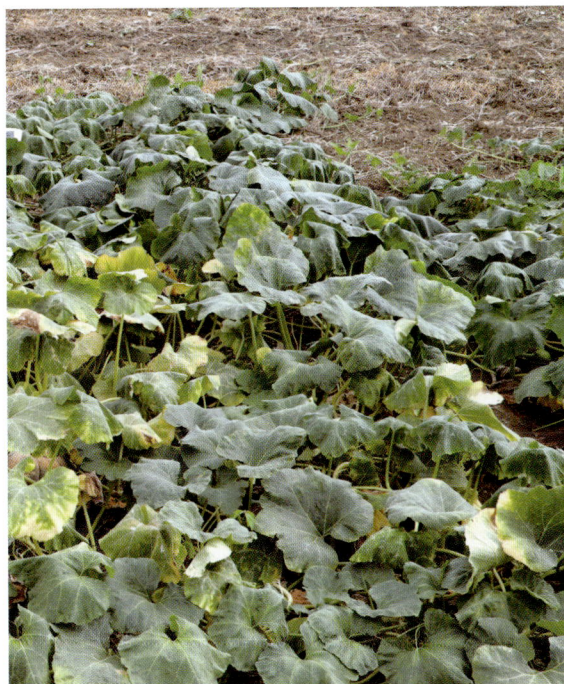

【特征特性】

叶心脏形,深绿色,叶面白斑少。瓜梗仅基部膨大,瓜梗横切面五棱形。瓜盘形,瓜面特征多棱,棱沟深,瓜瘤无,瓜面蜡粉多,近瓜蒂端形状为凹,瓜顶形状为平。瓜皮黄褐色,瓜面斑纹块状,瓜斑纹色黄,瓜肉橙黄色。单瓜重约3.8 kg,纵径约10.6 cm,横径约27.4 cm,商品瓜肉厚约47.8 mm,单株瓜数约11个。

寺 前 南 瓜

【作物名称】南瓜 *Cucurbita moschata*

【作物类别】蔬菜

【分　　类】葫芦科南瓜属

【采集地点】安庆市岳西县

【采集编号】2020342031

【特征特性】

　　叶心脏五角形,深绿色,叶面白斑少。瓜梗仅基部膨大,瓜梗横切面五棱形。瓜近圆形,瓜面特征多棱,棱沟浅,瓜瘤小,瓜面蜡粉多,近瓜蒂端形状为凸,瓜顶形状为凹。瓜皮棕黄色,瓜面斑纹网状,瓜斑纹色深绿,瓜肉黄色。单瓜重约1.3 kg,纵径约16.3 cm,横径约15.1 cm,商品瓜肉厚约30.5 mm,单株瓜数约11个。

仲 兴 北 瓜

【作物名称】南瓜 *Cucurbita moschata*
【作物类别】蔬菜
【分　　类】葫芦科南瓜属
【采集地点】蚌埠市固镇县
【采集编号】P340323013

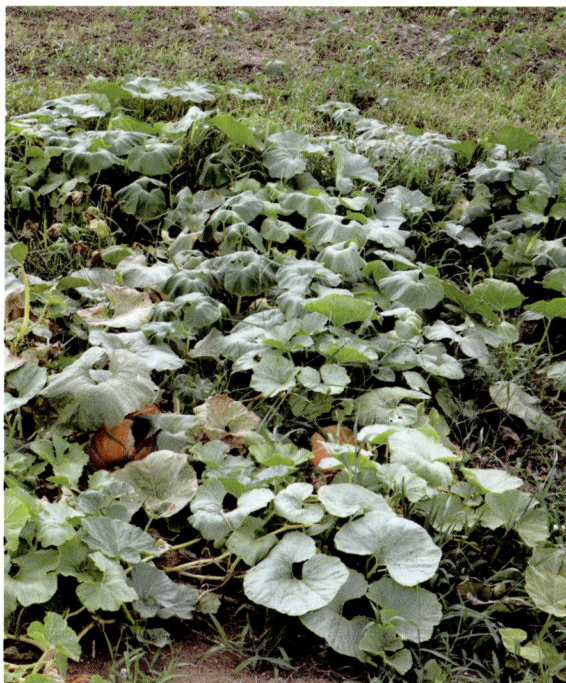

【特征特性】

　　叶近圆形,浅绿色,叶面白斑多。花端瓜梗均匀膨大,瓜梗横切面圆形。瓜扁圆形,瓜面特征平滑,棱沟浅,瓜瘤无,瓜面蜡粉少,近瓜蒂端形状为凹,瓜顶形状为凹。瓜皮橙红色,瓜面斑纹条状,瓜斑纹色浅绿,瓜肉黄色。单瓜重约1.7 kg,纵径约13.5 cm,横径约19.2 cm,商品瓜肉厚约27.3 mm,单株瓜数约8个。

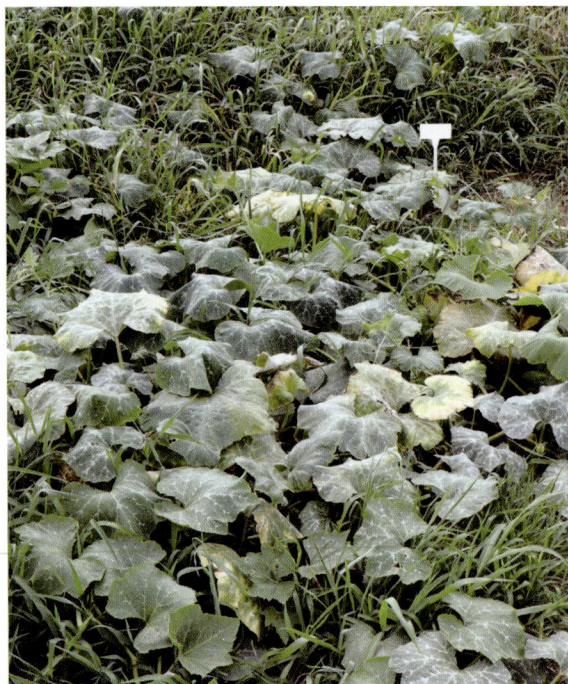

任桥弯脖子南瓜

【作物名称】南瓜 *Cucurbita moschata*

【作物类别】蔬菜

【分　　类】葫芦科南瓜属

【采集地点】蚌埠市固镇县

【采集编号】P340323048

【特征特性】

叶掌状五角形,浅绿色,叶面白斑中等。瓜梗仅基部膨大,瓜梗横切面五棱形。瓜哑铃形,瓜面特征多棱,棱沟浅,瓜瘤无,瓜面蜡粉中,近瓜蒂端形状为平,瓜顶形状为凸。瓜皮棕黄色,瓜面斑纹网状,瓜斑纹色深绿,瓜肉橙黄色。单瓜重约4.5 kg,纵径约47.3 cm,横径约15.9 cm,商品瓜肉厚约24.6 mm,单株瓜数约6个。

任 桥 磨 盘 南 瓜

【作物名称】南瓜 *Cucurbita moschata*

【作物类别】蔬菜

【分　　类】葫芦科南瓜属

【采集地点】蚌埠市固镇县

【采集编号】P340323049

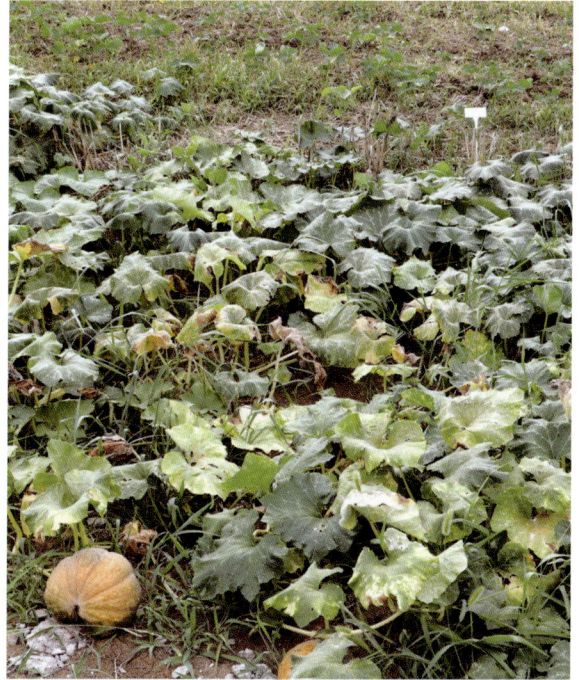

【特征特性】

　　叶掌状五角形,深绿色,叶面白斑中等。瓜梗仅基部膨大,瓜梗横切面五棱形。瓜盘形,瓜面特征多棱,棱沟中,瓜瘤无,瓜面蜡粉多,近瓜蒂端形状为凹,瓜顶形状为凹。瓜皮棕黄色,瓜面斑纹网状,瓜斑纹色深绿,瓜肉橙黄色。单瓜重约4.7 kg,纵径约16.4 cm,横径约25.5 cm,商品瓜肉厚约54.4 mm,单株瓜数约4个。

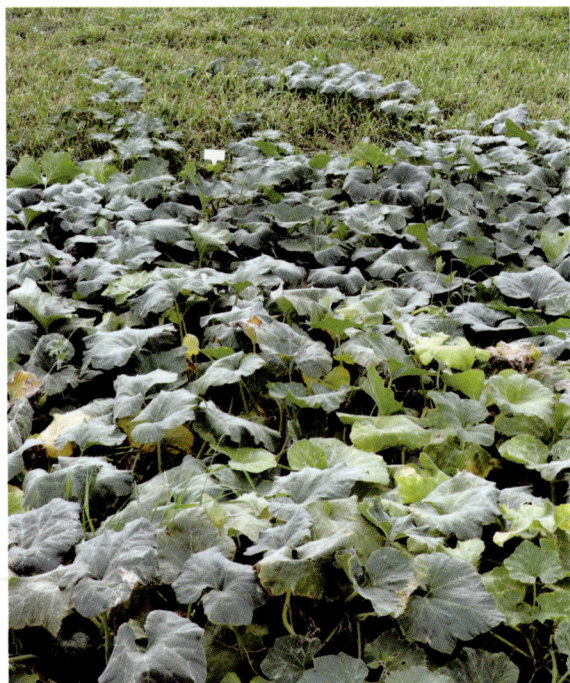

常坟南瓜

【作物名称】南瓜 *Cucurbita moschata*
【作物类别】蔬菜
【分　　类】葫芦科南瓜属
【采集地点】蚌埠市怀远县
【采集编号】P340321089

【特征特性】

叶掌状五角形,绿色,叶面无白斑。瓜梗仅基部稍膨大,瓜梗横切面五棱形。瓜近圆形,瓜面特征多棱,棱沟浅,瓜瘤无,瓜面蜡粉中,近瓜蒂端形状为平,瓜顶形状为凸。瓜皮棕黄色,瓜面斑纹网状,瓜斑纹色绿,瓜肉金黄色。单瓜重约1.7 kg,纵径约15.6 cm,横径约17.1 cm,商品瓜肉厚约44.1 mm,单株瓜数约8个。

牛 腿 南 瓜

【作物名称】南瓜 *Cucurbita moschata*
【作物类别】蔬菜
【分　　类】葫芦科南瓜属
【采集地点】蚌埠市五河县
【采集编号】P340322060

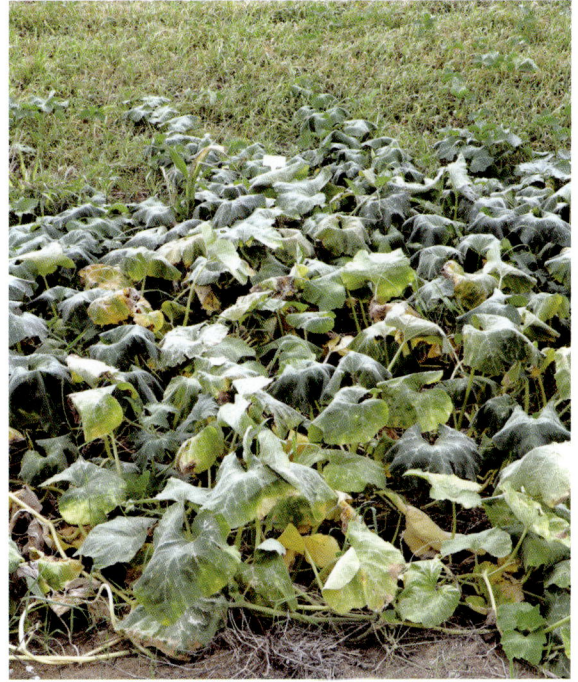

【特征特性】

　　叶掌状五角形，绿色，叶面白斑少。瓜梗仅基部稍膨大，瓜梗横切面五棱形。瓜长弯圆筒形，瓜面特征多棱，棱沟浅，瓜瘤无，瓜面蜡粉多，近瓜蒂端形状为平，瓜顶形状为凸。瓜皮橙红色，瓜面斑纹条状，瓜斑纹色绿，瓜肉橙黄色。单瓜重约4.8 kg，纵径约64.5 cm，横径约14.4 cm，商品瓜肉厚约30.2 mm，单株瓜数约3个。

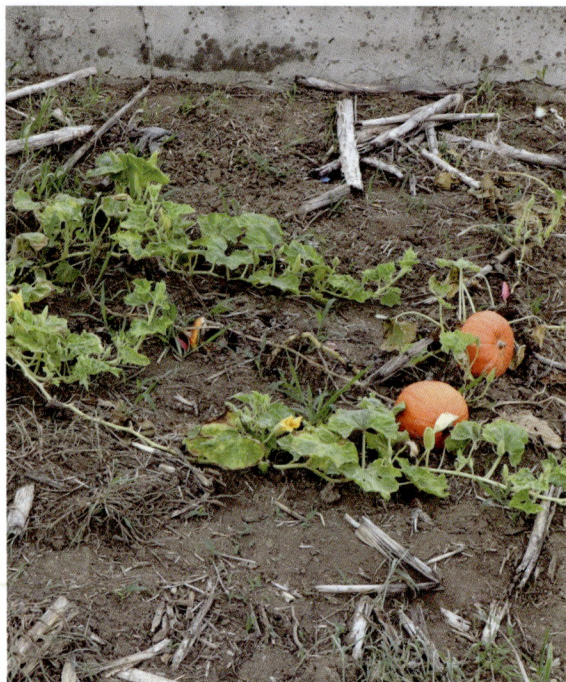

灯笼红南瓜

【作物名称】南瓜 *Cucurbita moschata*

【作物类别】蔬菜

【分　　类】葫芦科南瓜属

【采集地点】蚌埠市五河县

【采集编号】P340322085

【特征特性】

叶掌状,绿色,叶面白斑少。瓜梗仅基部稍膨大,瓜梗横切面圆形。瓜扁圆形,瓜面特征多棱,棱沟浅,瓜瘤小,瓜面蜡粉少,近瓜蒂端形状为凹,瓜顶形状为凹。瓜皮橙红色,瓜面斑纹块状,瓜斑纹色黄,瓜肉橙黄色。单瓜重约0.4 kg,纵径约8.8 cm,横径约14.6 cm,商品瓜肉厚约19.8 mm,单株瓜数约3个。

车轱辘南瓜

【作物名称】南瓜 *Cucurbita moschata*
【作物类别】蔬菜
【分　　类】葫芦科南瓜属
【采集地点】蚌埠市五河县
【采集编号】P340322130

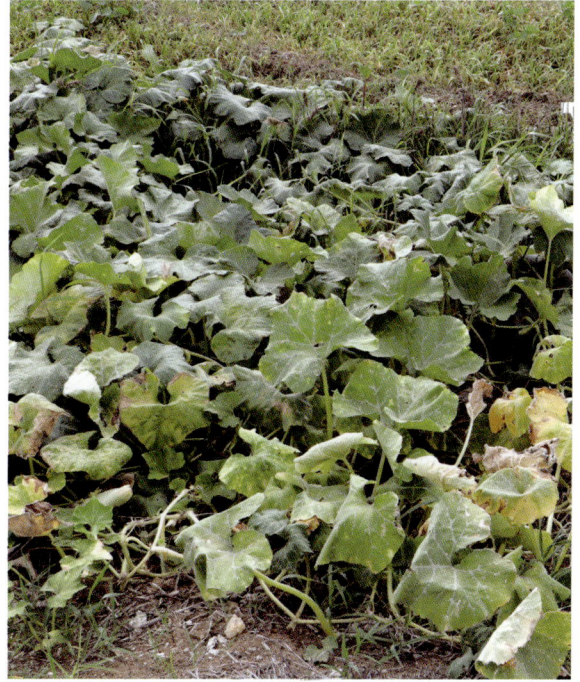

【特征特性】

叶心脏形,绿色,叶面白斑少。瓜梗仅基部稍膨大,瓜梗横切面五棱形。瓜扁圆形,瓜面特征多棱,棱沟中,瓜瘤无,瓜面蜡粉中,近瓜蒂端形状为凹,瓜顶形状为凹。瓜皮棕黄色,瓜面斑纹块状,瓜斑纹色绿,瓜肉橙黄色。单瓜重约3.7 kg,纵径约15.4 cm,横径约24.5 cm,商品瓜肉厚约44.9 mm,单株瓜数约3个。

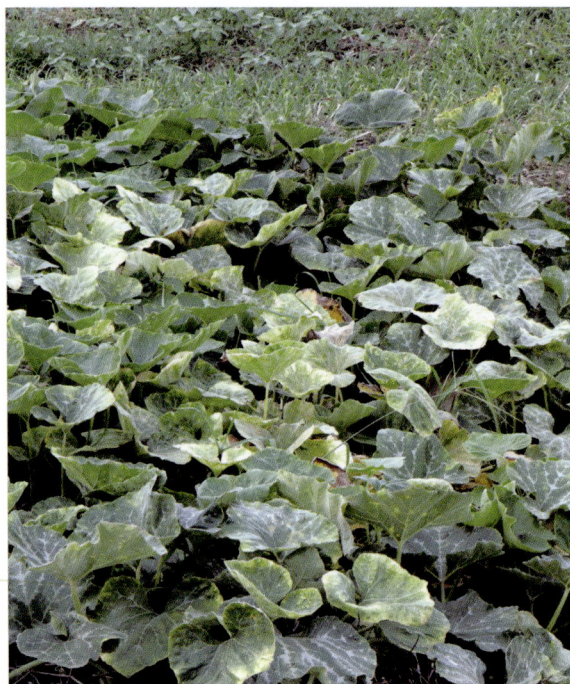

蛤蟆花南瓜

【作物名称】南瓜 *Cucurbita moschata*

【作物类别】蔬菜

【分　　类】葫芦科南瓜属

【采集地点】亳州市利辛县

【采集编号】P341623024

【特征特性】

　　叶心脏形,绿色,叶面白斑少。瓜梗仅基部膨大,瓜梗横切面五棱形。瓜长颈圆筒形,瓜面特征多棱,棱沟浅,瓜瘤无,瓜面蜡粉少,近瓜蒂端形状为平,瓜顶形状为平。瓜皮橙黄色,瓜面斑纹网状,瓜斑纹色浅绿,瓜肉浅黄色。单瓜重约3.1 kg,纵径约44.9 cm,横径约13.2 cm,商品瓜肉厚约39.6 mm,单株瓜数约4个。

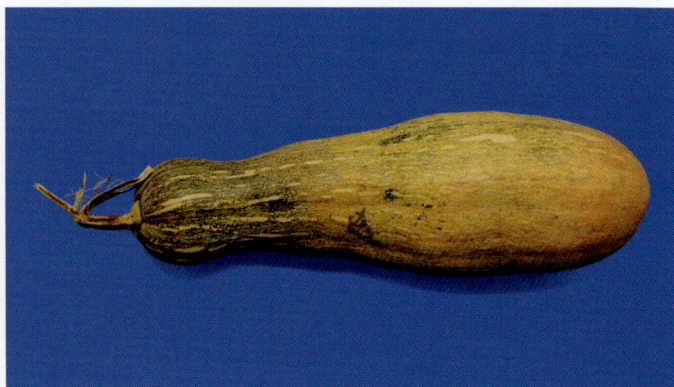

篱 笆 南 瓜

【作物名称】南瓜 *Cucurbita moschata*
【作物类别】蔬菜
【分　　类】葫芦科南瓜属
【采集地点】亳州市蒙城县
【采集编号】P341622024

【特征特性】

　　叶掌状五角形,绿色,叶面白斑少。瓜梗仅基部稍膨大,瓜梗横切面五棱形。瓜梨形,瓜面特征多棱,棱沟中,瓜瘤无,瓜面蜡粉少,近瓜蒂端形状为平,瓜顶形状为平。瓜皮黄褐色,瓜面斑纹网状,瓜斑纹色深绿,瓜肉浅黄色。单瓜重约2.0 kg,纵径约28.5 cm,横径约12.7 cm,商品瓜肉厚约35.2 mm,单株瓜数约3个。

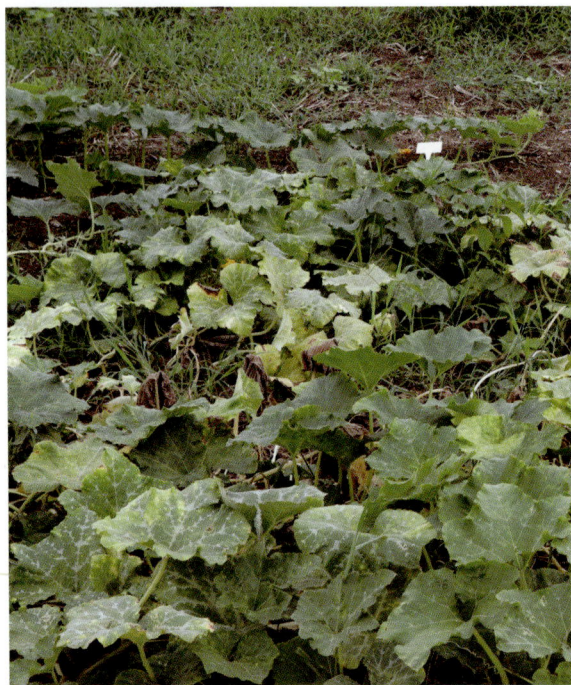

风光南瓜

【作物名称】南瓜 *Cucurbita moschata*
【作物类别】蔬菜
【分　　类】葫芦科南瓜属
【采集地点】亳州市蒙城县
【采集编号】P341622025

【特征特性】

叶掌状五角形,深绿色,叶面白斑中等。瓜梗仅基部稍膨大,瓜梗横切面五棱形。瓜皇冠形,瓜面特征瘤突,棱沟浅,瓜瘤中,瓜面蜡粉多,近瓜蒂端形状为平,瓜顶形状为凹。瓜皮黄褐色,瓜面无斑纹,瓜肉金黄色。单瓜重约2.2 kg,纵径约19.7 cm,横径约19.9 cm,商品瓜肉厚约25.7 mm,单株瓜数约3个。

狗 伸 腰 南 瓜

【作物名称】南瓜 *Cucurbita moschata*
【作物类别】蔬菜
【分　　类】葫芦科南瓜属
【采集地点】亳州市谯城区
【采集编号】2021342640

【特征特性】

　　叶心脏五角形,绿色,叶面白斑少。瓜梗仅基部膨大,瓜梗横切面五棱形。瓜长弯圆筒形,瓜面特征平滑,棱沟无,瓜瘤无,瓜面蜡粉少,近瓜蒂端形状为平,瓜顶形状为平。瓜皮橙黄色,瓜面斑纹条状,瓜斑纹色绿,瓜肉浅黄色。单瓜重约2.6 kg,纵径约47.3 cm,横径约12.2 cm,商品瓜肉厚约28.2 mm,单株瓜数约4个。

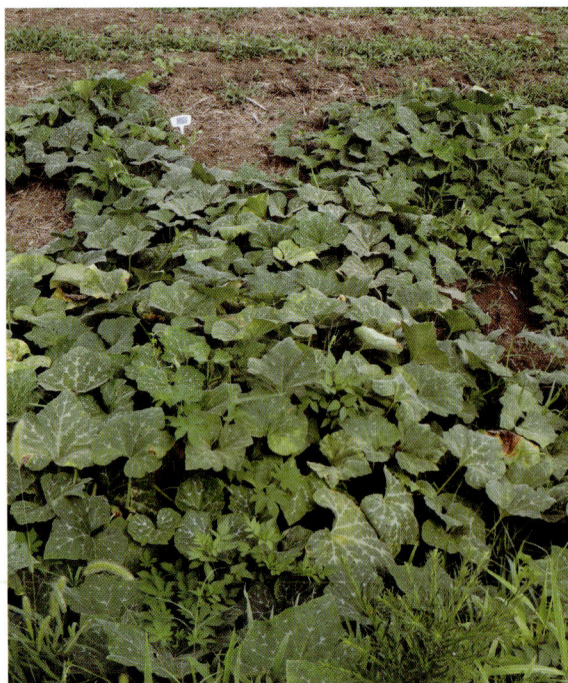

楚 店 南 瓜

【作物名称】南瓜 *Cucurbita moschata*

【作物类别】蔬菜

【分　　类】葫芦科南瓜属

【采集地点】亳州市涡阳县

【采集编号】2021341004

【**特征特性**】

　　叶心脏形,深绿色,叶面白斑少。瓜梗仅基部稍膨大,瓜梗横切面五棱形。瓜近圆形,瓜面特征多棱,棱沟中,瓜瘤中,瓜面蜡粉多,近瓜蒂端形状为平,瓜顶形状为平。瓜皮棕黄色,瓜面斑纹网状,瓜斑纹色绿,瓜肉黄色。单瓜重约2.0 kg,纵径约16.3 cm,横径约19.2 cm,商品瓜肉厚约14.7 mm,单株瓜数约9个。

龙山南瓜

【作物名称】南瓜 *Cucurbita moschata*
【作物类别】蔬菜
【分　　类】葫芦科南瓜属
【采集地点】亳州市涡阳县
【采集编号】2021341121

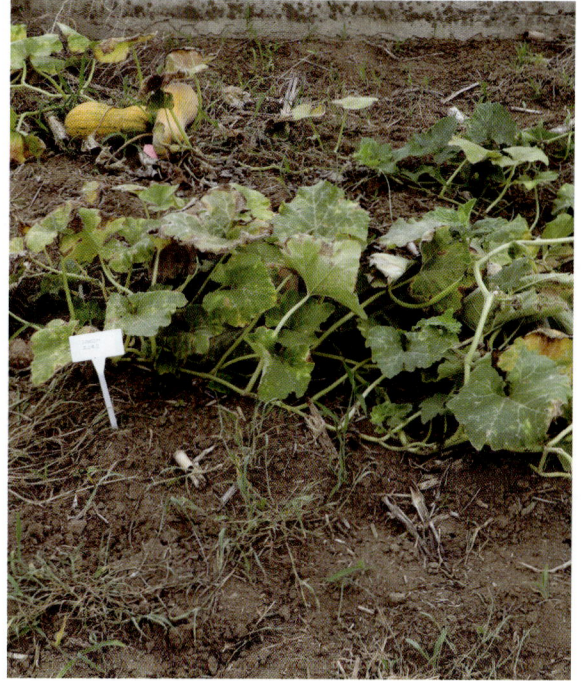

【特征特性】

　　叶心脏五角形,深绿色,叶面无白斑。瓜梗基部无变化,瓜梗横切面五棱形。瓜哑铃形,瓜面特征平滑,棱沟无,瓜瘤无,瓜面蜡粉中,近瓜蒂端形状为平,瓜顶形状为平。瓜皮橙红色,瓜面斑纹块状,瓜斑纹色深绿,瓜肉橙黄色。单瓜重约1.2 kg,纵径约41.5 cm,横径约6.7 cm,商品瓜肉厚约14.0 mm,单株瓜数约2个。

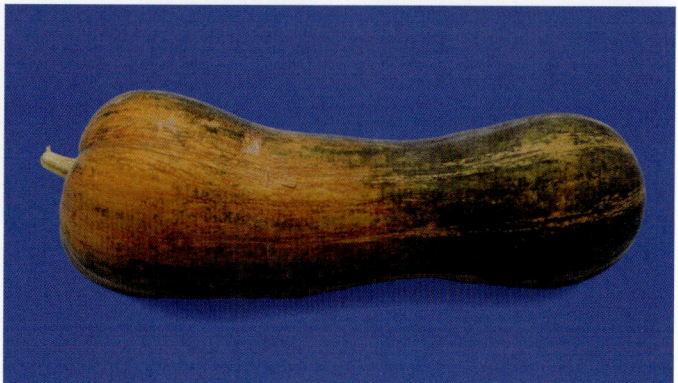

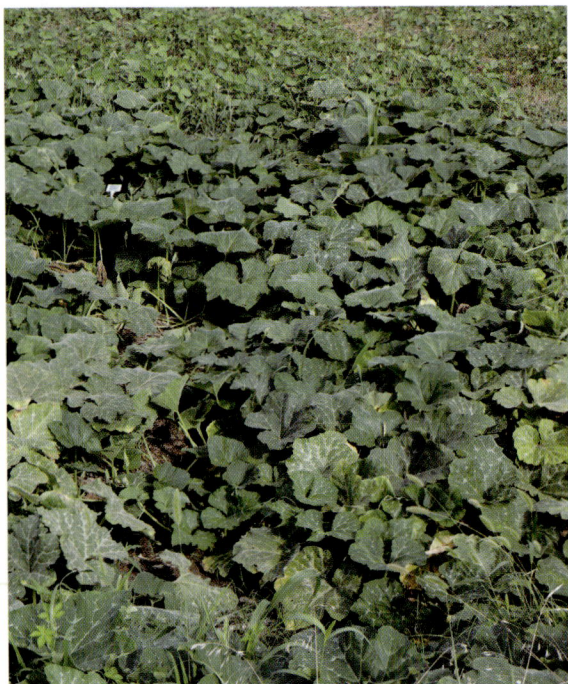

花 沟 长 南 瓜

【作物名称】南瓜 *Cucurbita moschata*
【作物类别】蔬菜
【分　　类】葫芦科南瓜属
【采集地点】亳州市涡阳县
【采集编号】2021341141

【特征特性】

　　叶心脏五角形,深绿色,叶面白斑少。瓜梗仅基部膨大,瓜梗横切面五棱形。瓜长把梨形,瓜面特征多棱,棱沟中,瓜瘤无,瓜面蜡粉中,近瓜蒂端形状为平,瓜顶形状为平。瓜皮棕黄色,瓜面斑纹网状,瓜斑纹色绿,瓜肉浅黄色。单瓜重约3.4 kg,纵径约52.2 cm,横径约15.4 cm,商品瓜肉厚约32.1 mm,单株瓜数约6个。

花 沟 圆 盘 南 瓜

【作物名称】南瓜 *Cucurbita moschata*
【作物类别】蔬菜
【分　　类】葫芦科南瓜属
【采集地点】亳州市涡阳县
【采集编号】2021341142

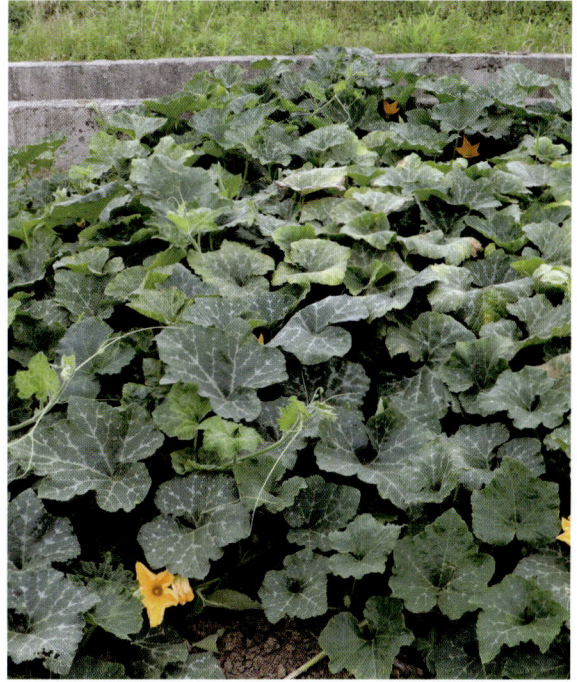

【特征特性】

　　叶掌状五角形,深绿色,叶面白斑中等。瓜梗基部无变化,瓜梗横切面五棱形。瓜盘形,瓜面特征多棱,棱沟深,瓜瘤小,瓜面蜡粉多,近瓜蒂端形状为凹,瓜顶形状为凹。瓜皮棕黄色,瓜面无斑纹,瓜肉金黄色。单瓜重约1.3 kg,纵径约9.0 cm,横径约20.3 cm,商品瓜肉厚约20.5 mm,单株瓜数约3个。

盐洼南瓜

【作物名称】南瓜 *Cucurbita moschata*

【作物类别】蔬菜

【分　　类】葫芦科南瓜属

【采集地点】亳州市涡阳县

【采集编号】P341621051

【特征特性】

　　叶心脏形,深绿色,叶面白斑少。瓜梗仅基部稍膨大,瓜梗横切面五棱形。瓜近圆形,瓜面特征多棱,棱沟中,瓜瘤中,瓜面蜡粉多,近瓜蒂端形状为凹,瓜顶形状为凹。瓜皮棕黄色,瓜面无斑纹,瓜肉橙黄色。单瓜重约3.9 kg,纵径约17.2 cm,横径约21.3 cm,商品瓜肉厚约41.6 mm,单株瓜数约3个。

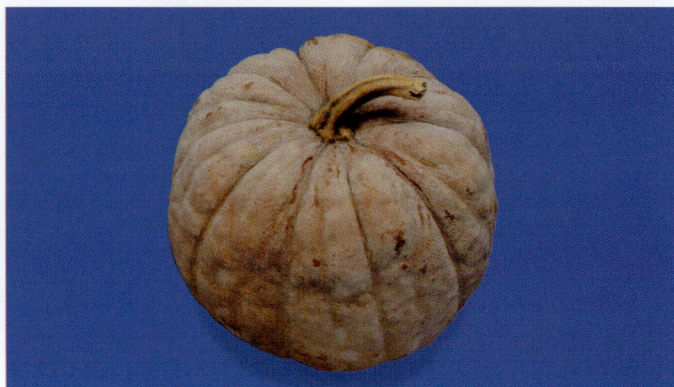

胜 利 南 瓜

【作物名称】南瓜 *Cucurbita moschata*

【作物类别】蔬菜

【分　　类】葫芦科南瓜属

【采集地点】池州市东至县

【采集编号】P341721023

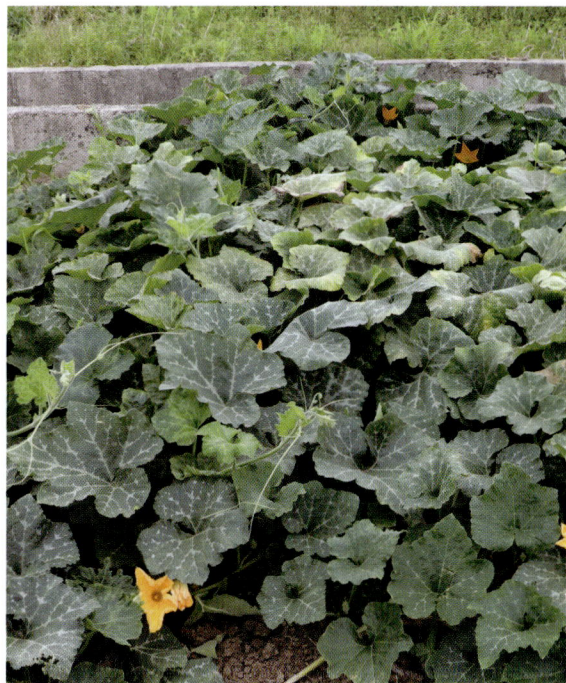

【特征特性】

　　叶近圆形,绿色,叶面白斑少。瓜梗仅基部稍膨大,瓜梗横切面五棱形。瓜盘形,瓜面特征多棱,棱沟浅,瓜瘤中,瓜面蜡粉中,近瓜蒂端形状为凹,瓜顶形状为凹。瓜皮黄褐色,瓜面无斑纹,瓜肉黄色。单瓜重约1.8 kg,纵径约15.5 cm,横径约17.0 cm,商品瓜肉厚约33.7 mm,单株瓜数约2个。

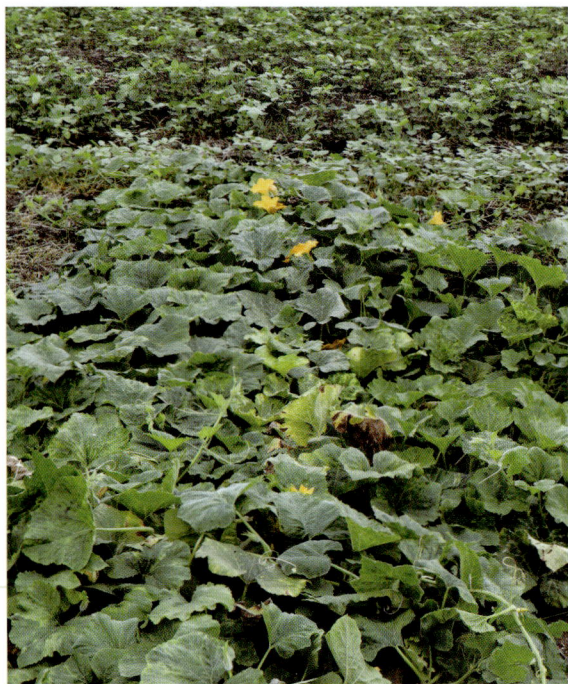

陵 阳 南 瓜

【作物名称】南瓜 *Cucurbita moschata*

【作物类别】蔬菜

【分　　类】葫芦科南瓜属

【采集地点】池州市青阳县

【采集编号】2021343521

【特征特性】

　　叶近圆形,深绿色,叶面无白斑。瓜梗仅基部稍膨大,瓜梗横切面五棱形。瓜近圆形,瓜面特征瘤突,棱沟无,瓜瘤中,瓜面蜡粉少,近瓜蒂端形状为凸,瓜顶形状为平。瓜皮棕黄色,瓜面斑纹网状,瓜斑纹色绿,瓜肉浅黄色。单瓜重约1.5 kg,纵径约26.3 cm,横径约12.8 cm,商品瓜肉厚约20.8 mm,单株瓜数约6个。

陵阳光皮南瓜

【作物名称】南瓜 *Cucurbita moschata*

【作物类别】蔬菜

【分　　类】葫芦科南瓜属

【采集地点】池州市青阳县

【采集编号】2021343530

【特征特性】

叶心脏形,深绿色,叶面白斑少。瓜梗仅基部膨大,瓜梗横切面五棱形。瓜盘形,瓜面特征多棱,棱沟中,瓜瘤无,瓜面蜡粉中,近瓜蒂端形状为凹,瓜顶形状为凹。瓜皮棕黄色,瓜面斑纹网状,瓜斑纹色深红,瓜肉橙黄色。单瓜重约1.4 kg,纵径约5.6 cm,横径约17.4 cm,商品瓜肉厚约45.3 mm,单株瓜数约8个。

陵 阳 癞 皮 南 瓜

【作物名称】南瓜 *Cucurbita moschata*
【作物类别】蔬菜
【分　　类】葫芦科南瓜属
【采集地点】池州市青阳县
【采集编号】2021343531

【特征特性】

　　叶心脏五角形,绿色,叶面无白斑。瓜梗仅基部稍膨大,瓜梗横切面五棱形。瓜盘形,瓜面特征皱缩,棱沟浅,瓜瘤小,瓜面蜡粉中,近瓜蒂端形状为凹,瓜顶形状为平。瓜皮棕黄色,瓜面斑纹点状,瓜斑纹色浅绿,瓜肉橙黄色。单瓜重约3.1 kg,纵径约10.4 cm,横径约25.6 cm,商品瓜肉厚约32.9 mm,单株瓜数约8个。

新河老南瓜

【作物名称】南瓜 *Cucurbita moschata*
【作物类别】蔬菜
【分　　类】葫芦科南瓜属
【采集地点】池州市青阳县
【采集编号】2021343607

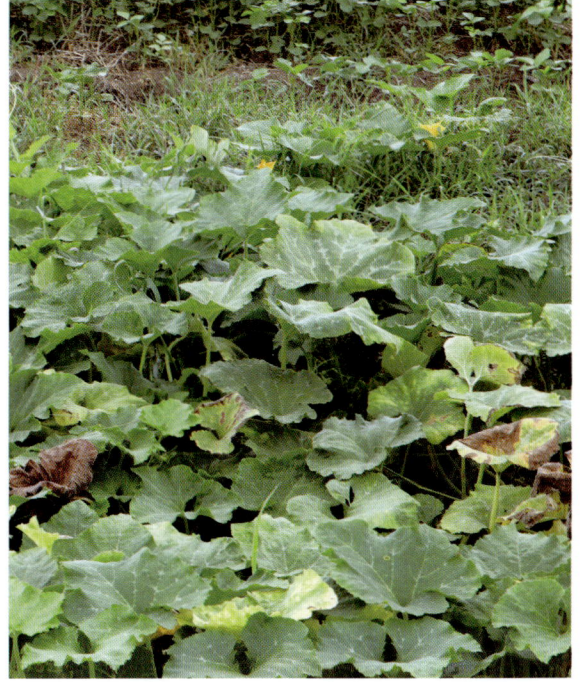

【特征特性】

　　叶心脏五角形,绿色,叶面白斑少。瓜梗仅基部膨大,瓜梗横切面五棱形。瓜长把梨形,瓜面特征平滑,棱沟无,瓜瘤无,瓜面蜡粉多,近瓜蒂端形状为平,瓜顶形状为平。瓜皮棕黄色,瓜面斑纹网状,瓜斑纹色深绿,瓜肉橙黄色。单瓜重约3.6 kg,纵径约46.5 cm,横径约17.8 cm,商品瓜肉厚约23.1 mm,单株瓜数约4个。

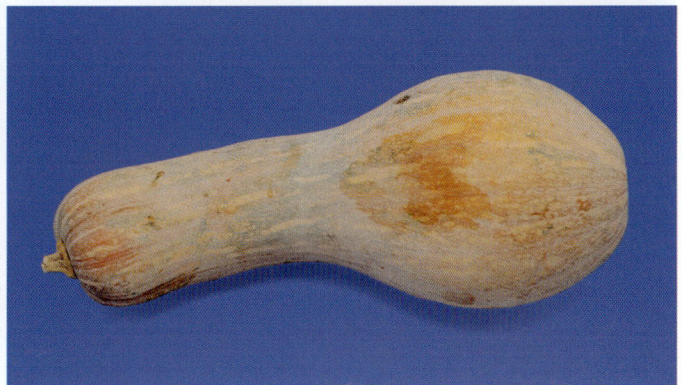

酒 坛 瓜

【作物名称】南瓜 *Cucurbita moschata*

【作物类别】蔬菜

【分　　类】葫芦科南瓜属

【采集地点】池州市石台县

【采集编号】P341722008

【特征特性】

　　叶心脏五角形,绿色,叶面无白斑。瓜梗仅基部膨大,瓜梗横切面五棱形。瓜梨形,瓜面特征多棱,棱沟浅,瓜瘤无,瓜面蜡粉中,近瓜蒂端形状为平,瓜顶形状为凸。瓜皮黄褐色,瓜面无斑纹,瓜肉橙黄色。单瓜重约6.3 kg,纵径约50.9 cm,横径约21.8 cm,商品瓜肉厚约44.9 mm,单株瓜数约3个。

张桥大南瓜

【作物名称】南瓜 *Cucurbita moschata*

【作物类别】蔬菜

【分　　类】葫芦科南瓜属

【采集地点】滁州市定远县

【采集编号】P341125019

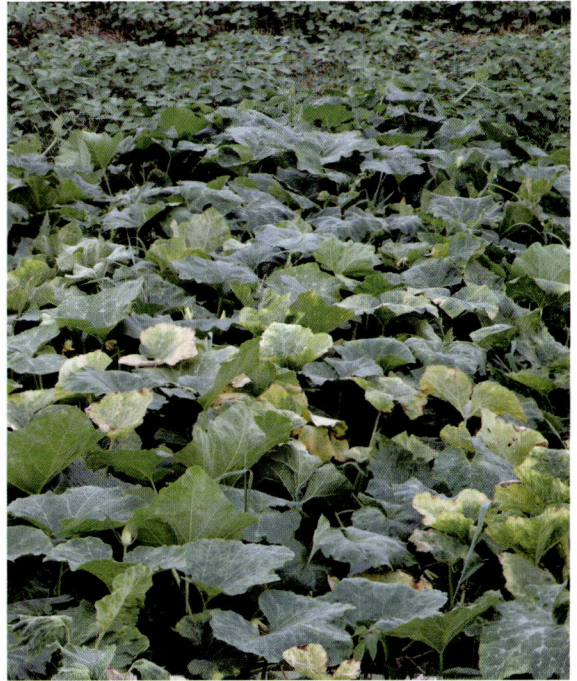

【特征特性】

　　叶心脏五角形,深绿色,叶面白斑少。瓜梗仅基部稍膨大,瓜梗横切面五棱形。瓜长弯圆筒形,瓜面特征多棱,棱沟浅,瓜瘤无,瓜面蜡粉中,近瓜蒂端形状为平,瓜顶形状为平。瓜皮黄褐色,瓜面斑纹条状,瓜斑纹色深红,瓜肉金黄色。单瓜重约2.8 kg,纵径约46.2 cm,横径约15.1 cm,商品瓜肉厚约18.4 mm,单株瓜数约4个。

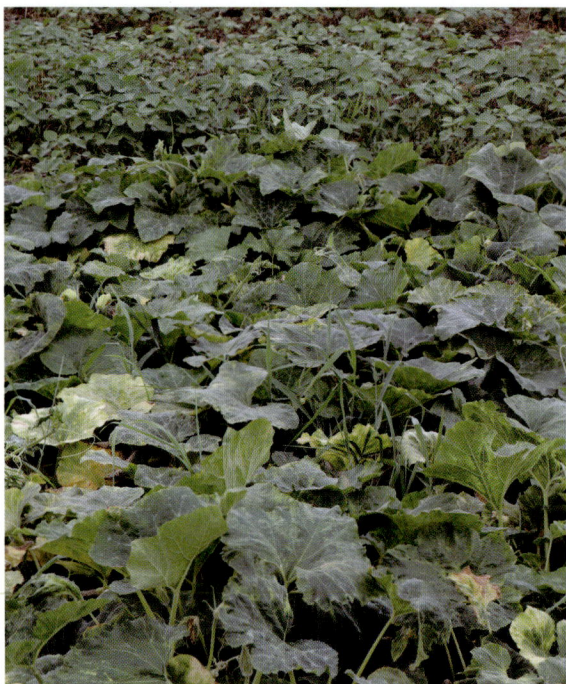

池河磨盘南瓜

【作物名称】南瓜 *Cucurbita moschata*

【作物类别】蔬菜

【分　　类】葫芦科南瓜属

【采集地点】滁州市定远县

【采集编号】P341125022

【特征特性】

　　叶心脏五角形,浅绿色,叶面白斑少。瓜梗仅基部稍膨大,瓜梗横切面五棱形。瓜盘形,瓜面特征多棱,棱沟浅,瓜瘤中,瓜面蜡粉中,近瓜蒂端形状为凹,瓜顶形状为凹。瓜皮黄褐色,瓜面斑纹网状,瓜斑纹色绿,瓜肉浅黄色。单瓜重约4.2 kg,纵径约14.3 cm,横径约25.1 cm,商品瓜肉厚约56.7 mm,单株瓜数约6个。

凤 阳 小 南 瓜

【作物名称】南瓜 *Cucurbita moschata*
【作物类别】蔬菜
【分　　类】葫芦科南瓜属
【采集地点】滁州市凤阳县
【采集编号】2022341126002

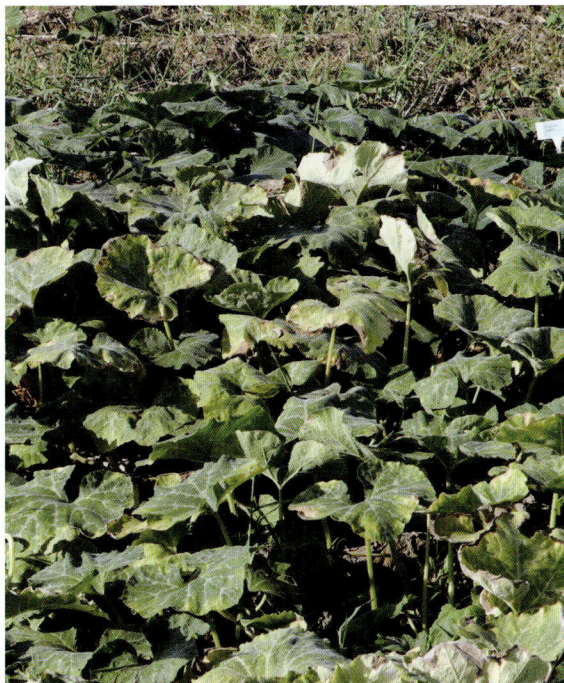

【特征特性】

　　叶掌状,深绿色,叶面白斑中等。瓜梗仅基部膨大,瓜梗横切面圆形。瓜梨形,瓜面特征多棱,棱沟浅,瓜瘤无,瓜面蜡粉中,近瓜蒂端形状为平,瓜顶形状为凸。瓜皮黄褐色,瓜面无斑纹,瓜肉橙黄色。单瓜重约2.3 kg,纵径约24.8 cm,横径约16.7 cm,商品瓜肉厚约35.7 mm,单株瓜数约5个。

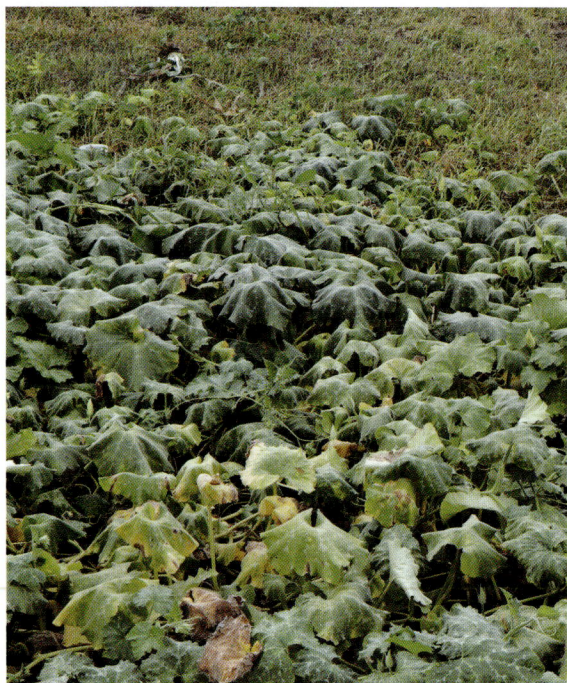

半 塔 圆 南 瓜

【作物名称】南瓜 *Cucurbita moschata*
【作物类别】蔬菜
【分　　类】葫芦科南瓜属
【采集地点】滁州市来安县
【采集编号】2021348041

【特征特性】

　　叶心脏五角形,深绿色,叶面白斑少。瓜梗仅基部膨大,瓜梗横切面五棱形。瓜近圆形,瓜面特征多棱,棱沟中,瓜瘤无,瓜面蜡粉少,近瓜蒂端形状为凹,瓜顶形状为凹。瓜皮棕黄色,瓜面斑纹点状,瓜斑纹色浅黄,瓜肉金黄色。单瓜重约3.1 kg,纵径约25.5 cm,横径约20.1 cm,商品瓜肉厚约41.7 mm,单株瓜数约2个。

杨郢南瓜

【作物名称】南瓜 *Cucurbita moschata*
【作物类别】蔬菜
【分　　类】葫芦科南瓜属
【采集地点】滁州市来安县
【采集编号】2021348065

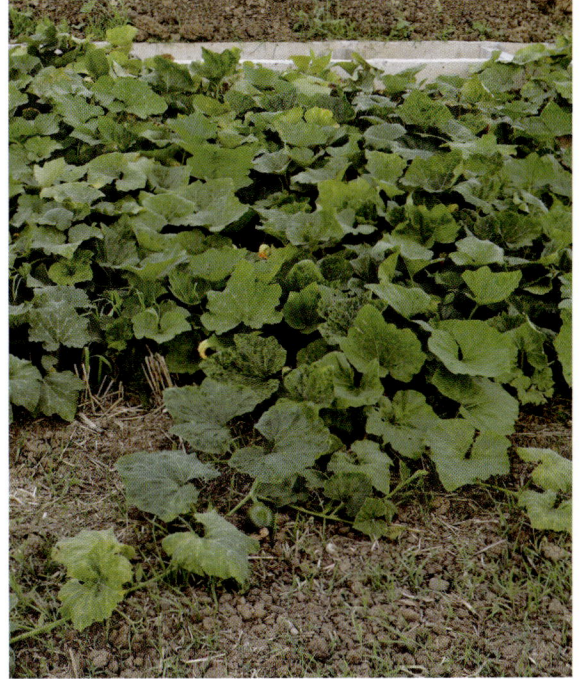

【特征特性】

叶心脏五角形,绿色,叶面白斑少。瓜梗仅基部稍膨大,瓜梗横切面五棱形。瓜长把梨形,瓜面特征多棱,棱沟浅,瓜瘤无,瓜面蜡粉中,近瓜蒂端形状为凹,瓜顶形状为平。瓜皮橙黄色,瓜面斑纹点状,瓜斑纹色浅黄,瓜肉金黄色。单瓜重约5.3 kg,纵径约50.1 cm,横径约19.8 cm,商品瓜肉厚约33.4 mm,单株瓜数约5个。

张 山 南 瓜

【作物名称】南瓜 *Cucurbita moschata*
【作物类别】蔬菜
【分　　类】葫芦科南瓜属
【采集地点】滁州市来安县
【采集编号】2021348100

【特征特性】

　　叶心脏形,浅绿色,叶面白斑少。瓜梗仅基部膨大,瓜梗横切面五棱形。瓜扁圆形,瓜面特征多棱,棱沟浅,瓜瘤无,瓜面蜡粉中,近瓜蒂端形状为凹,瓜顶形状为凹。瓜皮橙黄色,瓜面斑纹条状,瓜斑纹色橙红,瓜肉黄色。单瓜重约2.9 kg,纵径约15.1 cm,横径约20.4 cm,商品瓜肉厚约43.5 mm,单株瓜数约4个。

施 官 老 南 瓜

【作物名称】南瓜 *Cucurbita moschata*
【作物类别】蔬菜
【分　　类】葫芦科南瓜属
【采集地点】滁州市来安县
【采集编号】P341122027

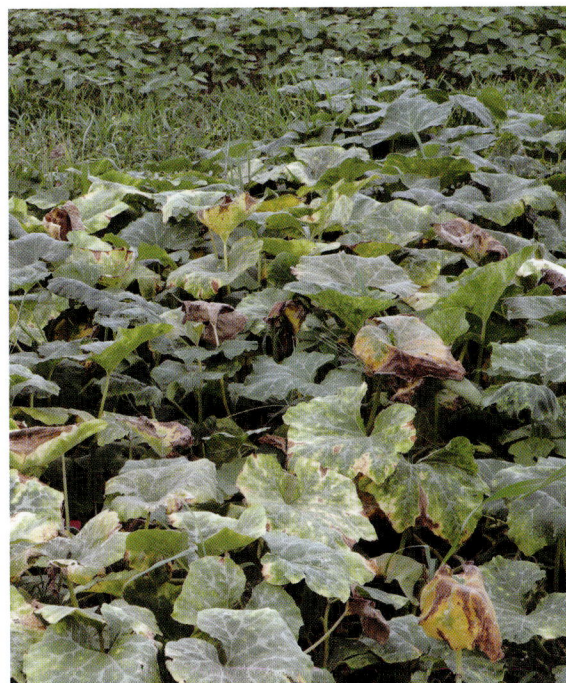

【特征特性】

　　叶心脏形,绿色,叶面白斑少。瓜梗仅基部稍膨大,瓜梗横切面五棱形。瓜长颈圆筒形,瓜面特征多棱,棱沟浅,瓜瘤无,瓜面蜡粉多,近瓜蒂端形状为平,瓜顶形状为平。瓜皮棕黄色,瓜面斑纹网状,瓜斑纹色绿,瓜肉浅黄色。单瓜重约3.1 kg,纵径约46.5 cm,横径约13.4 cm,商品瓜肉厚约35.8 mm,单株瓜数约5个。

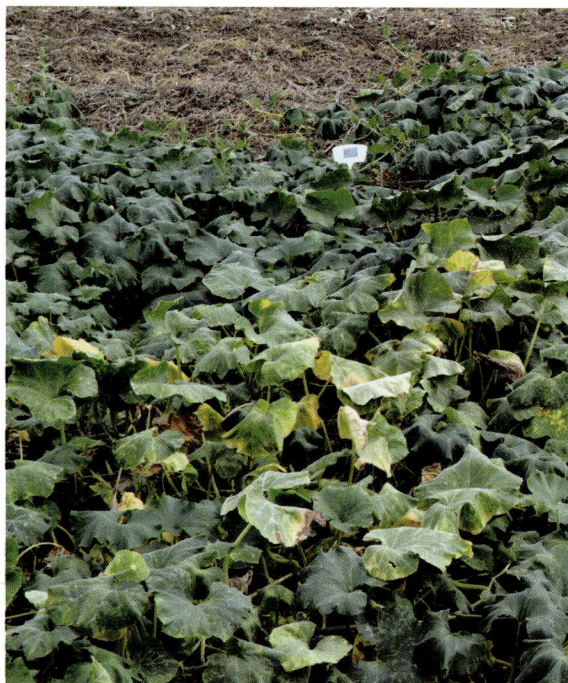

涧 溪 南 瓜

【作物名称】南瓜 *Cucurbita moschata*
【作物类别】蔬菜
【分　　类】葫芦科南瓜属
【采集地点】滁州市明光市
【采集编号】2020344003

【特征特性】

　　叶心脏五角形,深绿色,叶面无白斑。瓜梗仅基部稍膨大,瓜梗横切面五棱形。瓜长弯圆筒形,瓜面特征多棱,棱沟浅,瓜瘤无,瓜面蜡粉少,近瓜蒂端形状为平,瓜顶形状为平。瓜皮橙黄色,瓜面斑纹条状,瓜斑纹色深绿,瓜肉浅黄色。单瓜重约3.2 kg,纵径约57.5 cm,横径约10.1 cm,商品瓜肉厚约23.9 mm,单株瓜数约8个。

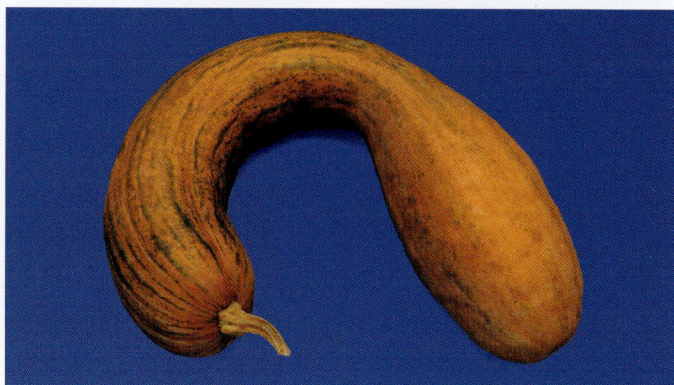

三界南瓜

【作物名称】南瓜 *Cucurbita moschata*
【作物类别】蔬菜
【分　　类】葫芦科南瓜属
【采集地点】滁州市明光市
【采集编号】2020344037

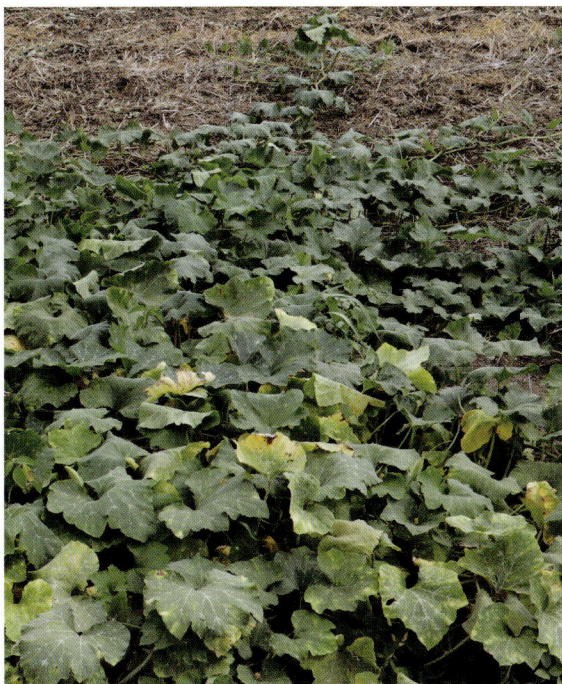

【特征特性】

    叶近三角形,浅绿色,叶面无白斑。瓜梗仅基部膨大,瓜梗横切面五棱形。瓜梨形,瓜面特征多棱,棱沟浅,瓜瘤无,瓜面蜡粉中,近瓜蒂端形状为凸,瓜顶形状为平。瓜皮橙黄色,瓜面斑纹条状,瓜斑纹色绿,瓜肉黄色。单瓜重约2.7 kg,纵径约24.6 cm,横径约18.6 cm,商品瓜肉厚约35.9 mm,单株瓜数约2个。

张 八 岭 长 南 瓜

【作物名称】南瓜 *Cucurbita moschata*

【作物类别】蔬菜

【分　　类】葫芦科南瓜属

【采集地点】滁州市明光市

【采集编号】2020344074

【特征特性】

叶心脏形,绿色,叶面无白斑。瓜梗仅基部膨大,瓜梗横切面五棱形。瓜长把梨形,瓜面特征平滑,棱沟无,瓜瘤无,瓜面蜡粉中,近瓜蒂端形状为凸,瓜顶形状为凸。瓜皮橙黄色,瓜面无斑纹,瓜肉黄色。单瓜重约2.6 kg,纵径约37.6 cm,横径约14.0 cm,商品瓜肉厚约28.6 mm,单株瓜数约6个。

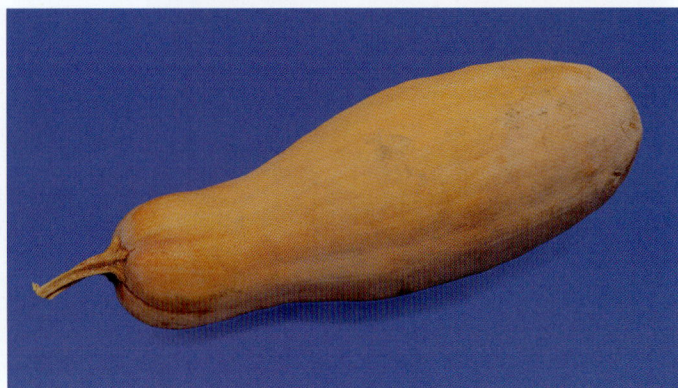

三 关 南 瓜

【作物名称】南瓜 *Cucurbita moschata*
【作物类别】蔬菜
【分　　类】葫芦科南瓜属
【采集地点】滁州市明光市
【采集编号】2020344136

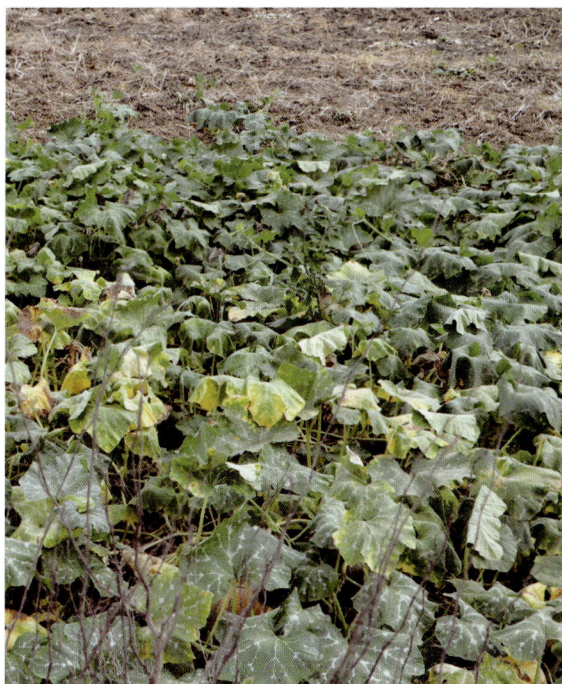

【特征特性】

　　叶近三角形,绿色,叶面无白斑。瓜梗仅基部稍膨大,瓜梗横切面五棱形。瓜扁圆形,瓜面特征多棱,棱沟中,瓜瘤无,瓜面蜡粉多,近瓜蒂端形状为凹,瓜顶形状为平。瓜皮黄褐色,瓜面无斑纹,瓜肉橙黄色。单瓜重约3.3 kg,纵径约15.3 cm,横径约24.5 cm,商品瓜肉厚约41.5 mm,单株瓜数约5个。

石 坝 小 南 瓜

【作物名称】南瓜 *Cucurbita moschata*
【作物类别】蔬菜
【分　　类】葫芦科南瓜属
【采集地点】滁州市明光市
【采集编号】P341182017

【特征特性】

叶心脏五角形,绿色,叶面白斑少。瓜梗基部无变化,瓜梗横切面五棱形。瓜心脏形,瓜面特征多棱,棱沟中,瓜瘤无,瓜面蜡粉多,近瓜蒂端形状为平,瓜顶形状为凹。瓜皮棕黄色,瓜面无斑纹,瓜肉橙黄色。单瓜重约0.9 kg,纵径约11.5 cm,横径约12.4 cm,商品瓜肉厚约22.4 mm,单株瓜数约8个。

乌衣南瓜

【作物名称】南瓜 *Cucurbita moschata*
【作物类别】蔬菜
【分　　类】葫芦科南瓜属
【采集地点】滁州市南谯区
【采集编号】P341103023

【特征特性】

　　叶心脏五角形,绿色,叶面无白斑。瓜梗仅基部稍膨大,瓜梗横切面五棱形。瓜近圆形,瓜面特征多棱,棱沟浅,瓜瘤小,瓜面蜡粉中,近瓜蒂端形状为平,瓜顶形状为凹。瓜皮橙黄色,瓜面斑纹点状,瓜斑纹色浅黄,瓜肉黄色。单瓜重约2.4 kg,纵径约15.8 cm,横径约20.6 cm,商品瓜肉厚约36.6 mm,单株瓜数约3个。

西 王 南 瓜

【作物名称】南瓜 *Cucurbita moschata*
【作物类别】蔬菜
【分　　类】葫芦科南瓜属
【采集地点】滁州市全椒县
【采集编号】P341124016

【特征特性】

　　叶掌状五角形,绿色,叶面白斑少。瓜梗仅基部膨大,瓜梗横切面五棱形。瓜梨形,瓜面特征多棱,棱沟浅,瓜瘤大,瓜面蜡粉中,近瓜蒂端形状为凹,瓜顶形状为凹。瓜皮棕黄色,瓜面斑纹块状,瓜斑纹色浅绿,瓜肉橙黄色。单瓜重约4.6 kg,纵径约40.9 cm,横径约23.2 cm,商品瓜肉厚约22.6 mm,单株瓜数约5个。

仁和饭瓜

【作物名称】南瓜 *Cucurbita moschata*
【作物类别】蔬菜
【分　　类】葫芦科南瓜属
【采集地点】滁州市天长市
【采集编号】P341181008

【特征特性】

　　叶掌状,深绿色,叶面白斑少。瓜梗仅基部膨大,瓜梗横切面五棱形。瓜长颈圆筒形,瓜面特征多棱,棱沟浅,瓜瘤无,瓜面蜡粉中,近瓜蒂端形状为凹,瓜顶形状为凸。瓜皮橙黄色,瓜面无斑纹,瓜肉橙黄色。单瓜重约5.7 kg,纵径约55.4 cm,横径约18.4 cm,商品瓜肉厚约27.1 mm,单株瓜数约5个。

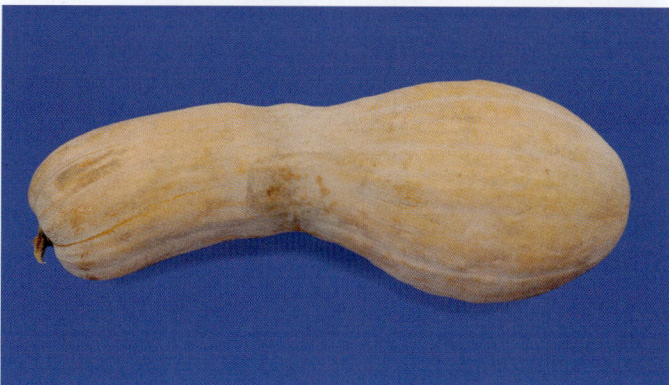

代 桥 长 条 南 瓜

【作物名称】南瓜 *Cucurbita moschata*
【作物类别】蔬菜
【分　　类】葫芦科南瓜属
【采集地点】阜阳市界首市
【采集编号】2021343023

【特征特性】

　　叶近圆形,深绿色,叶面白斑少。瓜梗仅基部稍膨大,瓜梗横切面五棱形。瓜长筒形,瓜面特征多棱,棱沟浅,瓜瘤无,瓜面蜡粉少,近瓜蒂端形状为平,瓜顶形状为平。瓜皮橙黄色,瓜面斑纹条状,瓜斑纹色浅绿,瓜肉橙黄色。单瓜重约2.9 kg,纵径约41.3 cm,横径约11.9 cm,商品瓜肉厚约25.3 mm,单株瓜数约5个。

舒 庄 圆 盘 南 瓜

【作物名称】南瓜 *Cucurbita moschata*
【作物类别】蔬菜
【分　　类】葫芦科南瓜属
【采集地点】阜阳市界首市
【采集编号】2021343070

【特征特性】

　　叶掌状五角形，绿色，叶面无白斑。瓜梗仅基部膨大，瓜梗横切面五棱形。瓜盘形，瓜面特征多棱，棱沟深，瓜瘤无，瓜面蜡粉中，近瓜蒂端形状为凹，瓜顶形状为凹。瓜皮棕黄色，瓜面斑纹网状，瓜斑纹色红，瓜肉橙黄色。单瓜重约9.7 kg，纵径约19.5 cm，横径约67.2 cm，商品瓜肉厚约56.2 mm，单株瓜数约4个。

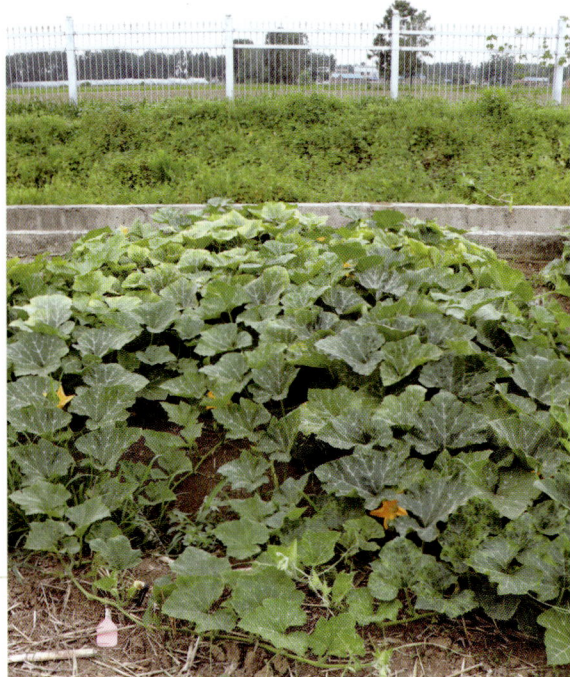

泉 阳 南 瓜

【作物名称】南瓜 *Cucurbita moschata*

【作物类别】蔬菜

【分　　类】葫芦科南瓜属

【采集地点】阜阳市界首市

【采集编号】P341282029

【特征特性】

　　叶心脏五角形,绿色,叶面白斑少。瓜梗仅基部稍膨大,瓜梗横切面五棱形。瓜近圆形,瓜面特征多棱,棱沟浅,瓜瘤无,瓜面蜡粉中,近瓜蒂端形状为平,瓜顶形状为凹。瓜皮橙黄色,瓜面无斑纹,瓜肉橙黄色。单瓜重约2.6 kg,纵径约27.6 cm,横径约19.9 cm,商品瓜肉厚约37.0 mm,单株瓜数约4个。

吕寨南瓜

【作物名称】南瓜 *Cucurbita moschata*

【作物类别】蔬菜

【分　　类】葫芦科南瓜属

【采集地点】阜阳市临泉县

【采集编号】P341221011

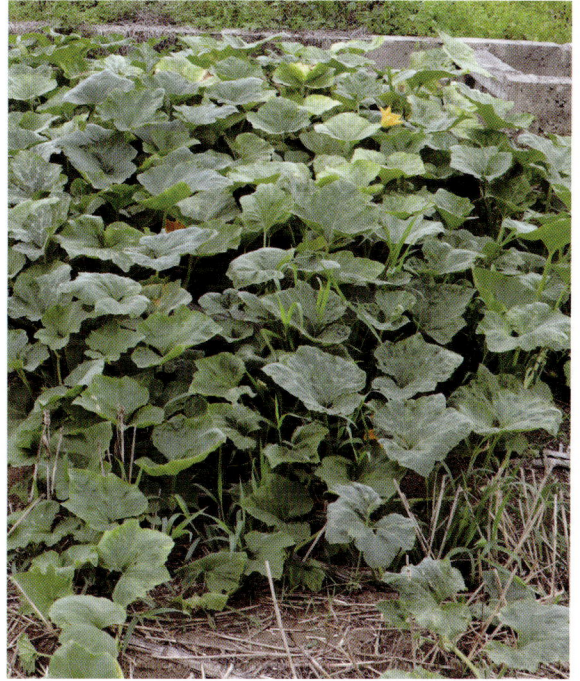

【特征特性】

　　叶掌状五角形,浅绿色,叶面白斑中等。瓜梗基部无变化,瓜梗横切面五棱形。瓜扁圆形,瓜面特征多棱,棱沟浅,瓜瘤无,瓜面蜡粉中,近瓜蒂端形状为凹,瓜顶形状为平。瓜皮棕黄色,瓜面无斑纹,瓜肉浅黄色。单瓜重约2.2 kg,纵径约17.2 cm,横径约19.1 cm,商品瓜肉厚约50.4 mm,单株瓜数约4个。

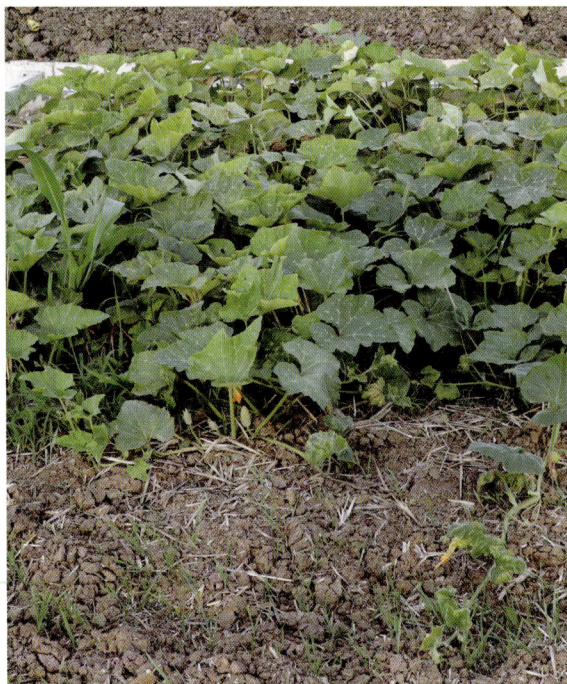

三 塔 青 皮 南 瓜

【作物名称】南瓜 *Cucurbita moschata*

【作物类别】蔬菜

【分　　类】葫芦科南瓜属

【采集地点】阜阳市太和县

【采集编号】2021342006

【特征特性】

　　叶心脏五角形,浅绿色,叶面白斑少。瓜梗仅基部膨大,瓜梗横切面五棱形。瓜盘形,瓜面特征多棱,棱沟浅,瓜瘤小,瓜面蜡粉少,近瓜蒂端形状为凹,瓜顶形状为凹。瓜皮黄褐色,瓜面斑纹块状,瓜斑纹色绿,瓜肉浅黄色。单瓜重约2.1 kg,纵径约9.9 cm,横径约20.6 cm,商品瓜肉厚约35.5 mm,单株瓜数约6个。

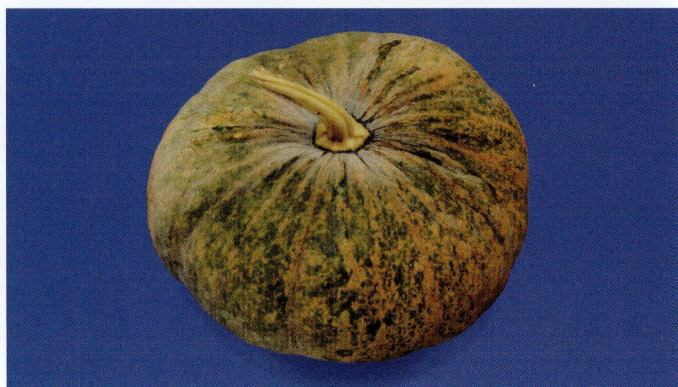

马集南瓜

【作物名称】南瓜 *Cucurbita moschata*
【作物类别】蔬菜
【分　　类】葫芦科南瓜属
【采集地点】阜阳市太和县
【采集编号】2021342011

【特征特性】

叶心脏五角形,浅绿色,叶面白斑少。瓜梗仅基部膨大,瓜梗横切面五棱形。瓜长弯圆筒形,瓜面特征平滑,棱沟无,瓜瘤无,瓜面蜡粉多,近瓜蒂端形状为平,瓜顶形状为平。瓜皮黄褐色,瓜面斑纹条状,瓜斑纹色浅黄,瓜肉金黄色。单瓜重约4.9 kg,纵径约58.1 cm,横径约17.4 cm,商品瓜肉厚约22.9 mm,单株瓜数约6个。

三 堂 扁 南 瓜

【作物名称】南瓜 *Cucurbita moschata*
【作物类别】蔬菜
【分　　类】葫芦科南瓜属
【采集地点】阜阳市太和县
【采集编号】2021342104

【特征特性】

　　叶掌状五角形,深绿色,叶面白斑少。瓜梗仅基部稍膨大,瓜梗横切面五棱形。瓜扁圆形,瓜面特征多棱,棱沟浅,瓜瘤无,瓜面蜡粉少,近瓜蒂端形状为凹,瓜顶形状为平。瓜皮棕黄色,瓜面无斑纹,瓜肉金黄色。单瓜重约1.2 kg,纵径约13.5 cm,横径约15.6 cm,商品瓜肉厚约35.3 mm,单株瓜数约4个。

清浅南瓜

【作物名称】南瓜 *Cucurbita moschata*
【作物类别】蔬菜
【分　　类】葫芦科南瓜属
【采集地点】阜阳市太和县
【采集编号】2021342118

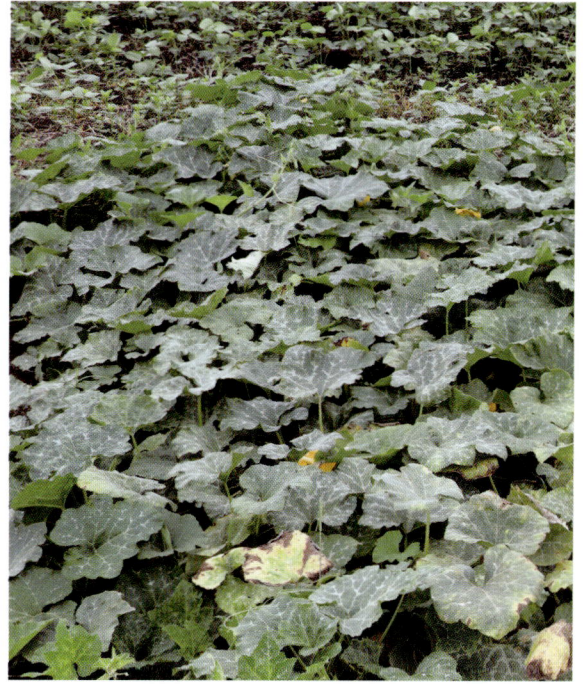

【特征特性】

　　叶掌状五角形,深绿色,叶面白斑中等。瓜梗仅基部膨大,瓜梗横切面五棱形。瓜长筒形,瓜面特征多棱,棱沟中,瓜瘤无,瓜面蜡粉中,近瓜蒂端形状为凹,瓜顶形状为凹。瓜皮棕黄色,瓜面斑纹网状,瓜斑纹色深绿,瓜肉橙黄色。单瓜重约6.3 kg,纵径约27.3 cm,横径约22.9 cm,商品瓜肉厚约43.7 mm,单株瓜数约6个。

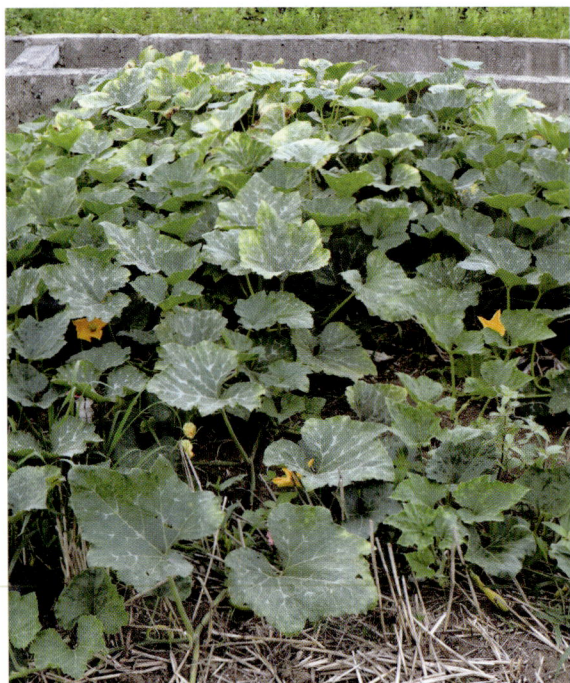

三堂南瓜

【作物名称】南瓜 *Cucurbita moschata*
【作物类别】蔬菜
【分　　类】葫芦科南瓜属
【采集地点】阜阳市太和县
【采集编号】P341222017

【特征特性】

　　叶心脏五角形,绿色,叶面白斑多。瓜梗基部无变化,瓜梗横切面五棱形。瓜长把梨形,瓜面特征多棱,棱沟浅,瓜瘤小,瓜面蜡粉多,近瓜蒂端形状为平,瓜顶形状为平。瓜皮棕黄色,瓜面斑纹网状,瓜斑纹色绿,瓜肉浅黄色。单瓜重约0.9 kg,纵径约17.3 cm,横径约10.1 cm,商品瓜肉厚约20.0 mm,单株瓜数约2个。

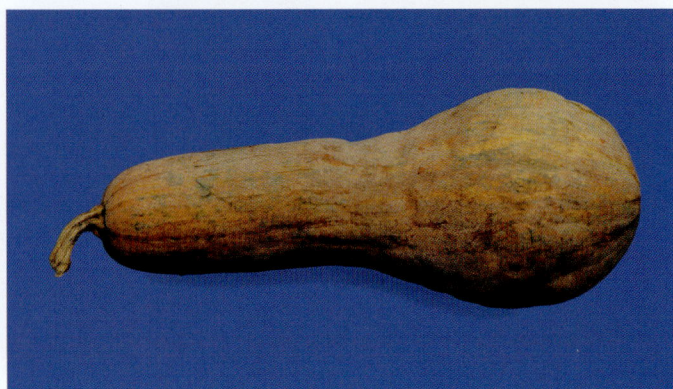

新集薯味南瓜

【作物名称】南瓜 *Cucurbita moschata*
【作物类别】蔬菜
【分　　类】葫芦科南瓜属
【采集地点】阜阳市颍上县
【采集编号】P341226033

【特征特性】

　　叶心脏五角形,绿色,叶面白斑少。瓜梗仅基部膨大,瓜梗横切面五棱形。瓜盘形,瓜面特征多棱,棱沟深,瓜瘤大,瓜面蜡粉少,近瓜蒂端形状为凹,瓜顶形状为凹。瓜皮棕黄色,瓜面斑纹点状,瓜斑纹色浅黄,瓜肉黄色。单瓜重约3.4 kg,纵径约11.2 cm,横径约26.0 cm,商品瓜肉厚约47.2 mm,单株瓜数约4个。

白 山 南 瓜

【作物名称】南瓜 *Cucurbita moschata*
【作物类别】蔬菜
【分　　类】葫芦科南瓜属
【采集地点】合肥市巢湖市
【采集编号】2021346021

【特征特性】

　　叶心脏五角形,浅绿色,叶面白斑少。瓜梗仅基部膨大,瓜梗横切面五棱形。瓜盘形,瓜面特征多棱,棱沟深,瓜瘤无,瓜面蜡粉中,近瓜蒂端形状为凹,瓜顶形状为平。瓜皮黄褐色,瓜面无斑纹,瓜肉黄色。单瓜重约5.0 kg,纵径约12.8 cm,横径约28.3 cm,商品瓜肉厚约49.7 mm,单株瓜数约1个。

矾山团南瓜

【作物名称】南瓜 *Cucurbita moschata*
【作物类别】蔬菜
【分　　类】葫芦科南瓜属
【采集地点】合肥市巢湖市
【采集编号】2021346043

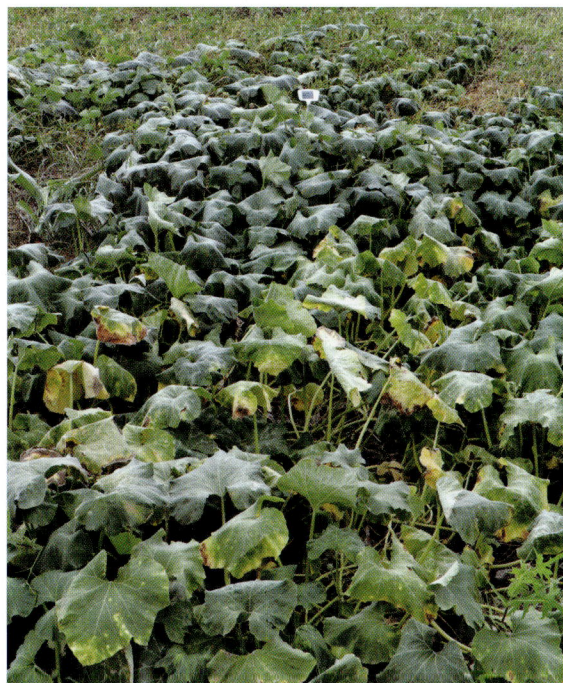

【特征特性】

　　叶心脏五角形,绿色,叶面无白斑。瓜梗仅基部膨大,瓜梗横切面五棱形。瓜近圆形,瓜面特征皱缩,棱沟中,瓜瘤中,瓜面蜡粉多,近瓜蒂端形状为平,瓜顶形状为凹。瓜皮棕黄色,瓜面无斑纹,瓜肉橙黄色。单瓜重约3.2 kg,纵径约18.2 cm,横径约22.0 cm,商品瓜肉厚约41.4 mm,单株瓜数约4个。

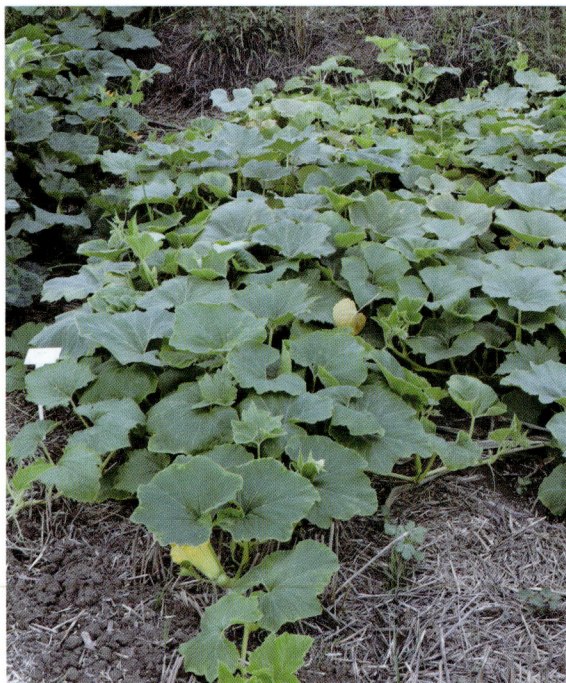

杨 山 南 瓜

【作物名称】南瓜 *Cucurbita moschata*
【作物类别】蔬菜
【分　　类】葫芦科南瓜属
【采集地点】合肥市巢湖市
【采集编号】2021346054

【**特征特性**】

　　叶心脏五角形,绿色,叶面白斑多。花端瓜梗均匀膨大,瓜梗横切面圆形。瓜近圆形,瓜面特征多棱,棱沟浅,瓜瘤无,瓜面蜡粉无,近瓜蒂端形状为凸,瓜顶形状为平。瓜皮深绿色,瓜面斑纹点状,瓜斑纹色绿,瓜肉浅黄色。单瓜重约0.6 kg,纵径约11.5 cm,横径约10.4 cm,商品瓜肉厚约18.5 mm,单株瓜数约4个。

炯炀长南瓜

【作物名称】南瓜 *Cucurbita moschata*

【作物类别】蔬菜

【分　　类】葫芦科南瓜属

【采集地点】合肥市巢湖市

【采集编号】P340181020

【特征特性】

　　叶心脏形,浅绿色,叶面白斑多。瓜梗仅基部稍膨大,瓜梗横切面五棱形。瓜梨形,瓜面特征多棱,棱沟浅,瓜瘤无,瓜面蜡粉多,近瓜蒂端形状为平,瓜顶形状为平。瓜皮黄褐色,瓜面斑纹点状,瓜斑纹色浅黄,瓜肉橙黄色。单瓜重约3.2 kg,纵径约39.6 cm,横径约17.2 cm,商品瓜肉厚约32.7 mm,单株瓜数约8个。

竹柯吴南瓜

【作物名称】南瓜 *Cucurbita moschata*
【作物类别】蔬菜
【分　　类】葫芦科南瓜属
【采集地点】合肥市巢湖市
【采集编号】P340181040

【特征特性】

叶心脏五角形,绿色,叶面白斑少。瓜梗仅基部稍膨大,瓜梗横切面五棱形。瓜近圆形,瓜面特征平滑,棱沟无,瓜瘤无,瓜面蜡粉多,近瓜蒂端形状为平,瓜顶形状为平。瓜皮黄褐色,瓜面无斑纹,瓜肉黄色。单瓜重约3.3 kg,纵径约21.5 cm,横径约21.5 cm,商品瓜肉厚约31.3 mm,单株瓜数约4个。

散兵南瓜

【作物名称】南瓜 *Cucurbita moschata*
【作物类别】蔬菜
【分　　类】葫芦科南瓜属
【采集地点】合肥市巢湖市
【采集编号】P340181151

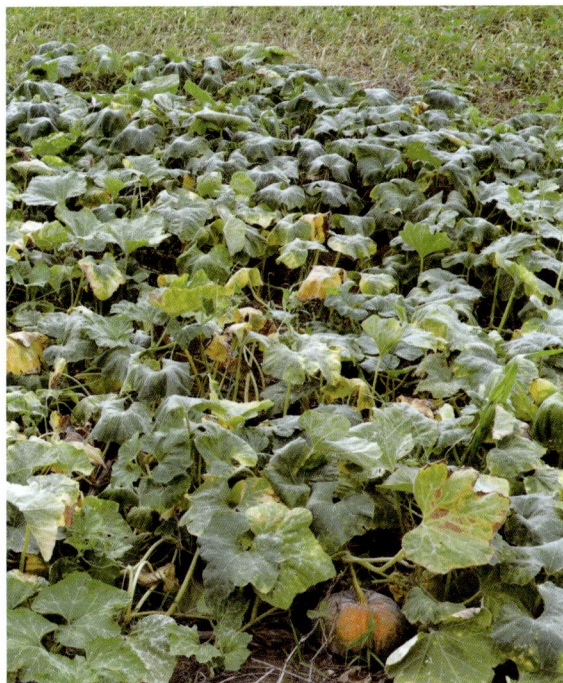

【特征特性】

　　叶掌状,绿色,叶面无白斑。瓜梗仅基部膨大,瓜梗横切面五棱形。瓜盘形,瓜面特征皱缩,棱沟浅,瓜瘤中,瓜面蜡粉少,近瓜蒂端形状为凹,瓜顶形状为凹。瓜皮棕黄色,瓜面斑纹点状,瓜斑纹色浅绿,瓜肉浅黄色。单瓜重约1.7 kg,纵径约11.2 cm,横径约18.8 cm,商品瓜肉厚约30.9 mm,单株瓜数约7个。

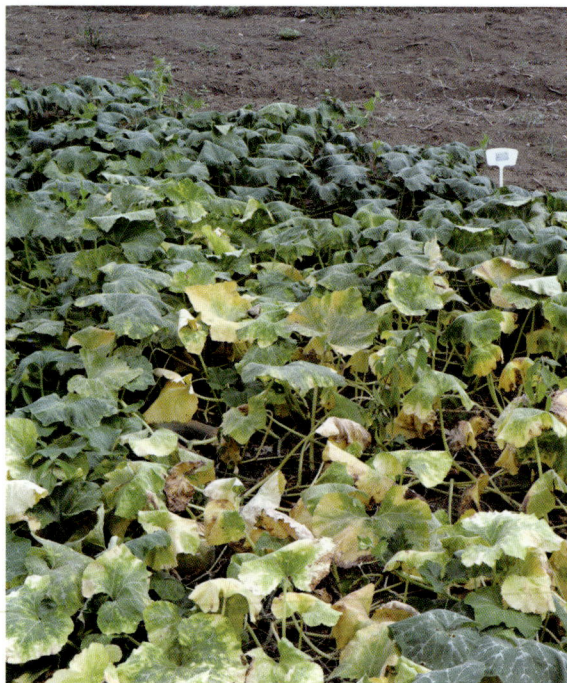

古 城 南 瓜

【作物名称】南瓜 *Cucurbita moschata*
【作物类别】蔬菜
【分　　类】葫芦科南瓜属
【采集地点】合肥市肥东县
【采集编号】2019343013

【特征特性】

　　叶掌状,绿色,叶面白斑少。瓜梗仅基部膨大,瓜梗横切面五棱形。瓜近圆形,瓜面特征多棱,棱沟中,瓜瘤中,瓜面蜡粉多,近瓜蒂端形状为平,瓜顶形状为平。瓜皮棕黄色,瓜面斑纹点状,瓜斑纹色浅绿,瓜肉黄色。单瓜重约2.4 kg,纵径约26.2 cm,横径约17.5 cm,商品瓜肉厚约45.3 mm,单株瓜数约5个。

古 城 甜 南 瓜

【作物名称】南瓜 *Cucurbita moschata*

【作物类别】蔬菜

【分　　类】葫芦科南瓜属

【采集地点】合肥市肥东县

【采集编号】2019343047

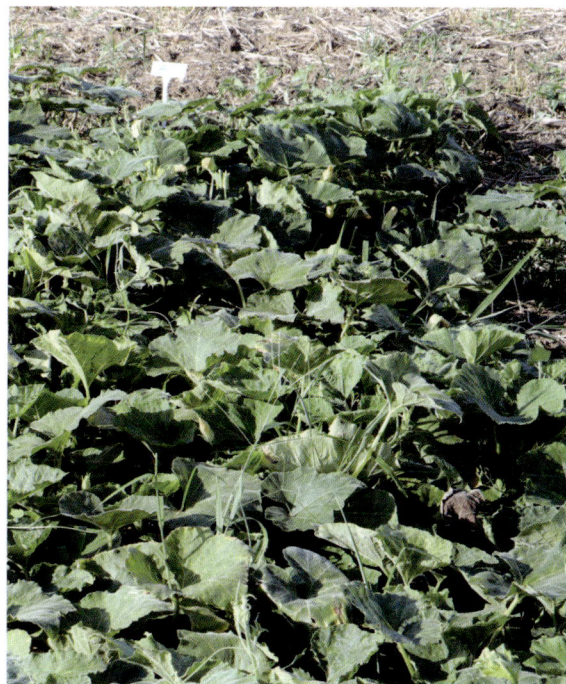

【特征特性】

　　叶心脏形,深绿色,叶面无白斑。瓜梗仅基部稍膨大,瓜梗横切面五棱形。瓜梨形,瓜面特征平滑,棱沟浅,瓜瘤小,瓜面蜡粉中,近瓜蒂端形状为平,瓜顶形状为平。瓜皮棕黄色,瓜面斑纹条状,瓜斑纹色浅黄,瓜肉黄色。单瓜重约0.9 kg,纵径约21.4 cm,横径约11.3 cm,商品瓜肉厚约20.4 mm,单株瓜数约6个。

石 塘 南 瓜

【作物名称】南瓜 *Cucurbita moschata*
【作物类别】蔬菜
【分　　类】葫芦科南瓜属
【采集地点】合肥市肥东县
【采集编号】2019343604

【特征特性】

　　叶掌状,浅绿色,叶面白斑中等。瓜梗仅基部膨大,瓜梗横切面五棱形。瓜盘形,瓜面特征多棱,棱沟中,瓜瘤无,瓜面蜡粉中,近瓜蒂端形状为凹,瓜顶形状为凹。瓜皮黄褐色,瓜面无斑纹,瓜肉橙黄色。单瓜重约3.2 kg,纵径约10.4 cm,横径约33.3 cm,商品瓜肉厚约34.6 mm,单株瓜数约2个。

张 集 南 瓜

【作物名称】南瓜 *Cucurbita moschata*
【作物类别】蔬菜
【分　　类】葫芦科南瓜属
【采集地点】合肥市肥东县
【采集编号】2019343643

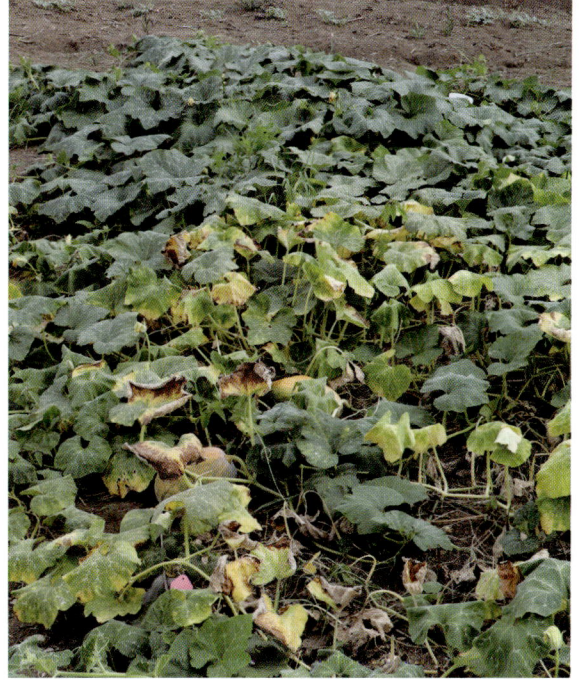

【特征特性】

　　叶掌状,浅绿色,叶面白斑少。瓜梗仅基部稍膨大,瓜梗横切面五棱形。瓜近圆形,瓜面特征多棱,棱沟中,瓜瘤无,瓜面蜡粉多,近瓜蒂端形状为平,瓜顶形状为平。瓜皮黄褐色,瓜面无斑纹,瓜肉橙黄色。单瓜重约2.1 kg,纵径约19.3 cm,横径约18.1 cm,商品瓜肉厚约25.9 mm,单株瓜数约6个。

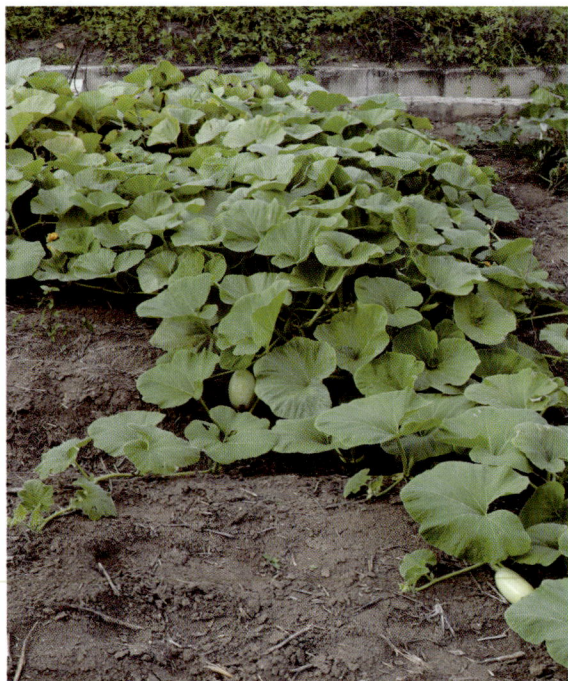

张 集 白 瓜

【作物名称】南瓜 *Cucurbita moschata*
【作物类别】蔬菜
【分　　类】葫芦科南瓜属
【采集地点】合肥市肥东县
【采集编号】2019343644

【特征特性】

　　叶心脏形,浅绿色,叶面白斑多。瓜梗基部无变化,瓜梗横切面圆形。瓜椭圆形,瓜面特征多棱,棱沟浅,瓜瘤小,瓜面蜡粉无,近瓜蒂端形状为平,瓜顶形状为平。瓜皮白色,瓜面斑纹点状,瓜斑纹色黄,瓜肉浅黄色。单瓜重约2.3 kg,纵径约32.0 cm,横径约17.4 cm,商品瓜肉厚约39.2 mm,单株瓜数约1个。

官 亭 南 瓜

【作物名称】南瓜 *Cucurbita moschata*
【作物类别】蔬菜
【分　　类】葫芦科南瓜属
【采集地点】合肥市肥西县
【采集编号】P340123010

【特征特性】

　　叶心脏形,深绿色,叶面白斑中等。瓜梗仅基部膨大,瓜梗横切面五棱形。瓜心脏形,瓜面特征多棱,棱沟浅,瓜瘤无,瓜面蜡粉无,近瓜蒂端形状为平,瓜顶形状为凸。瓜皮黄色,瓜面斑纹点状,瓜斑纹色橙黄,瓜肉浅黄色。单瓜重约1.3 kg,纵径约19.8 cm,横径约13.6 cm,商品瓜肉厚约35.0 mm,单株瓜数约5个。

矾山南瓜

【作物名称】南瓜 *Cucurbita moschata*
【作物类别】蔬菜
【分　　类】葫芦科南瓜属
【采集地点】合肥市庐江县
【采集编号】2021346062

【特征特性】

　　叶心脏形,绿色,叶面白斑中等。瓜梗仅基部稍膨大,瓜梗横切面五棱形。瓜长颈圆筒形,瓜面特征瘤突,棱沟无,瓜瘤大,瓜面蜡粉无,近瓜蒂端形状为平,瓜顶形状为平。瓜皮橙黄色,瓜面无斑纹,瓜肉黄色。单瓜重约2.0 kg,纵径约39.5 cm,横径约12.1 cm,商品瓜肉厚约28.0 mm,单株瓜数约8个。

柯 坦 小 南 瓜

【作物名称】南瓜 *Cucurbita moschata*
【作物类别】蔬菜
【分　　类】葫芦科南瓜属
【采集地点】合肥市庐江县
【采集编号】2021346073

【特征特性】

　　叶心脏五角形,深绿色,叶面无白斑。瓜梗仅基部稍膨大,瓜梗横切面五棱形。瓜梨形,瓜面特征平滑,棱沟无,瓜瘤无,瓜面蜡粉少,近瓜蒂端形状为平,瓜顶形状为平。瓜皮黄褐色,瓜面斑纹网状,瓜斑纹色绿,瓜肉浅黄色。单瓜重约0.8 kg,纵径约21.2 cm,横径约12.2 cm,商品瓜肉厚约20.0 mm,单株瓜数约3个。

杨 庙 磨 盘 南 瓜

【作物名称】南瓜 *Cucurbita moschata*
【作物类别】蔬菜
【分　　类】葫芦科南瓜属
【采集地点】合肥市长丰县
【采集编号】P340121037

【特征特性】

　　叶心脏五角形,绿色,叶面无白斑。瓜梗仅基部稍膨大,瓜梗横切面五棱形。瓜盘形,瓜面特征多棱,棱沟中,瓜瘤无,瓜面蜡粉中,近瓜蒂端形状为平,瓜顶形状为凹。瓜皮棕黄色,瓜面斑纹网状,瓜斑纹色浅绿,瓜肉黄色。单瓜重约1.1 kg,纵径约9.5 cm,横径约17.4 cm,商品瓜肉厚约26.3 mm,单株瓜数约7个。

高氏磨盘小南瓜

【作物名称】南瓜 *Cucurbita moschata*

【作物类别】蔬菜

【分　　类】葫芦科南瓜属

【采集地点】合肥市长丰县

【采集编号】P340121057

【特征特性】

　　叶近圆形,深绿色,叶面无白斑。瓜梗基部无变化,瓜梗横切面五棱形。瓜扁圆形,瓜面特征平滑,棱沟浅,瓜瘤小,瓜面蜡粉中,近瓜蒂端形状为凹,瓜顶形状为平。瓜皮棕黄色,瓜面斑纹条状,瓜斑纹色黄,瓜肉黄色。单瓜重约0.7 kg,纵径约8.2 cm,横径约12.9 cm,商品瓜肉厚约24.1 mm,单株瓜数约20个。

吴山丑南瓜

【作物名称】南瓜 *Cucurbita moschata*
【作物类别】蔬菜
【分　　类】葫芦科南瓜属
【采集地点】合肥市长丰县
【采集编号】P340121058

【特征特性】

　　叶心脏形,绿色,叶面白斑少。瓜梗仅基部膨大,瓜梗横切面五棱形。瓜盘形,瓜面特征瘤突,棱沟中,瓜瘤小,瓜面蜡粉中,近瓜蒂端形状为凹,瓜顶形状为凹。瓜皮黄褐色,瓜面斑纹网状,瓜斑纹色深绿,瓜肉橙黄色。单瓜重约2.4 kg,纵径约9.8 cm,横径约24.7 cm,商品瓜肉厚约31.6 mm,单株瓜数约6个。

双墩面南瓜

【作物名称】南瓜 *Cucurbita moschata*
【作物类别】蔬菜
【分　　类】葫芦科南瓜属
【采集地点】合肥市长丰县
【采集编号】P340121060

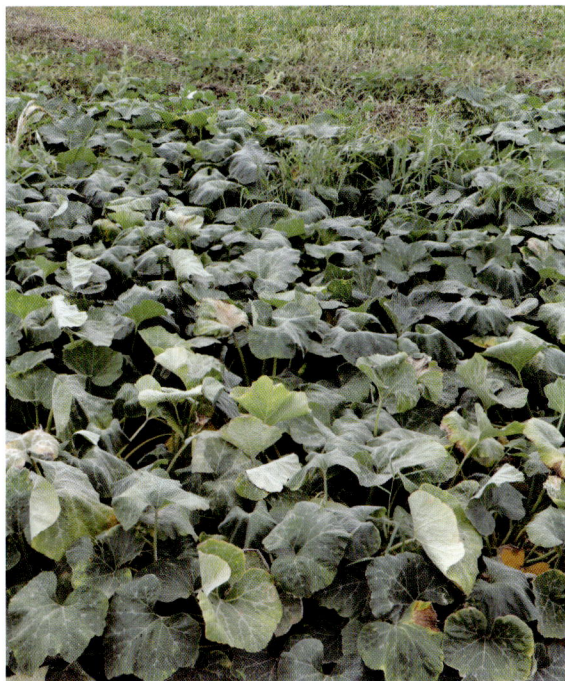

【特征特性】

　　叶心脏形,绿色,叶面白斑少。瓜梗仅基部膨大,瓜梗横切面五棱形。瓜长把梨形,瓜面特征多棱,棱沟中,瓜瘤无,瓜面蜡粉中,近瓜蒂端形状为平,瓜顶形状为平。瓜皮黄褐色,瓜面斑纹点状,瓜斑纹色浅黄,瓜肉橙黄色。单瓜重约2.5 kg,纵径约39.5 cm,横径约14.7 cm,商品瓜肉厚约27.9 mm,单株瓜数约7个。

长 把 南 瓜

【作物名称】南瓜 *Cucurbita moschata*

【作物类别】蔬菜

【分　　类】葫芦科南瓜属

【采集地点】淮北市杜集区

【采集编号】P340602008

【特征特性】

　　叶掌状五角形,深绿色,叶面白斑少。瓜梗仅基部膨大,瓜梗横切面五棱形。瓜长弯圆筒形,瓜面特征多棱,棱沟浅,瓜瘤小,瓜面蜡粉少,近瓜蒂端形状为平,瓜顶形状为平。瓜皮橙黄色,瓜面斑纹点状,瓜斑纹色浅黄,瓜肉浅黄色。单瓜重约2.9 kg,纵径约55.6 cm,横径约11.6 cm,商品瓜肉厚约33.3 mm,单株瓜数约2个。

老妈喜

【作物名称】南瓜 *Cucurbita moschata*
【作物类别】蔬菜
【分　　类】葫芦科南瓜属
【采集地点】淮北市杜集区
【采集编号】P340602035

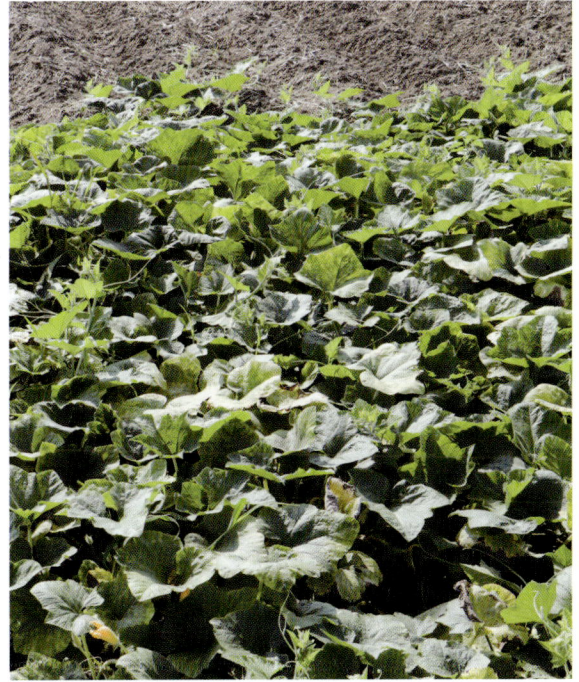

【特征特性】

　　叶掌状五角形,深绿色,叶面白斑少。瓜梗仅基部稍膨大,瓜梗横切面五棱形。瓜梨形,瓜面特征多棱,棱沟浅,瓜瘤无,瓜面蜡粉中,近瓜蒂端形状为平,瓜顶形状为平。瓜皮黄褐色,瓜面斑纹条状,瓜斑纹色黄,瓜肉金黄色。单瓜重约2.7 kg,纵径约27.5 cm,横径约17.1 cm,商品瓜肉厚约31.6 mm,单株瓜数约3个。

王镇磨盘南瓜

【作物名称】南瓜 *Cucurbita moschata*

【作物类别】蔬菜

【分　　类】葫芦科南瓜属

【采集地点】淮南市八公山区

【采集编号】P340405002

【特征特性】

叶掌状五角形,绿色,叶面白斑少。瓜梗仅基部膨大,瓜梗横切面五棱形。瓜盘形,瓜面特征多棱,棱沟中,瓜瘤无,瓜面蜡粉多,近瓜蒂端形状为凹,瓜顶形状为平。瓜皮红色,瓜面无斑纹,瓜肉橙黄色。单瓜重约4.8 kg,纵径约14.4 cm,横径约26.9 cm,商品瓜肉厚约48.1 mm,单株瓜数约4个。

金 瓜

【作物名称】南瓜 *Cucurbita moschata*

【作物类别】蔬菜

【分　　类】葫芦科南瓜属

【采集地点】淮南市八公山区

【采集编号】P340405007

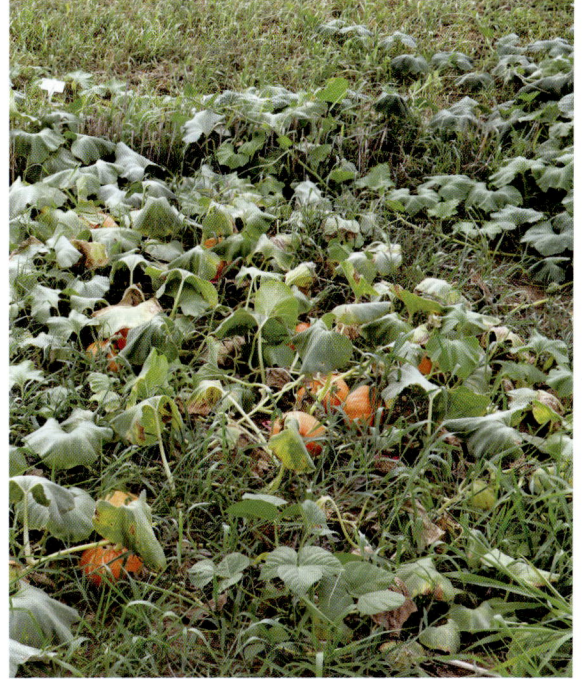

【特征特性】

　　叶近圆形,浅绿色,叶面白斑多。花端瓜梗均匀膨大,瓜梗横切面圆形。瓜近圆形,瓜面特征多棱,棱沟浅,瓜瘤无,瓜面蜡粉无,近瓜蒂端形状为凹,瓜顶形状为凹。瓜皮橙红色,瓜面斑纹条状,瓜斑纹色黄,瓜肉浅黄色。单瓜重约1.1 kg,纵径约11.2 cm,横径约14.6 cm,商品瓜肉厚约23.4 mm,单株瓜数约4个。

王 镇 面 南 瓜

【作物名称】南瓜 *Cucurbita moschata*

【作物类别】蔬菜

【分　　类】葫芦科南瓜属

【采集地点】淮南市八公山区

【采集编号】P340405030

【特征特性】

　　叶掌状五角形,绿色,叶面无白斑。瓜梗仅基部膨大,瓜梗横切面五棱形。瓜梨形,瓜面特征多棱,棱沟中,瓜瘤无,瓜面蜡粉中,近瓜蒂端形状为平,瓜顶形状为平。瓜皮黄褐色,瓜面斑纹网状,瓜斑纹色绿,瓜肉橙黄色。单瓜重约4.3 kg,纵径约28.3 cm,横径约20.0 cm,商品瓜肉厚约38.7 mm,单株瓜数约3个。

焦 岗 湖 南 瓜

【作物名称】南瓜 *Cucurbita moschata*

【作物类别】蔬菜

【分　　类】葫芦科南瓜属

【采集地点】淮南市凤台县

【采集编号】2019341029

【特征特性】

叶心脏五角形,深绿色,叶面白斑少。瓜梗仅基部稍膨大,瓜梗横切面五棱形。瓜梨形,瓜面特征多棱,棱沟浅,瓜瘤无,瓜面蜡粉多,近瓜蒂端形状为平,瓜顶形状为平。瓜皮棕黄色,瓜面斑纹块状,瓜斑纹色黄,瓜肉橙黄色。单瓜重约1.8 kg,纵径约19.6 cm,横径约15.1 cm,商品瓜肉厚约31.7 mm,单株瓜数约3个。

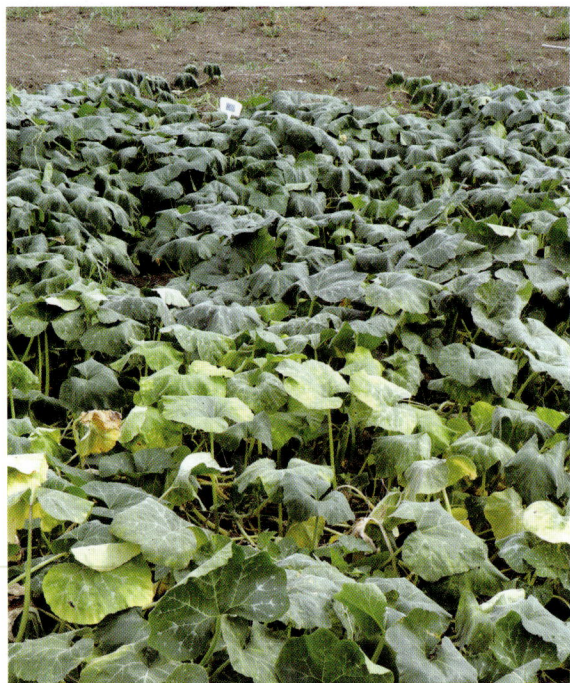

佛 南 瓜

【作物名称】南瓜 *Cucurbita moschata*

【作物类别】蔬菜

【分　　类】葫芦科南瓜属

【采集地点】淮南市凤台县

【采集编号】2019341035

【特征特性】

　　叶心脏五角形,深绿色,叶面白斑少。瓜梗仅基部膨大,瓜梗横切面五棱形。瓜梨形,瓜面特征多棱,棱沟浅,瓜瘤无,瓜面蜡粉多,近瓜蒂端形状为凸,瓜顶形状为凸。瓜皮棕黄色,瓜面斑纹条状,瓜斑纹色黄,瓜肉橙黄色。单瓜重约2.3 kg,纵径约28.3 cm,横径约14.3 cm,商品瓜肉厚约33.0 mm,单株瓜数约4个。

毛集磨盘南瓜

【作物名称】南瓜 *Cucurbita moschata*

【作物类别】蔬菜

【分　　类】葫芦科南瓜属

【采集地点】淮南市凤台县

【采集编号】2019341048

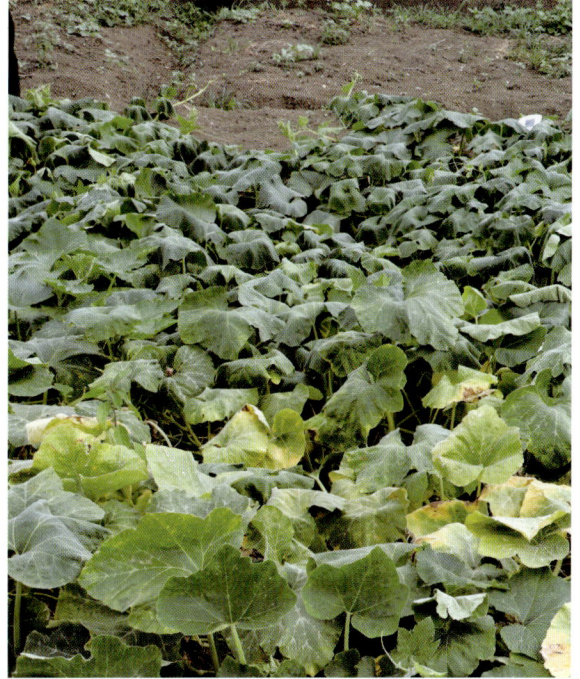

【特征特性】

　　叶心脏五角形,绿色,叶面白斑少。瓜梗仅基部膨大,瓜梗横切面五棱形。瓜盘形,瓜面特征多棱,棱沟深,瓜瘤无,瓜面蜡粉多,近瓜蒂端形状为凹,瓜顶形状为平。瓜皮棕黄色,瓜面斑纹点状,瓜斑纹色黄,瓜肉橙黄色。单瓜重约2.2 kg,纵径约13.8 cm,横径约19.7 cm,商品瓜肉厚约73.2 mm,单株瓜数约4个。

大 兴 老 南 瓜

【作物名称】南瓜 *Cucurbita moschata*
【作物类别】蔬菜
【分　　类】葫芦科南瓜属
【采集地点】淮南市凤台县
【采集编号】2019341603

【特征特性】

　　叶掌状五角形,深绿色,叶面无白斑。瓜梗仅基部膨大,瓜梗横切面五棱形。瓜近圆形,瓜面特征多棱,棱沟浅,瓜瘤小,瓜面蜡粉多,近瓜蒂端形状为平,瓜顶形状为凹。瓜皮棕黄色,瓜面无斑纹,瓜肉橙黄色。单瓜重约3.0 kg,纵径约21.8 cm,横径约22.2 cm,商品瓜肉厚约23.3 mm,单株瓜数约8个。

寿 春 老 南 瓜

【作物名称】南瓜 *Cucurbita moschata*

【作物类别】蔬菜

【分　　类】葫芦科南瓜属

【采集地点】淮南市寿县

【采集编号】P340422040

【特征特性】

　　叶心脏形,浅绿色,叶面无白斑。瓜梗仅基部稍膨大,瓜梗横切面五棱形。瓜盘形,瓜面特征多棱,棱沟深,瓜瘤小,瓜面蜡粉中,近瓜蒂端形状为凹,瓜顶形状为凹。瓜皮黄褐色,瓜面斑纹点状,瓜斑纹色浅绿,瓜肉金黄色。单瓜重约1.8 kg,纵径约10.5 cm,横径约18.4 cm,商品瓜肉厚约43.5 mm,单株瓜数约2个。

灯 笼 南 瓜

【作物名称】南瓜 *Cucurbita moschata*
【作物类别】蔬菜
【分　　类】葫芦科南瓜属
【采集地点】淮南市寿县
【采集编号】P340422041

【特征特性】

叶近三角形,浅绿色,叶面白斑少。瓜梗仅基部稍膨大,瓜梗横切面五棱形。瓜扁圆形,瓜面特征多棱,棱沟中,瓜瘤无,瓜面蜡粉中,近瓜蒂端形状为平,瓜顶形状为凸。瓜皮棕黄色,瓜面无斑纹,瓜肉金黄色。单瓜重约1.3 kg,纵径约14.8 cm,横径约15.3 cm,商品瓜肉厚约40.9 mm,单株瓜数约4个。

龙 门 南 瓜

【作物名称】南瓜 *Cucurbita moschata*
【作物类别】蔬菜
【分　　类】葫芦科南瓜属
【采集地点】黄山市黄山区
【采集编号】P341003026

【特征特性】

　　叶心脏五角形,绿色,叶面无白斑。瓜梗基部无变化,瓜梗横切面五棱形。瓜扁圆形,瓜面特征多棱,棱沟浅,瓜瘤小,瓜面蜡粉多,近瓜蒂端形状为平,瓜顶形状为凹。瓜皮棕黄色,瓜面斑纹网状,瓜斑纹色深绿,瓜肉橙黄色。单瓜重约2.0 kg,纵径约14.0 cm,横径约21.1 cm,商品瓜肉厚约24.5 mm,单株瓜数约1个。

富 溪 南 瓜

【作物名称】南瓜 *Cucurbita moschata*

【作物类别】蔬菜

【分　　类】葫芦科南瓜属

【采集地点】黄山市徽州区

【采集编号】P341004008

【特征特性】

　　叶心脏形,浅绿色,叶面白斑少。瓜梗仅基部膨大,瓜梗横切面五棱形。瓜扁圆形,瓜面特征瘤突,棱沟浅,瓜瘤大,瓜面蜡粉少,近瓜蒂端形状为平,瓜顶形状为凹。瓜皮黄褐色,瓜面无斑纹,瓜肉黄色。单瓜重约2.0 kg,纵径约12.5 cm,横径约21.4 cm,商品瓜肉厚约28.6 mm,单株瓜数约1个。

大坦南瓜

【作物名称】南瓜 *Cucurbita moschata*

【作物类别】蔬菜

【分　　类】葫芦科南瓜属

【采集地点】黄山市祁门县

【采集编号】P342726024

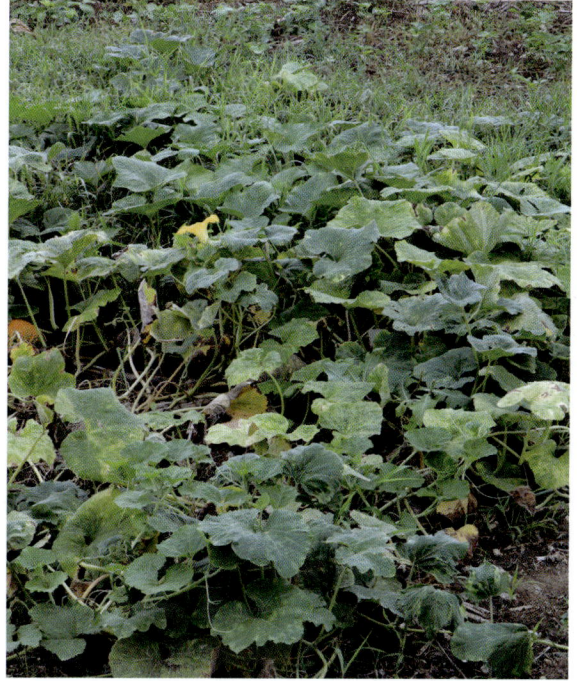

【特征特性】

　　叶掌状,深绿色,叶面白斑中等。瓜梗仅基部膨大,瓜梗横切面五棱形。瓜近圆形,瓜面特征多棱,棱沟中,瓜瘤无,瓜面蜡粉少,近瓜蒂端形状为凹,瓜顶形状为凹。瓜皮棕黄色,瓜面斑纹网状,瓜斑纹色深绿,瓜肉浅黄色。单瓜重约 1.3 kg,纵径约 13.5 cm,横径约 16.2 cm,商品瓜肉厚约 36.4 mm,单株瓜数约 8 个。

塔 坑 老 南 瓜

【作物名称】南瓜 *Cucurbita moschata*
【作物类别】蔬菜
【分　　类】葫芦科南瓜属
【采集地点】黄山市歙县
【采集编号】2020343051

【特征特性】

叶心脏五角形,浅绿色,叶面无白斑。瓜梗仅基部稍膨大,瓜梗横切面圆形。瓜长把梨形,瓜面特征多棱,棱沟浅,瓜瘤无,瓜面蜡粉多,近瓜蒂端形状为凸,瓜顶形状为平。瓜皮黄褐色,瓜面无斑纹,瓜肉橙黄色。单瓜重约2.0 kg,纵径约37.5 cm,横径约14.7 cm,商品瓜肉厚约25.1 mm,单株瓜数约8个。

塔 坑 圆 南 瓜

【作物名称】南瓜 *Cucurbita moschata*

【作物类别】蔬菜

【分　　类】葫芦科南瓜属

【采集地点】黄山市歙县

【采集编号】2020343054

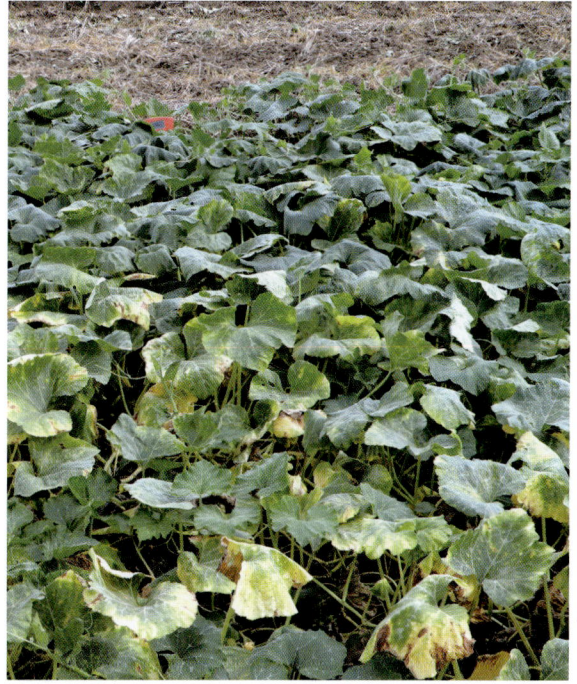

【特征特性】

　　叶掌状五角形,深绿色,叶面白斑少。瓜梗仅基部膨大,瓜梗横切面五棱形。瓜近圆形,瓜面特征瘤突,棱沟浅,瓜瘤大,瓜面蜡粉多,近瓜蒂端形状为平,瓜顶形状为凹。瓜皮黄褐色,瓜面斑纹条状,瓜斑纹色绿,瓜肉浅黄色。单瓜重约1.3 kg,纵径约26.1 cm,横径约15.9 cm,商品瓜肉厚约24.6 mm,单株瓜数约3个。

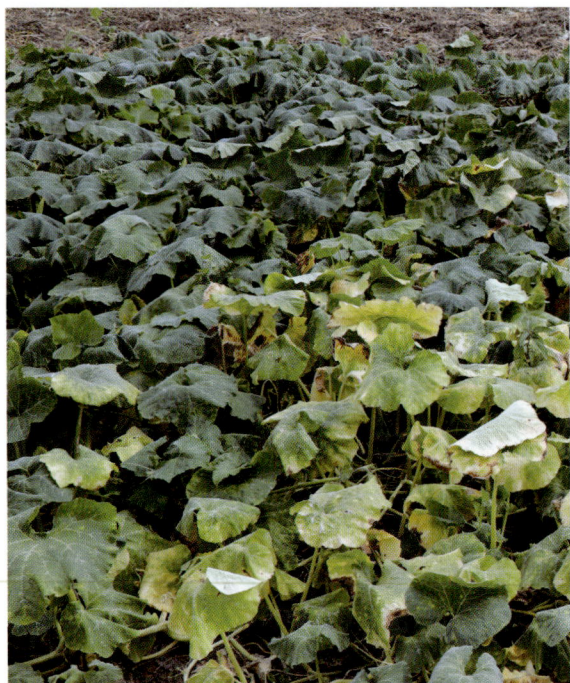

长陔圆南瓜

【作物名称】南瓜 *Cucurbita moschata*

【作物类别】蔬菜

【分　　类】葫芦科南瓜属

【采集地点】黄山市歙县

【采集编号】2020343110

【 **特征特性** 】

　　叶掌状五角形,深绿色,叶面无白斑。瓜梗仅基部膨大,瓜梗横切面五棱形。瓜近圆形,瓜面特征多棱,棱沟中,瓜瘤无,瓜面蜡粉多,近瓜蒂端形状为凹,瓜顶形状为凹。瓜皮黄褐色,瓜面斑纹网状,瓜斑纹色深红,瓜肉黄色。单瓜重约6.3 kg,纵径约18.3 cm,横径约31.3 cm,商品瓜肉厚约36.1 mm,单株瓜数约7个。

桂 林 葫 芦 南 瓜

【作物名称】南瓜 *Cucurbita moschata*

【作物类别】蔬菜

【分　　类】葫芦科南瓜属

【采集地点】黄山市歙县

【采集编号】P341021003

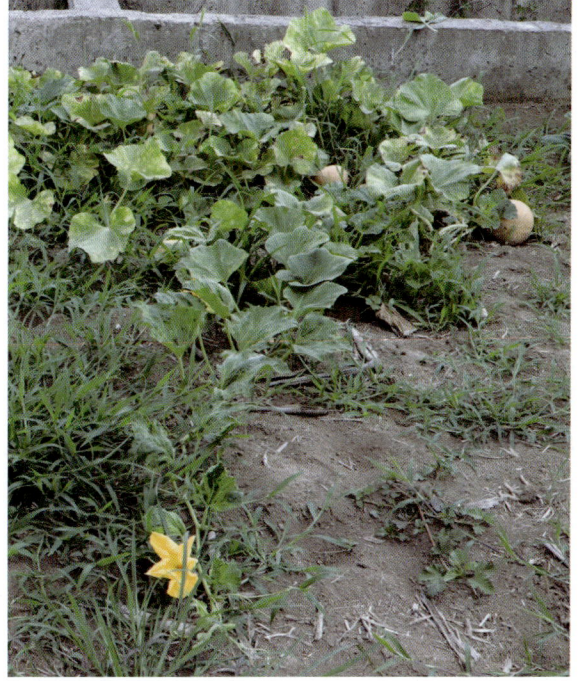

【特征特性】

　　叶心脏形,浅绿色,叶面白斑多。瓜梗仅基部稍膨大,瓜梗横切面五棱形。瓜梨形,瓜面特征平滑,棱沟无,瓜瘤无,瓜面蜡粉中,近瓜蒂端形状为平,瓜顶形状为凹。瓜皮黄褐色,瓜面斑纹网状,瓜斑纹色浅绿,瓜肉橙黄色。单瓜重约1.3 kg,纵径约17.3 cm,横径约13.8 cm,商品瓜肉厚约25.2 mm,单株瓜数约1个。

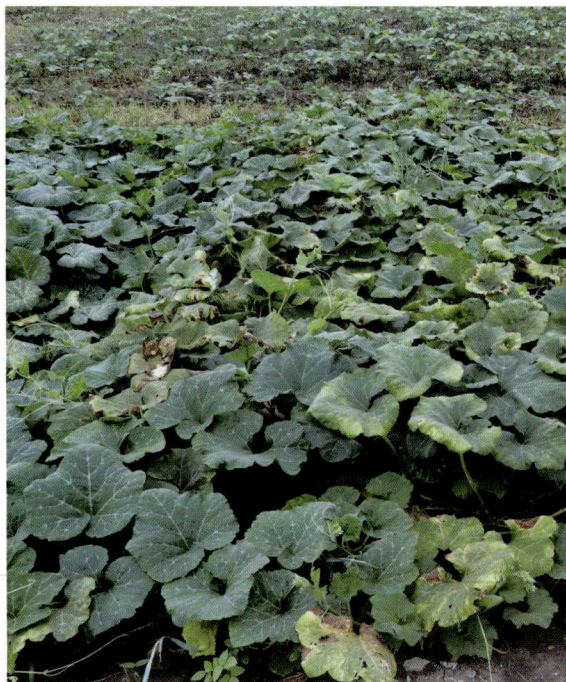

溪 口 长 南 瓜

【作物名称】南瓜 *Cucurbita moschata*
【作物类别】蔬菜
【分　　类】葫芦科南瓜属
【采集地点】黄山市休宁县
【采集编号】2021347065

【特征特性】

　　叶心脏形,绿色,叶面无白斑。瓜梗仅基部膨大,瓜梗横切面五棱形。瓜梨形,瓜面特征多棱,棱沟浅,瓜瘤无,瓜面蜡粉中,近瓜蒂端形状为凸,瓜顶形状为凸。瓜皮黄褐色,瓜面无斑纹,瓜肉金黄色。单瓜重约4.5 kg,纵径约39.2 cm,横径约20.7 cm,商品瓜肉厚约31.0 mm,单株瓜数约4个。

榆 村 南 瓜

【作物名称】南瓜 *Cucurbita moschata*
【作物类别】蔬菜
【分　　类】葫芦科南瓜属
【采集地点】黄山市休宁县
【采集编号】2021347079

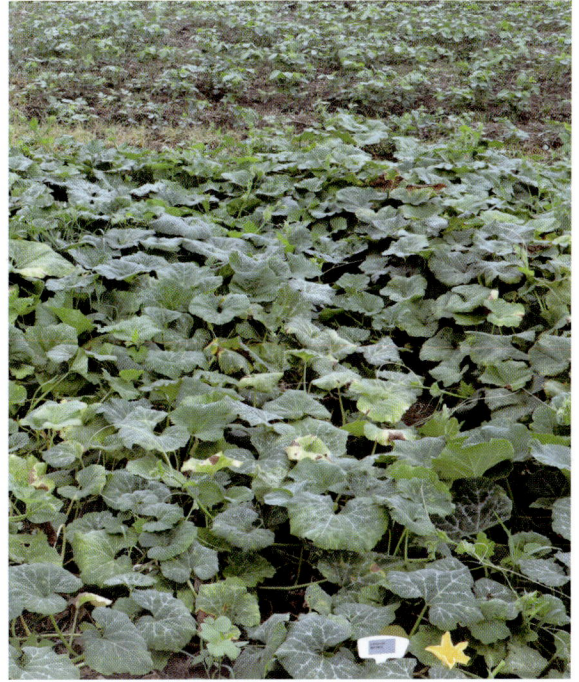

【特征特性】

　　叶心脏形,深绿色,叶面白斑少。瓜梗仅基部膨大,瓜梗横切面五棱形。瓜长弯圆筒形,瓜面特征多棱,棱沟浅,瓜瘤无,瓜面蜡粉中,近瓜蒂端形状为平,瓜顶形状为平。瓜皮棕黄色,瓜面斑纹点状,瓜斑纹色浅黄,瓜肉橙黄色。单瓜重约4.2 kg,纵径约48.5 cm,横径约17.3 cm,商品瓜肉厚约21.7 mm,单株瓜数约2个。

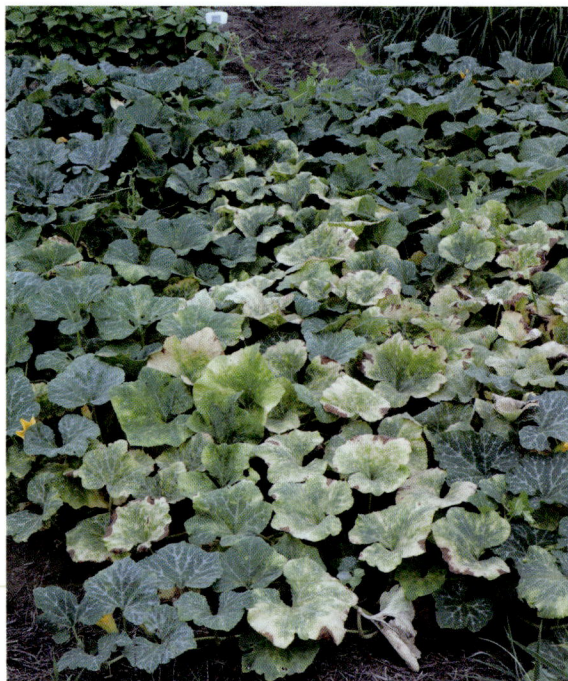

岭 南 圆 南 瓜

【作物名称】南瓜 *Cucurbita moschata*
【作物类别】蔬菜
【分　　类】葫芦科南瓜属
【采集地点】黄山市休宁县
【采集编号】2021347129

【特征特性】

叶心脏五角形,绿色,叶面白斑多。瓜梗仅基部膨大,瓜梗横切面圆形。瓜近圆形,瓜面特征瘤突,棱沟无,瓜瘤大,瓜面蜡粉中,近瓜蒂端形状为平,瓜顶形状为凹。瓜皮黄褐色,瓜面斑纹块状,瓜斑纹色深绿,瓜肉金黄色。单瓜重约1.8 kg,纵径约17.7 cm,横径约18.9 cm,商品瓜肉厚约45.9 mm,单株瓜数约13个。

板 桥 磨 盘 南 瓜

【作物名称】南瓜 *Cucurbita moschata*

【作物类别】蔬菜

【分　　类】葫芦科南瓜属

【采集地点】黄山市休宁县

【采集编号】2021347151

【 **特征特性** 】

　　叶心脏形,绿色,叶面白斑少。瓜梗仅基部膨大,瓜梗横切面五棱形。瓜盘形,瓜面特征多棱,棱沟浅,瓜瘤无,瓜面蜡粉少,近瓜蒂端形状为凹,瓜顶形状为凹。瓜皮棕黄色,瓜面斑纹块状,瓜斑纹色绿,瓜肉浅黄色。单瓜重约 2.0 kg,纵径约 11.7 cm,横径约 22.3 cm,商品瓜肉厚约 22.4 mm,单株瓜数约 7 个。

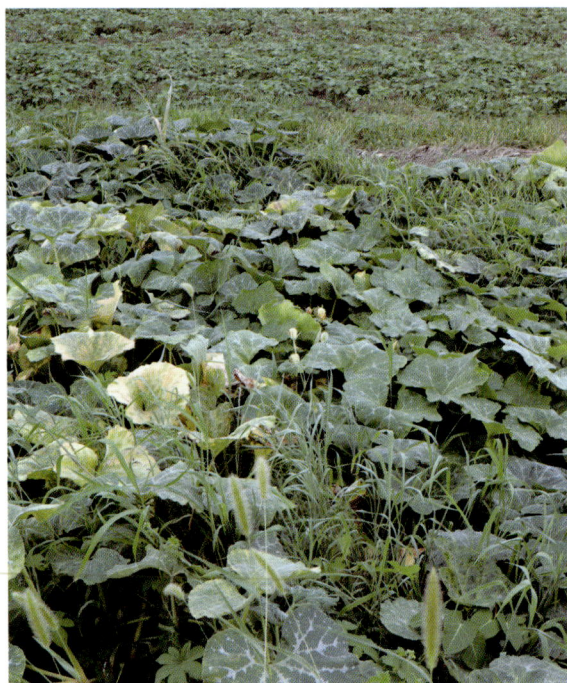

碧 阳 南 瓜

【作物名称】南瓜 *Cucurbita moschata*
【作物类别】蔬菜
【分　　类】葫芦科南瓜属
【采集地点】黄山市黟县
【采集编号】P341023030

【特征特性】

　　叶心脏形,深绿色,叶面白斑少。瓜梗仅基部稍膨大,瓜梗横切面五棱形。瓜椭圆形,瓜面特征多棱,棱沟浅,瓜瘤无,瓜面蜡粉多,近瓜蒂端形状为平,瓜顶形状为平。瓜皮黄褐色,瓜面无斑纹,瓜肉橙黄色。单瓜重约1.8 kg,纵径约28.8 cm,横径约14.3 cm,商品瓜肉厚约30.3 mm,单株瓜数约5个。

赤岭老南瓜

【作物名称】南瓜 *Cucurbita moschata*
【作物类别】蔬菜
【分　　类】葫芦科南瓜属
【采集地点】黄山市黟县
【采集编号】P341023031

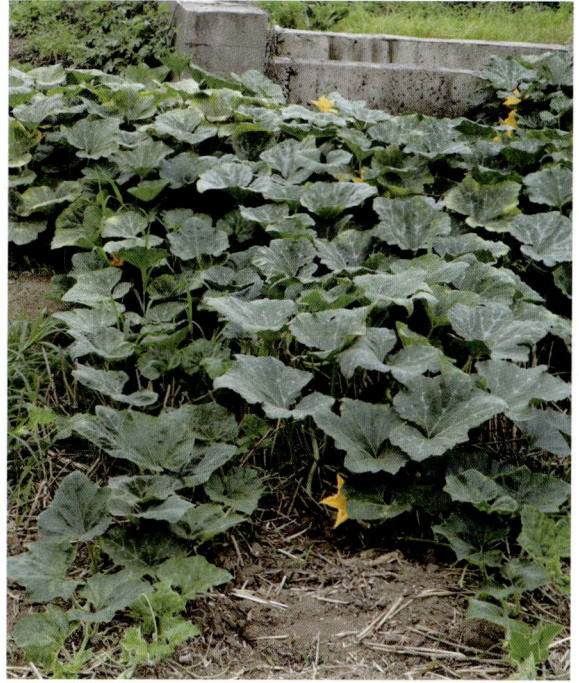

【特征特性】

　　叶心脏五角形,浅绿色,叶面白斑少。瓜梗仅基部稍膨大,瓜梗横切面五棱形。瓜扁圆形,瓜面特征多棱,棱沟中,瓜瘤小,瓜面蜡粉中,近瓜蒂端形状为凹,瓜顶形状为凹。瓜皮黄褐色,瓜面斑纹块状,瓜斑纹色黄,瓜肉浅黄色。单瓜重约3.7 kg,纵径约15.2 cm,横径约23.2 cm,商品瓜肉厚约44.3 mm,单株瓜数约5个。

范桥南瓜

【作物名称】南瓜 *Cucurbita moschata*

【作物类别】蔬菜

【分　　类】葫芦科南瓜属

【采集地点】六安市霍邱县

【采集编号】P341522039

【特征特性】

　　叶心脏五角形,绿色,叶面白斑少。瓜梗仅基部膨大,瓜梗横切面五棱形。瓜梨形,瓜面特征多棱,棱沟浅,瓜瘤无,瓜面蜡粉中,近瓜蒂端形状为平,瓜顶形状为平。瓜皮黄褐色,瓜面斑纹网状,瓜斑纹色深绿,瓜肉橙黄色。单瓜重约5.7 kg,纵径约47.2 cm,横径约20.4 cm,商品瓜肉厚约41.5 mm,单株瓜数约4个。

漫水河南瓜

【作物名称】南瓜 *Cucurbita moschata*
【作物类别】蔬菜
【分　　类】葫芦科南瓜属
【采集地点】六安市霍山县
【采集编号】P341525021

【特征特性】

　　叶心脏形,深绿色,叶面无白斑。瓜梗仅基部膨大,瓜梗横切面五棱形。瓜皇冠形,瓜面特征多棱,棱沟中,瓜瘤小,瓜面蜡粉少,近瓜蒂端形状为凹,瓜顶形状为平。瓜皮黄褐色,瓜面斑纹网状,瓜斑纹色浅红,瓜肉浅黄色。单瓜重约1.9 kg,纵径约15.5 cm,横径约19.8 cm,商品瓜肉厚约29.3 mm,单株瓜数约6个。

东河口磨盘南瓜

【作物名称】南瓜 *Cucurbita moschata*
【作物类别】蔬菜
【分　　类】葫芦科南瓜属
【采集地点】六安市金安区
【采集编号】P342401010

【特征特性】

　　叶心脏五角形,绿色,叶面无白斑。瓜梗仅基部膨大,瓜梗横切面五棱形。瓜盘形,瓜面特征多棱,棱沟中,瓜瘤无,瓜面蜡粉中,近瓜蒂端形状为凹,瓜顶形状为凹。瓜皮黄褐色,瓜面无斑纹,瓜肉金黄色。单瓜重约3.1 kg,纵径约13.3 cm,横径约24.4 cm,商品瓜肉厚约38.9 mm,单株瓜数约1个。

天 堂 寨 南 瓜

【作物名称】南瓜 *Cucurbita moschata*
【作物类别】蔬菜
【分　　类】葫芦科南瓜属
【采集地点】六安市金寨县
【采集编号】2021344049

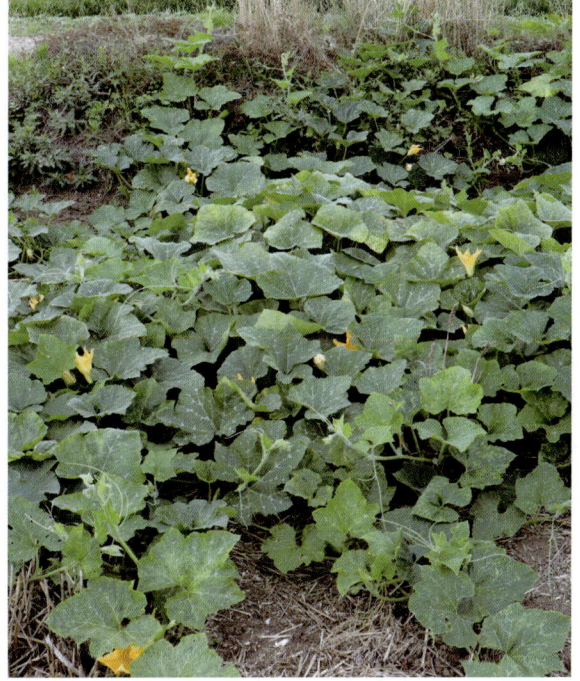

【特征特性】

　　叶掌状,深绿色,叶面白斑少。瓜梗仅基部稍膨大,瓜梗横切面五棱形。瓜梨形,瓜面特征多棱,棱沟浅,瓜瘤小,瓜面蜡粉多,近瓜蒂端形状为平,瓜顶形状为凸。瓜皮黄褐色,瓜面无斑纹,瓜肉橙黄色。单瓜重约2.8 kg,纵径约37.4 cm,横径约18.2 cm,商品瓜肉厚约26.5 mm,单株瓜数约3个。

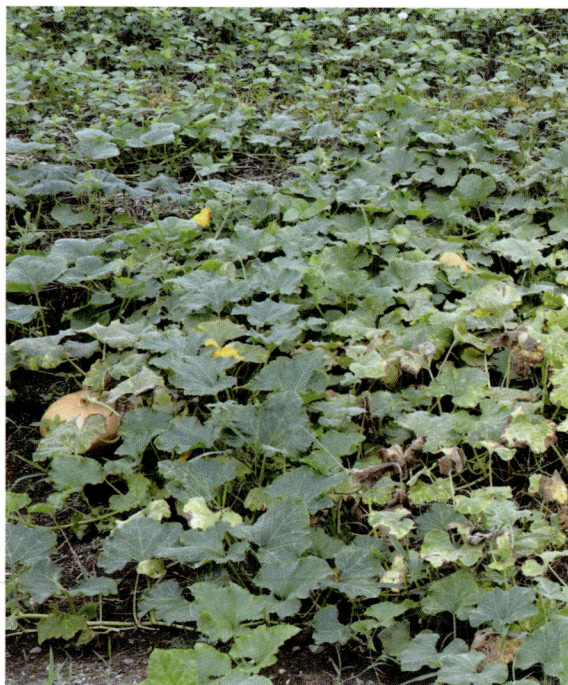

天 堂 寨 扁 南 瓜

【作物名称】南瓜 *Cucurbita moschata*
【作物类别】蔬菜
【分　　类】葫芦科南瓜属
【采集地点】六安市金寨县
【采集编号】2021344175

【特征特性】

　　叶掌状五角形,绿色,叶面白斑少。瓜梗仅基部膨大,瓜梗横切面五棱形。瓜盘形,瓜面特征多棱,棱沟中,瓜瘤无,瓜面蜡粉中,近瓜蒂端形状为凹,瓜顶形状为凹。瓜皮黄褐色,瓜面斑纹块状,瓜斑纹色浅绿,瓜肉橙黄色。单瓜重约5.6 kg,纵径约14.6 cm,横径约33.4 cm,商品瓜肉厚约42.9 mm,单株瓜数约3个。

河 棚 磨 盘 南 瓜

【作物名称】南瓜 *Cucurbita moschata*
【作物类别】蔬菜
【分　　类】葫芦科南瓜属
【采集地点】六安市舒城县
【采集编号】P341523023

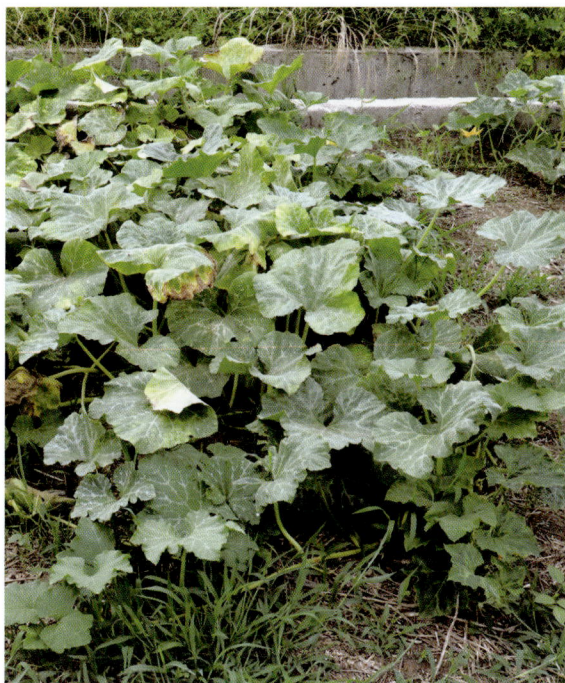

【特征特性】

　　叶近圆形,绿色,叶面无白斑。瓜梗仅基部稍膨大,瓜梗横切面五棱形。瓜盘形,瓜面特征多棱,棱沟浅,瓜瘤小,瓜面蜡粉中,近瓜蒂端形状为平,瓜顶形状为平。瓜皮棕黄色,瓜面斑纹网状,瓜斑纹色绿,瓜肉浅黄色。单瓜重约0.7 kg,纵径约9.3 cm,横径约13.1 cm,商品瓜肉厚约26.6 mm,单株瓜数约7个。

新 市 甜 南 瓜

【作物名称】南瓜 *Cucurbita moschata*
【作物类别】蔬菜
【分　　类】葫芦科南瓜属
【采集地点】马鞍山市博望区
【采集编号】P340506032

【特征特性】

　　叶心脏五角形,绿色,叶面无白斑。瓜梗仅基部膨大,瓜梗横切面五棱形。瓜盘形,瓜面特征多棱,棱沟中,瓜瘤小,瓜面蜡粉多,近瓜蒂端形状为平,瓜顶形状为凹。瓜皮棕黄色,瓜面斑纹条状,瓜斑纹色橙黄,瓜肉金黄色。单瓜重约3.5 kg,纵径约15.5 cm,横径约26.1 cm,商品瓜肉厚约46.3 mm,单株瓜数约8个。

丹 阳 湖 密 南 瓜

【作物名称】南瓜 *Cucurbita moschata*
【作物类别】蔬菜
【分　　类】葫芦科南瓜属
【采集地点】马鞍山市博望区
【采集编号】P340506033

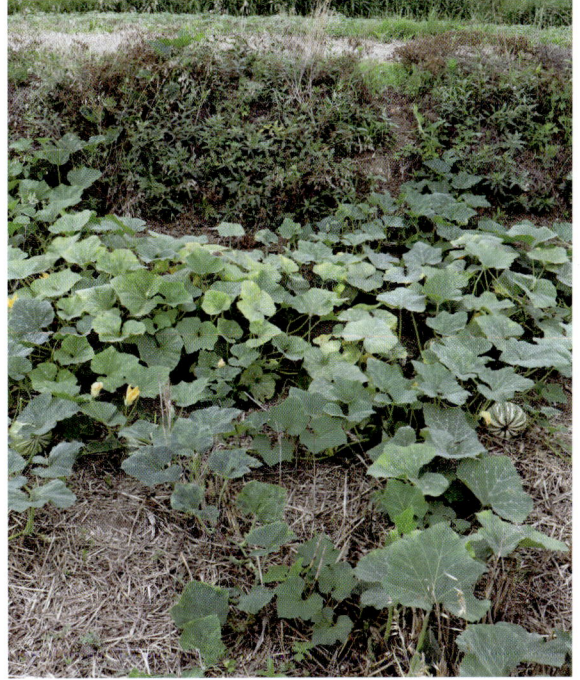

【特征特性】

　　叶掌状，绿色，叶面白斑少。瓜梗仅基部稍膨大，瓜梗横切面五棱形。瓜盘形，瓜面特征多棱，棱沟浅，瓜瘤小，瓜面蜡粉多，近瓜蒂端形状为凹，瓜顶形状为凹。瓜皮黄褐色，瓜面斑纹条状，瓜斑纹色深绿，瓜肉橙黄色。单瓜重约1.6 kg，纵径约10.4 cm，横径约18.4 cm，商品瓜肉厚约39.2 mm，单株瓜数约5个。

年陡盘南瓜

【作物名称】南瓜 *Cucurbita moschata*

【作物类别】蔬菜

【分　　类】葫芦科南瓜属

【采集地点】马鞍山市当涂县

【采集编号】P340521002

【特征特性】

　　叶心脏五角形,深绿色,叶面白斑中等。瓜梗基部无变化,瓜梗横切面五棱形。瓜盘形,瓜面特征多棱,棱沟中,瓜瘤无,瓜面蜡粉多,近瓜蒂端形状为凹,瓜顶形状为凹。瓜皮橙黄色,瓜面无斑纹,瓜肉金黄色。单瓜重约1.4 kg,纵径约10.3 cm,横径约19.3 cm,商品瓜肉厚约29.7 mm,单株瓜数约3个。

年陡南瓜

【作物名称】南瓜 *Cucurbita moschata*
【作物类别】蔬菜
【分　　类】葫芦科南瓜属
【采集地点】马鞍山市当涂县
【采集编号】P340521017

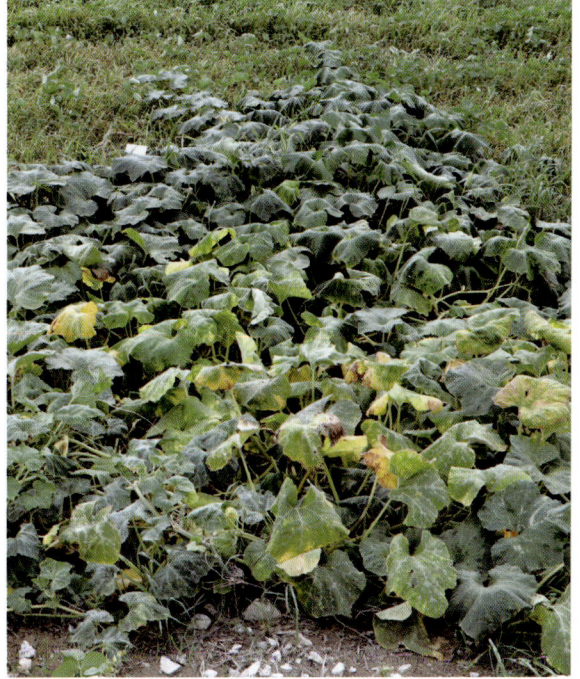

【特征特性】

　　叶心脏形,浅绿色,叶面白斑中等。瓜梗仅基部膨大,瓜梗横切面五棱形。瓜椭圆形,瓜面特征多棱,棱沟中,瓜瘤小,瓜面蜡粉多,近瓜蒂端形状为凹,瓜顶形状为凸。瓜皮棕黄色,瓜面无斑纹,瓜肉金黄色。单瓜重约4.0 kg,纵径约41.2 cm,横径约20.6 cm,商品瓜肉厚约41.8 mm,单株瓜数约5个。

长 瓠 南 瓜

【作物名称】南瓜 *Cucurbita moschata*
【作物类别】蔬菜
【分　　类】葫芦科南瓜属
【采集地点】马鞍山市当涂县
【采集编号】P340521019

【特征特性】

叶心脏五角形,深绿色,叶面白斑少。瓜梗仅基部膨大,瓜梗横切面五棱形。瓜长颈圆筒形,瓜面特征多棱,棱沟浅,瓜瘤无,瓜面蜡粉少,近瓜蒂端形状为平,瓜顶形状为平。瓜皮橙黄色,瓜面斑纹点状,瓜斑纹色浅黄,瓜肉浅黄色。单瓜重约2.7 kg,纵径约45.3 cm,横径约13.4 cm,商品瓜肉厚约28.3 mm,单株瓜数约4个。

年 陡 小 南 瓜

【作物名称】南瓜 *Cucurbita moschata*
【作物类别】蔬菜
【分　　类】葫芦科南瓜属
【采集地点】马鞍山市当涂县
【采集编号】P340521031

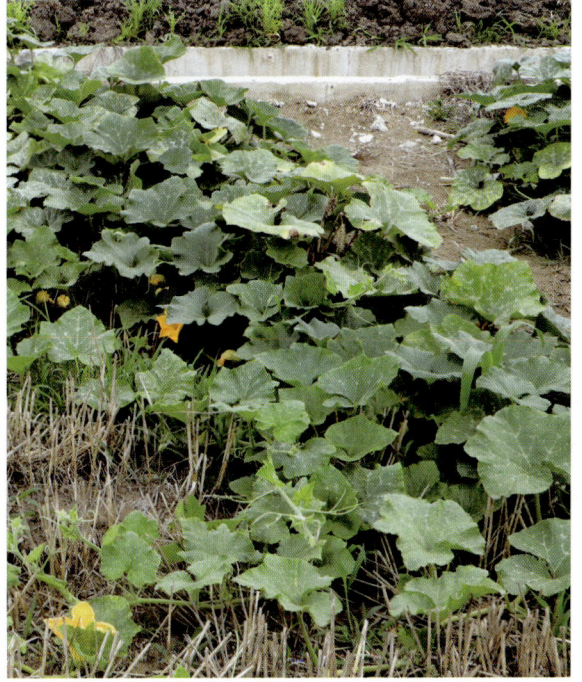

【特征特性】

　　叶心脏五角形,绿色,叶面白斑多。瓜梗仅基部膨大,瓜梗横切面五棱形。瓜皇冠形,瓜面特征多棱,棱沟浅,瓜瘤小,瓜面蜡粉多,近瓜蒂端形状为凹,瓜顶形状为凹。瓜皮黄褐色,瓜面无斑纹,瓜肉橙黄色。单瓜重约2.7 kg,纵径约15.4 cm,横径约19.8 cm,商品瓜肉厚约33.0 mm,单株瓜数约3个。

年陡葫芦南瓜

【作物名称】南瓜 *Cucurbita moschata*
【作物类别】蔬菜
【分　　类】葫芦科南瓜属
【采集地点】马鞍山市当涂县
【采集编号】P340521032

【特征特性】

　　叶心脏形,深绿色,叶面白斑少。瓜梗仅基部膨大,瓜梗横切面五棱形。瓜梨形,瓜面特征多棱,棱沟中,瓜瘤无,瓜面蜡粉多,近瓜蒂端形状为平,瓜顶形状为凸。瓜皮黄褐色,瓜面斑纹点状,瓜斑纹色黄,瓜肉金黄色。单瓜重约4.0 kg,纵径约38.5 cm,横径约15.7 cm,商品瓜肉厚约42.4 mm,单株瓜数约4个。

年陡扁南瓜

【作物名称】南瓜 *Cucurbita moschata*
【作物类别】蔬菜
【分　　类】葫芦科南瓜属
【采集地点】马鞍山市当涂县
【采集编号】P340521033

【特征特性】

　　叶心脏五角形,深绿色,叶面白斑中等。瓜梗基部无变化,瓜梗横切面五棱形。瓜盘形,瓜面特征多棱,棱沟中,瓜瘤小,瓜面蜡粉多,近瓜蒂端形状为凹,瓜顶形状为凹。瓜皮黄褐色,瓜面斑纹网状,瓜斑纹色蓝绿,瓜肉橙黄色。单瓜重约2.7 kg,纵径约11.6 cm,横径约24.3 cm,商品瓜肉厚约45.6 mm,单株瓜数约6个。

运漕南瓜

【作物名称】南瓜 *Cucurbita moschata*
【作物类别】蔬菜
【分　　类】葫芦科南瓜属
【采集地点】马鞍山市含山县
【采集编号】P342625021

【特征特性】

　　叶心脏五角形,绿色,叶面白斑中等。瓜梗仅基部膨大,瓜梗横切面五棱形。瓜盘形,瓜面特征多棱,棱沟深,瓜瘤大,瓜面蜡粉中,近瓜蒂端形状为凹,瓜顶形状为凹。瓜皮棕黄色,瓜面无斑纹,瓜肉浅黄色。单瓜重约6.3 kg,纵径约13.8 cm,横径约32.8 cm,商品瓜肉厚约47.8 mm,单株瓜数约3个。

运漕长南瓜

【作物名称】南瓜 *Cucurbita moschata*
【作物类别】蔬菜
【分　　类】葫芦科南瓜属
【采集地点】马鞍山市含山县
【采集编号】P342625026

【特征特性】

　　叶心脏形,绿色,叶面白斑少。瓜梗仅基部膨大,瓜梗横切面五棱形。瓜长筒形,瓜面特征多棱,棱沟浅,瓜瘤无,瓜面蜡粉中,近瓜蒂端形状为平,瓜顶形状为平。瓜皮黄褐色,瓜面无斑纹,瓜肉黄色。单瓜重约3.3 kg,纵径约36.8 cm,横径约15.1 cm,商品瓜肉厚约37.5 mm,单株瓜数约6个。

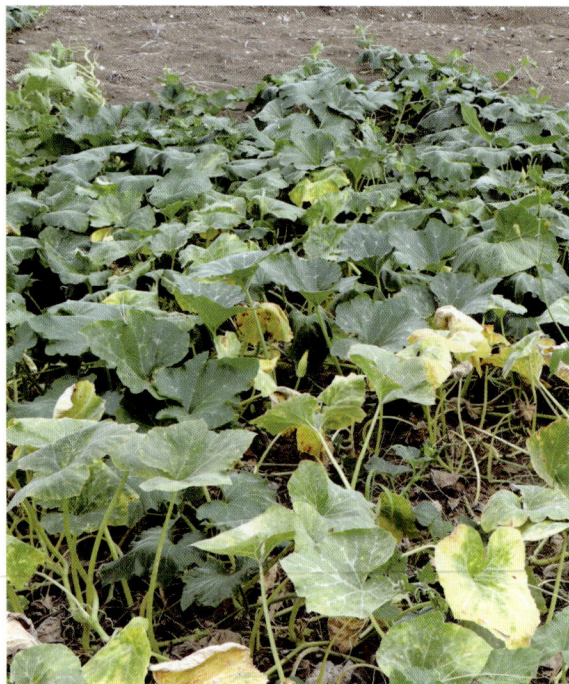

历阳长椭圆南瓜

【作物名称】南瓜 *Cucurbita moschata*
【作物类别】蔬菜
【分　　类】葫芦科南瓜属
【采集地点】马鞍山市和县
【采集编号】2019342045

【特征特性】

　　叶心脏五角形,绿色,叶面白斑少。瓜梗仅基部稍膨大,瓜梗横切面圆形。瓜椭圆形,瓜面特征多棱,棱沟浅,瓜瘤无,瓜面蜡粉中,近瓜蒂端形状为凸,瓜顶形状为凸。瓜皮黄褐色,瓜面无斑纹,瓜肉金黄色。单瓜重约1.3 kg,纵径约25.3 cm,横径约11.1 cm,商品瓜肉厚约21.6 mm,单株瓜数约8个。

历 阳 牛 腿 南 瓜

【作物名称】南瓜 *Cucurbita moschata*
【作物类别】蔬菜
【分　　类】葫芦科南瓜属
【采集地点】马鞍山市和县
【采集编号】2019342047

【 **特征特性** 】

　　叶心脏五角形,绿色,叶面无白斑。瓜梗仅基部稍膨大,瓜梗横切面五棱形。瓜长弯圆筒形,瓜面特征多棱,棱沟浅,瓜瘤无,瓜面蜡粉少,近瓜蒂端形状为平,瓜顶形状为平。瓜皮橙黄色,瓜面无斑纹,瓜肉金黄色。单瓜重约3.2 kg,纵径约59.3 cm,横径约13.3 cm,商品瓜肉厚约19.9 mm,单株瓜数约7个。

姥 桥 南 瓜

【作物名称】南瓜 *Cucurbita moschata*
【作物类别】蔬菜
【分　　类】葫芦科南瓜属
【采集地点】马鞍山市和县
【采集编号】2019342070

【特征特性】

　　叶心脏五角形,绿色,叶面无白斑。瓜梗仅基部稍膨大,瓜梗横切面五棱形。瓜长颈圆筒形,瓜面特征平滑,棱沟浅,瓜瘤无,瓜面蜡粉中,近瓜蒂端形状为凹,瓜顶形状为平。瓜皮黄褐色,瓜面斑纹点状,瓜斑纹色浅黄,瓜肉橙黄色。单瓜重约3.1 kg,纵径约36.3 cm,横径约15.7 cm,商品瓜肉厚约25.6 mm,单株瓜数约13个。

白 桥 小 南 瓜

【作物名称】南瓜 *Cucurbita moschata*
【作物类别】蔬菜
【分　　类】葫芦科南瓜属
【采集地点】马鞍山市和县
【采集编号】2019342082

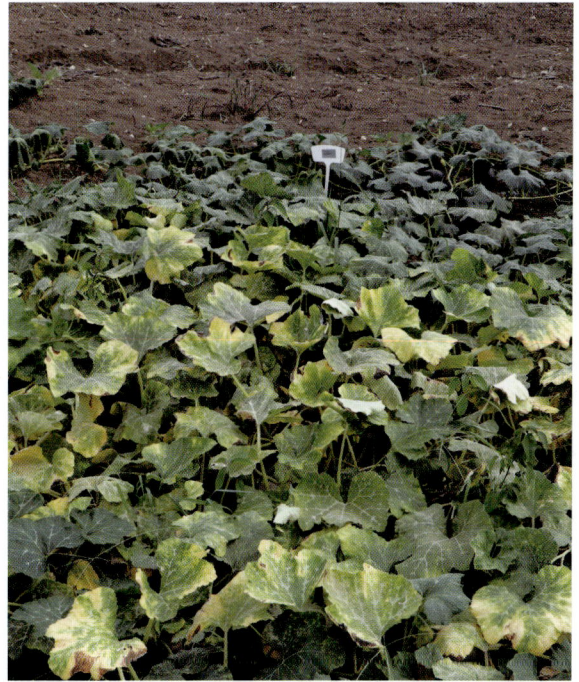

【特征特性】

　　叶掌状,浅绿色,叶面白斑少。瓜梗仅基部膨大,瓜梗横切面圆形。瓜近圆形,瓜面特征多棱,棱沟浅,瓜瘤无,瓜面蜡粉多,近瓜蒂端形状为凸,瓜顶形状为平。瓜皮黄褐色,瓜面斑纹条状,瓜斑纹色深红,瓜肉橙黄色。单瓜重约1.4 kg,纵径约11.7 cm,横径约16.2 cm,商品瓜肉厚约28.6 mm,单株瓜数约8个。

善厚磨子南瓜

【作物名称】南瓜 *Cucurbita moschata*

【作物类别】蔬菜

【分　　类】葫芦科南瓜属

【采集地点】马鞍山市和县

【采集编号】P340523008

【特征特性】

　　叶心脏五角形，深绿色，叶面白斑中等。瓜梗仅基部稍膨大，瓜梗横切面五棱形。瓜盘形，瓜面特征多棱，棱沟中，瓜瘤小，瓜面蜡粉多，近瓜蒂端形状为凹，瓜顶形状为凹。瓜皮棕黄色，瓜面斑纹网状，瓜斑纹色绿，瓜肉橙黄色。单瓜重约2.3 kg，纵径约11.2 cm，横径约22.2 cm，商品瓜肉厚约36.9 mm，单株瓜数约4个。

大庙葫芦南瓜

【作物名称】南瓜 *Cucurbita moschata*

【作物类别】蔬菜

【分　　类】葫芦科南瓜属

【采集地点】宿州市灵璧县

【采集编号】P341323053

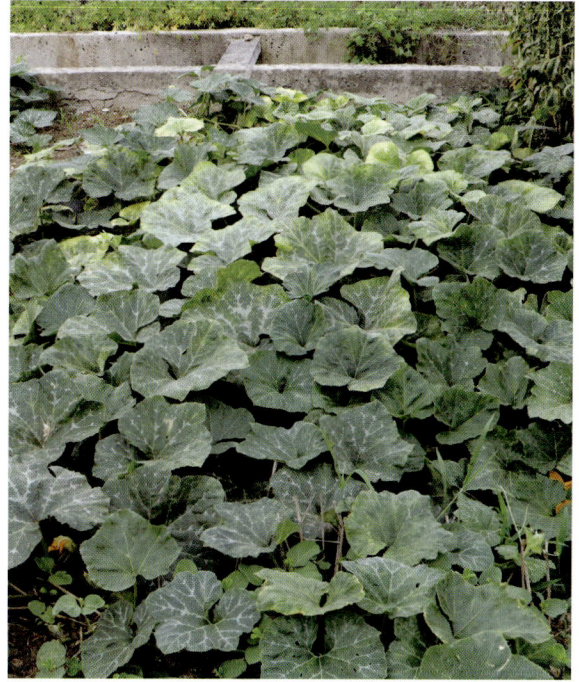

【特征特性】

　　叶心脏五角形,浅绿色,叶面白斑多。瓜梗基部无变化,瓜梗横切面五棱形。瓜长把梨形,瓜面特征多棱,棱沟浅,瓜瘤无,瓜面蜡粉中,近瓜蒂端形状为平,瓜顶形状为平。瓜皮棕黄色,瓜面斑纹块状,瓜斑纹色绿,瓜肉黄色。单瓜重约1.3 kg,纵径约24.8 cm,横径约13.9 cm,商品瓜肉厚约17.5 mm,单株瓜数约4个。

大 庙 南 瓜

【作物名称】南瓜 *Cucurbita moschata*

【作物类别】蔬菜

【分　　类】葫芦科南瓜属

【采集地点】宿州市灵璧县

【采集编号】P341323054

【特征特性】

　　叶心脏五角形,浅绿色,叶面白斑中等。瓜梗仅基部膨大,瓜梗横切面五棱形。瓜盘形,瓜面特征多棱,棱沟中,瓜瘤无,瓜面蜡粉多,近瓜蒂端形状为凹,瓜顶形状为平。瓜皮黄褐色,瓜面斑纹条状,瓜斑纹色绿,瓜肉金黄色。单瓜重约4.5 kg,纵径约15.6 cm,横径约25.2 cm,商品瓜肉厚约53.7 mm,单株瓜数约4个。

大 庙 灯 笼 南 瓜

【作物名称】南瓜 *Cucurbita moschata*
【作物类别】蔬菜
【分　　类】葫芦科南瓜属
【采集地点】宿州市灵璧县
【采集编号】P341323092

【特征特性】

　　叶掌状,绿色,叶面白斑少。瓜梗基部无变化,瓜梗横切面五棱形。瓜椭圆形,瓜面特征多棱,棱沟中,瓜瘤无,瓜面蜡粉少,近瓜蒂端形状为平,瓜顶形状为平。瓜皮橙黄色,瓜面斑纹点状,瓜斑纹色浅红,瓜肉浅黄色。单瓜重约1.2 kg,纵径约19.8 cm,横径约14.6 cm,商品瓜肉厚约29.1 mm,单株瓜数约2个。

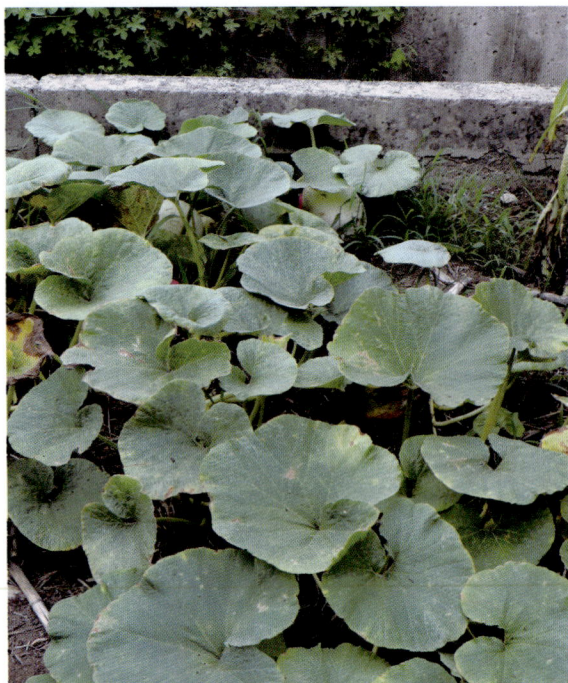

墩 集 白 皮 南 瓜

【作物名称】南瓜 *Cucurbita moschata*

【作物类别】蔬菜

【分　　类】葫芦科南瓜属

【采集地点】宿州市泗县

【采集编号】P341324061

【特征特性】

叶近圆形,浅绿色,叶面白斑多。瓜梗仅基部稍膨大,瓜梗横切面圆形。瓜椭圆形,瓜面特征平滑,棱沟无,瓜瘤小,瓜面蜡粉无,近瓜蒂端形状为平,瓜顶形状为凹。瓜皮白色,瓜面斑纹点状,瓜斑纹色黄,瓜肉浅黄色。单瓜重约1.9 kg,纵径约19.7 cm,横径约15.6 cm,商品瓜肉厚约30.7 mm,单株瓜数约1个。

墩 集 牛 腿 南 瓜

【作物名称】南瓜 *Cucurbita moschata*
【作物类别】蔬菜
【分　　类】葫芦科南瓜属
【采集地点】宿州市泗县
【采集编号】P341324062

【特征特性】

叶掌状五角形,绿色,叶面白斑少。瓜梗仅基部膨大,瓜梗横切面五棱形。瓜椭圆形,瓜面特征多棱,棱沟中,瓜瘤无,瓜面蜡粉多,近瓜蒂端形状为平,瓜顶形状为平。瓜皮橙黄色,瓜面斑纹点状,瓜斑纹色浅黄,瓜肉浅黄色。单瓜重约2.5 kg,纵径约29.5 cm,横径约14.5 cm,商品瓜肉厚约39.2 mm,单株瓜数约4个。

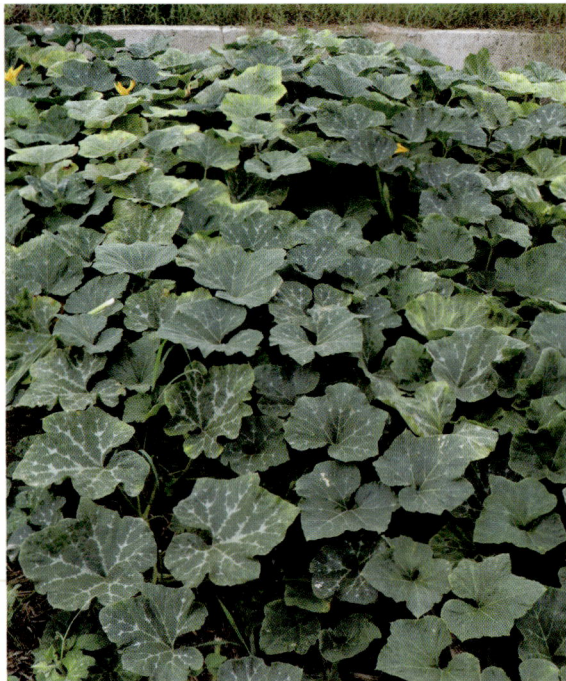

青皮牛腿南瓜

【作物名称】南瓜 *Cucurbita moschata*

【作物类别】蔬菜

【分　　类】葫芦科南瓜属

【采集地点】宿州市泗县

【采集编号】P341324066

【特征特性】

　　叶心脏五角形,绿色,叶面白斑少。瓜梗基部无变化,瓜梗横切面五棱形。瓜长筒形,瓜面特征多棱,棱沟浅,瓜瘤无,瓜面蜡粉中,近瓜蒂端形状为平,瓜顶形状为平。瓜皮墨绿色,瓜面无斑纹,瓜肉黄色。单瓜重约2.0 kg,纵径约30.2 cm,横径约13.2 cm,商品瓜肉厚约32.5 mm,单株瓜数约6个。

牛 梭 南 瓜

【作物名称】南瓜 *Cucurbita moschata*
【作物类别】蔬菜
【分　　类】葫芦科南瓜属
【采集地点】宿州市泗县
【采集编号】P341324068

【特征特性】

　　叶心脏形,深绿色,叶面无白斑。瓜梗仅基部稍膨大,瓜梗横切面五棱形。瓜长弯圆筒形,瓜面特征平滑,棱沟浅,瓜瘤无,瓜面蜡粉中,近瓜蒂端形状为凸,瓜顶形状为显著凸出。瓜皮黄褐色,瓜面斑纹点状,瓜斑纹色绿,瓜肉金黄色。单瓜重约1.6 kg,纵径约51.7 cm,横径约9.4 cm,商品瓜肉厚约19.2 mm,单株瓜数约2个。

刘圩葫芦南瓜

【作物名称】南瓜 *Cucurbita moschata*

【作物类别】蔬菜

【分　　类】葫芦科南瓜属

【采集地点】宿州市泗县

【采集编号】P341324070

【特征特性】

　　叶心脏五角形,浅绿色,叶面白斑少。瓜梗仅基部稍膨大,瓜梗横切面五棱形。瓜皇冠形,瓜面特征平滑,棱沟无,瓜瘤无,瓜面蜡粉中,近瓜蒂端形状为凹,瓜顶形状为凹。瓜皮黄褐色,瓜面无斑纹,瓜肉橙黄色。单瓜重约0.8 kg,纵径约16.5 cm,横径约10.4 cm,商品瓜肉厚约20.2 mm,单株瓜数约2个。

青 皮 猪 嘴 南 瓜

【作物名称】南瓜 *Cucurbita moschata*

【作物类别】蔬菜

【分　　类】葫芦科南瓜属

【采集地点】宿州市泗县

【采集编号】P341324072

【特征特性】

　　叶心脏五角形,绿色,叶面白斑少。瓜梗仅基部稍膨大,瓜梗横切面五棱形。瓜心脏形,瓜面特征多棱,棱沟浅,瓜瘤无,瓜面蜡粉少,近瓜蒂端形状为平,瓜顶形状为平。瓜皮棕黄色,瓜面斑纹块状,瓜斑纹色绿,瓜肉黄色。单瓜重约2.1 kg,纵径约24.3 cm,横径约17.3 cm,商品瓜肉厚约48.2 mm,单株瓜数约4个。

篮球大南瓜

【作物名称】南瓜 *Cucurbita moschata*

【作物类别】蔬菜

【分　　类】葫芦科南瓜属

【采集地点】宿州市泗县

【采集编号】P341324073

【特征特性】

　　叶心脏五角形,深绿色,叶面白斑少。瓜梗仅基部膨大,瓜梗横切面五棱形。瓜近圆形,瓜面特征多棱,棱沟中,瓜瘤无,瓜面蜡粉中,近瓜蒂端形状为平,瓜顶形状为凹。瓜皮橙黄色,瓜面斑纹网状,瓜斑纹色黄,瓜肉浅黄色。单瓜重约3.1 kg,纵径约19.3 cm,横径约19.6 cm,商品瓜肉厚约45.1 mm,单株瓜数约2个。

皱皮磨盘南瓜

【作物名称】南瓜 *Cucurbita moschata*
【作物类别】蔬菜
【分　　类】葫芦科南瓜属
【采集地点】宿州市泗县
【采集编号】P341324075

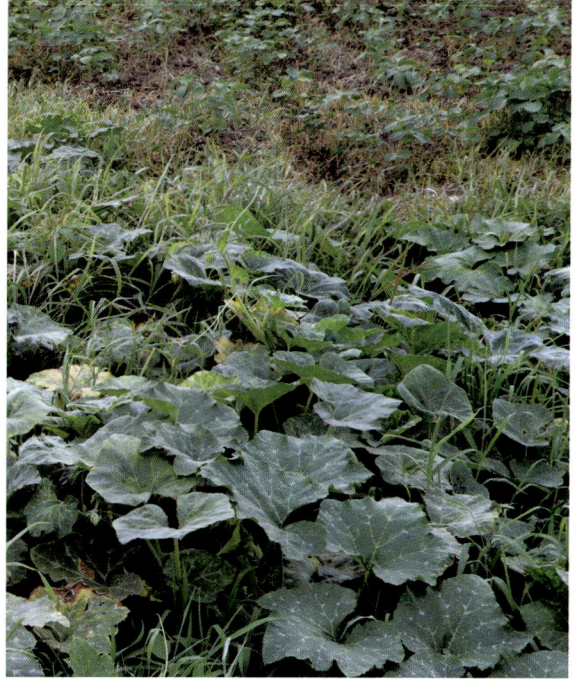

【特征特性】

叶心脏形,绿色,叶面白斑少。瓜梗仅基部稍膨大,瓜梗横切面五棱形。瓜盘形,瓜面特征多棱,棱沟中,瓜瘤小,瓜面蜡粉多,近瓜蒂端形状为凹,瓜顶形状为凹。瓜皮棕黄色,瓜面斑纹点状,瓜斑纹色绿,瓜肉橙黄色。单瓜重约1.4 kg,纵径约10.4 cm,横径约17.7 cm,商品瓜肉厚约40.3 mm,单株瓜数约5个。

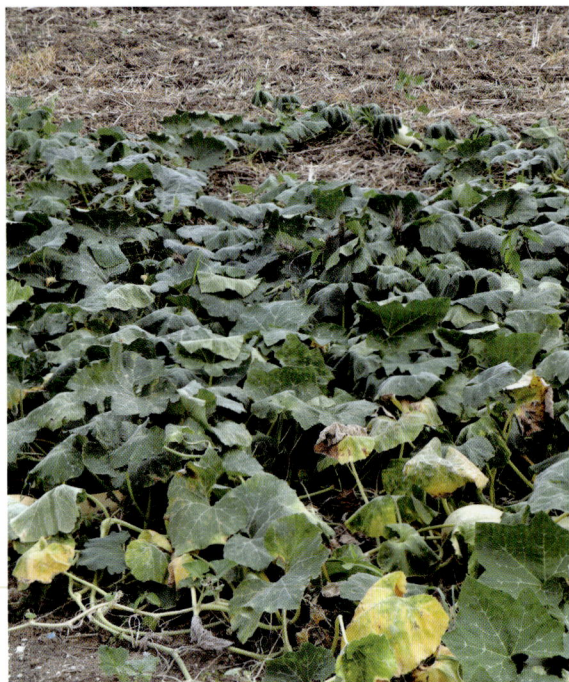

马 井 长 南 瓜

【作物名称】南瓜 *Cucurbita moschata*
【作物类别】蔬菜
【分　　类】葫芦科南瓜属
【采集地点】宿州市萧县
【采集编号】2020345075

【特征特性】

　　叶心脏五角形,绿色,叶面无白斑。瓜梗仅基部稍膨大,瓜梗横切面五棱形。瓜长颈圆筒形,瓜面特征多棱,棱沟浅,瓜瘤无,瓜面蜡粉少,近瓜蒂端形状为平,瓜顶形状为平。瓜皮橙黄色,瓜面斑纹条状,瓜斑纹色黄,瓜肉浅黄色。单瓜重约3.3 kg,纵径约42.3 cm,横径约14.6 cm,商品瓜肉厚约34.4 mm,单株瓜数约5个。

赵 庄 长 南 瓜

【作物名称】南瓜 *Cucurbita moschata*

【作物类别】蔬菜

【分　　类】葫芦科南瓜属

【采集地点】宿州市萧县

【采集编号】2020345104

【特征特性】

　　叶心脏五角形,绿色,叶面无白斑。瓜梗仅基部稍膨大,瓜梗横切面五棱形。瓜长弯圆筒形,瓜面特征平滑,棱沟无,瓜瘤无,瓜面蜡粉多,近瓜蒂端形状为平,瓜顶形状为凸。瓜皮棕黄色,瓜面无斑纹,瓜肉金黄色。单瓜重约2.1 kg,纵径约52.8 cm,横径约10.0 cm,商品瓜肉厚约26.7 mm,单株瓜数约6个。

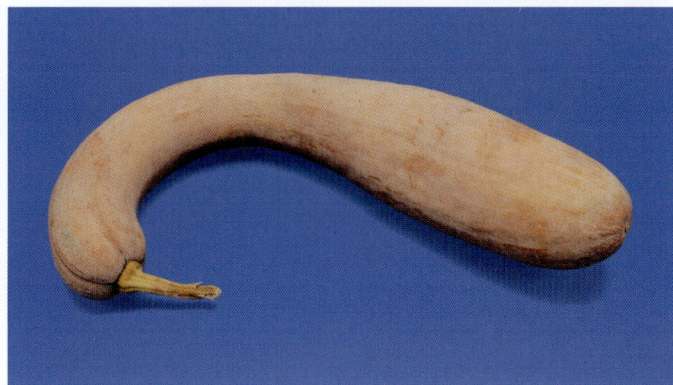

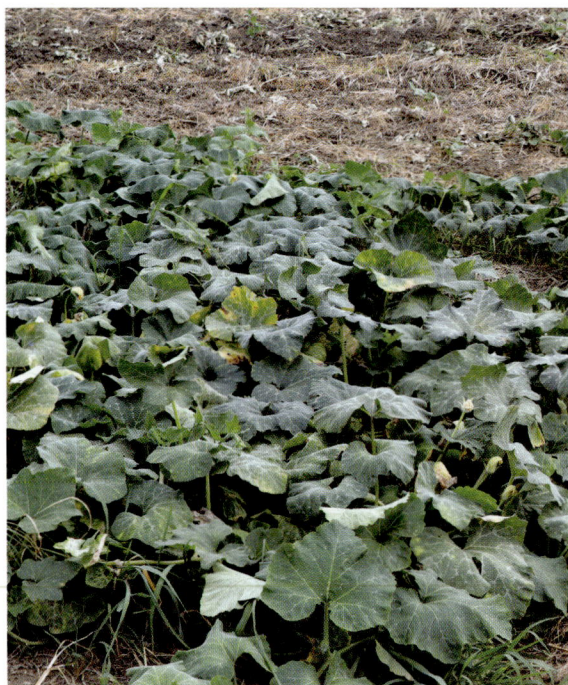

官 桥 南 瓜

【作物名称】南瓜 *Cucurbita moschata*
【作物类别】蔬菜
【分　　类】葫芦科南瓜属
【采集地点】宿州市萧县
【采集编号】2020345123

【特征特性】

　　叶掌状五角形,深绿色,叶面无白斑。瓜梗仅基部膨大,瓜梗横切面五棱形。瓜扁圆形,瓜面特征多棱,棱沟浅,瓜瘤小,瓜面蜡粉多,近瓜蒂端形状为凹,瓜顶形状为凹。瓜皮棕黄色,瓜面斑纹网状,瓜斑纹色浅绿,瓜肉浅黄色。单瓜重约2.2 kg,纵径约16.7 cm,横径约22.2 cm,商品瓜肉厚约23.2 mm,单株瓜数约5个。

永固绿皮南瓜

【作物名称】南瓜 *Cucurbita moschata*
【作物类别】蔬菜
【分　　类】葫芦科南瓜属
【采集地点】宿州市萧县
【采集编号】2020345152

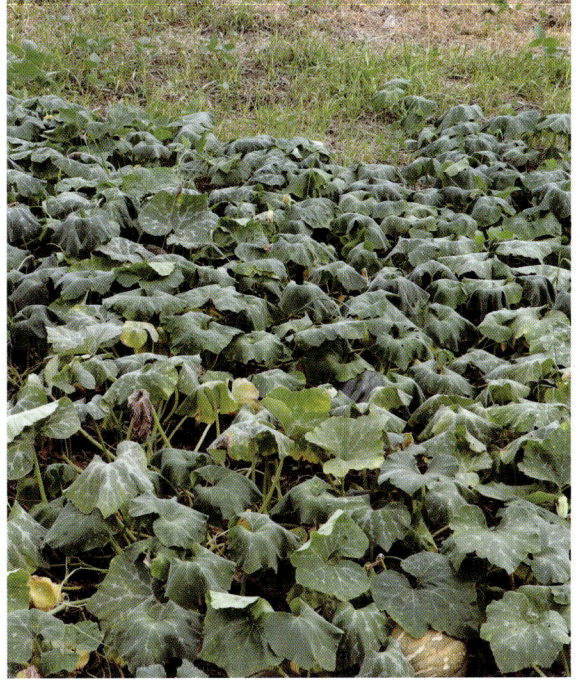

【特征特性】

　　叶心脏形,绿色,叶面白斑少。瓜梗仅基部稍膨大,瓜梗横切面五棱形。瓜长筒形,瓜面特征多棱,棱沟中,瓜瘤无,瓜面蜡粉少,近瓜蒂端形状为凹,瓜顶形状为凹。瓜皮橙黄色,瓜面斑纹块状,瓜斑纹色深绿,瓜肉浅黄色。单瓜重约0.6 kg,纵径约7.3 cm,横径约12.2 cm,商品瓜肉厚约34.3 mm,单株瓜数约5个。

大 店 南 瓜

【作物名称】南瓜 *Cucurbita moschata*
【作物类别】蔬菜
【分　　类】葫芦科南瓜属
【采集地点】宿州市埇桥区
【采集编号】2022341302005

【特征特性】

　　叶掌状,绿色,叶面白斑少。瓜梗仅基部膨大,瓜梗横切面五棱形。瓜梨形,瓜面特征多棱,棱沟浅,瓜瘤无,瓜面蜡粉少,近瓜蒂端形状为平,瓜顶形状为平。瓜皮橙黄色,瓜面无斑纹,瓜肉橙黄色。单瓜重约5.1 kg,纵径约40.6 cm,横径约17.5 cm,商品瓜肉厚约36.3 mm,单株瓜数约4个。

狗 腿 腰 南 瓜

【作物名称】南瓜 *Cucurbita moschata*
【作物类别】蔬菜
【分　　类】葫芦科南瓜属
【采集地点】宿州市埇桥区
【采集编号】2022341302026

【特征特性】

　　叶掌状,绿色,叶面白斑中等。瓜梗仅基部稍膨大,瓜梗横切面五棱形。瓜长颈圆筒形,瓜面特征多棱,棱沟浅,瓜瘤无,瓜面蜡粉中,近瓜蒂端形状为平,瓜顶形状为平。瓜皮棕黄色,瓜面无斑纹,瓜肉橙黄色。单瓜重约6.1 kg,纵径约65.4 cm,横径约14.6 cm,商品瓜肉厚约31.8 mm,单株瓜数约4个。

符 离 南 瓜

【作物名称】南瓜 *Cucurbita moschata*
【作物类别】蔬菜
【分　　类】葫芦科南瓜属
【采集地点】宿州市埇桥区
【采集编号】2022341302039

【特征特性】

　　叶心脏形,绿色,叶面白斑中等。瓜梗仅基部膨大,瓜梗横切面五棱形。瓜长筒形,瓜面特征平滑,棱沟无,瓜瘤无,瓜面蜡粉中,近瓜蒂端形状为平,瓜顶形状为凸。瓜皮黄褐色,瓜面斑纹网状,瓜斑纹色深红,瓜肉金黄色。单瓜重约1.7 kg,纵径约28.5 cm,横径约11.2 cm,商品瓜肉厚约22.7 mm,单株瓜数约6个。

永 安 南 瓜

【作物名称】南瓜 *Cucurbita moschata*
【作物类别】蔬菜
【分　　类】葫芦科南瓜属
【采集地点】宿州市埇桥区
【采集编号】P341302059

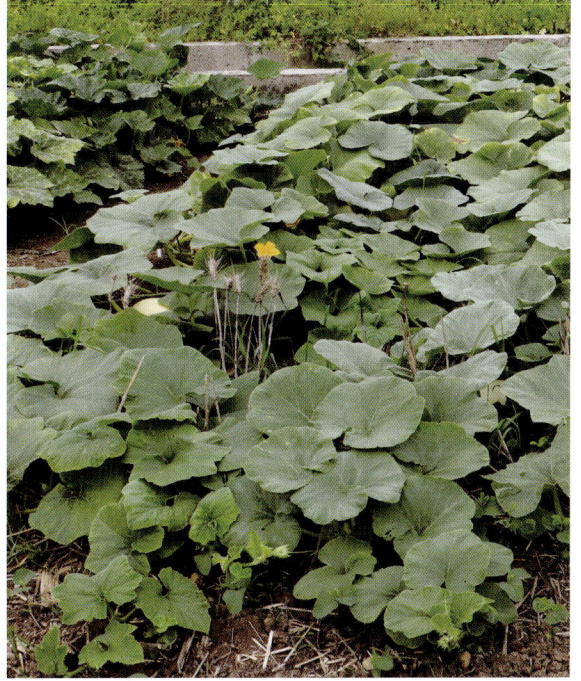

【特征特性】

　　叶掌状五角形,绿色,叶面白斑中等。瓜梗仅基部稍膨大,瓜梗横切面圆形。瓜长筒形,瓜面特征多棱,棱沟浅,瓜瘤无,瓜面蜡粉无,近瓜蒂端形状为凹,瓜顶形状为凹。瓜皮白色,瓜面无斑纹,瓜肉浅黄色。单瓜重约2.6 kg,纵径约27.6 cm,横径约15.4 cm,商品瓜肉厚约30.1 mm,单株瓜数约6个。

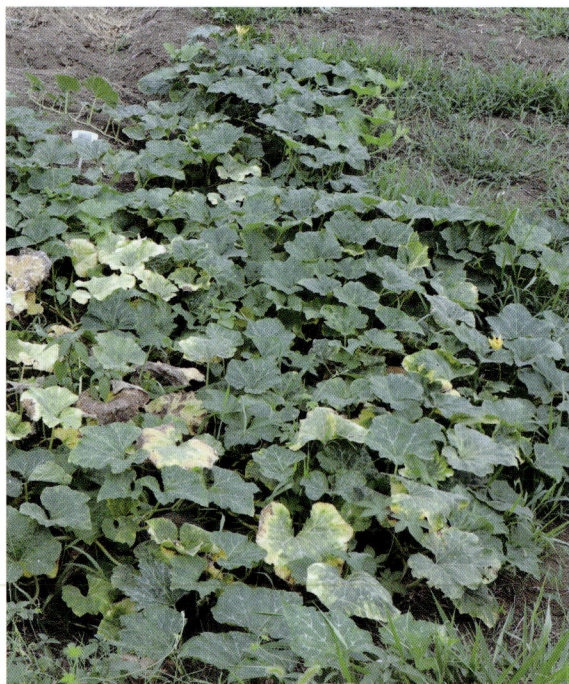

灰河粉南瓜

【作物名称】南瓜 *Cucurbita moschata*

【作物类别】蔬菜

【分　　类】葫芦科南瓜属

【采集地点】铜陵市郊区

【采集编号】P340711033

【特征特性】

　　叶心脏五角形,绿色,叶面白斑少。瓜梗基部无变化,瓜梗横切面五棱形。瓜盘形,瓜面特征多棱,棱沟浅,瓜瘤中,瓜面蜡粉多,近瓜蒂端形状为平,瓜顶形状为凹。瓜皮棕黄色,瓜面斑纹点状,瓜斑纹色绿,瓜肉黄色。单瓜重约1.2 kg,纵径约11.6 cm,横径约17.5 cm,商品瓜肉厚约16.5 mm,单株瓜数约6个。

新 城 扁 南 瓜

【作物名称】南瓜 *Cucurbita moschata*
【作物类别】蔬菜
【分　　类】葫芦科南瓜属
【采集地点】铜陵市铜官区
【采集编号】P340705022

【特征特性】

　　叶心脏形,绿色,叶面无白斑。瓜梗基部无变化,瓜梗横切面五棱形。瓜盘形,瓜面特征多棱,棱沟浅,瓜瘤无,瓜面蜡粉少,近瓜蒂端形状为凹,瓜顶形状为平。瓜皮橙黄色,瓜面斑纹块状,瓜斑纹色黄,瓜肉浅黄色。单瓜重约1.5 kg,纵径约12.3 cm,横径约18.9 cm,商品瓜肉厚约28.0 mm,单株瓜数约8个。

顺安癞南瓜

【作物名称】南瓜 *Cucurbita moschata*

【作物类别】蔬菜

【分　　类】葫芦科南瓜属

【采集地点】铜陵市义安区

【采集编号】2019344008

【特征特性】

叶掌状,绿色,叶面白斑中等。瓜梗仅基部膨大,瓜梗横切面五棱形。瓜近圆形,瓜面特征皱缩,棱沟浅,瓜瘤小,瓜面蜡粉少,近瓜蒂端形状为平,瓜顶形状为凹。瓜皮棕黄色,瓜面斑纹网状,瓜斑纹色绿,瓜肉金黄色。单瓜重约0.9 kg,纵径约13.2 cm,横径约15.0 cm,商品瓜肉厚约24.2 mm,单株瓜数约6个。

钟 鸣 南 瓜

【作物名称】南瓜 *Cucurbita moschata*
【作物类别】蔬菜
【分　　类】葫芦科南瓜属
【采集地点】铜陵市义安区
【采集编号】2019344123

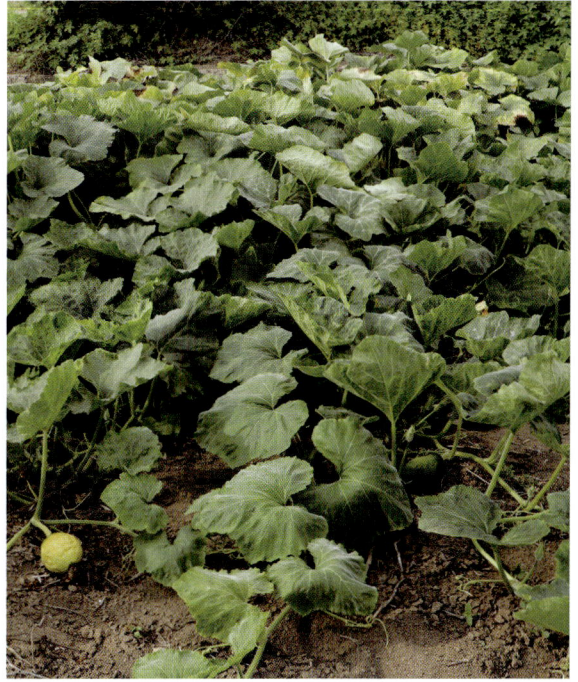

【特征特性】

　　叶掌状五角形,绿色,叶面无白斑。瓜梗仅基部膨大,瓜梗横切面五棱形。瓜扁圆形,瓜面特征皱缩,棱沟浅,瓜瘤小,瓜面蜡粉多,近瓜蒂端形状为凹,瓜顶形状为凹。瓜皮棕黄色,瓜面无斑纹,瓜肉橙黄色。单瓜重约3.6 kg,纵径约15.5 cm,横径约24.4 cm,商品瓜肉厚约41.6 mm,单株瓜数约5个。

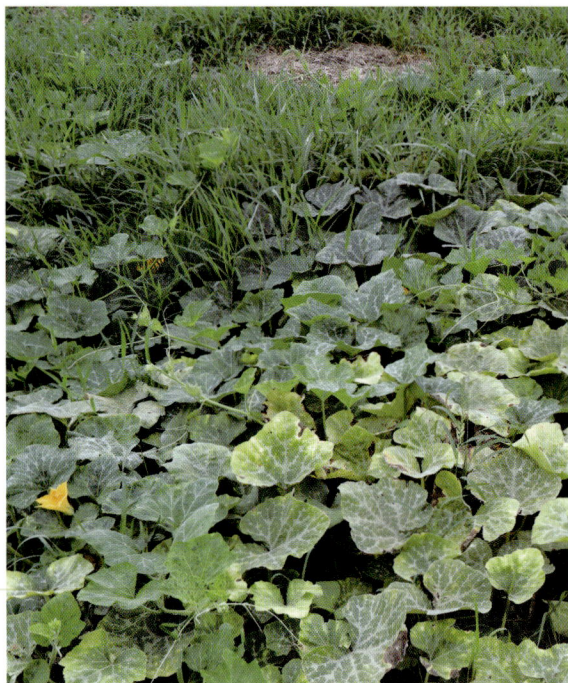

胥坝粉南瓜

【作物名称】南瓜 *Cucurbita moschata*
【作物类别】蔬菜
【分　　类】葫芦科南瓜属
【采集地点】铜陵市义安区
【采集编号】P340706026

【特征特性】

　　叶心脏五角形,深绿色,叶面白斑少。瓜梗仅基部膨大,瓜梗横切面五棱形。瓜扁圆形,瓜面特征多棱,棱沟浅,瓜瘤无,瓜面蜡粉中,近瓜蒂端形状为凹,瓜顶形状为凹。瓜皮橙黄色,瓜面无斑纹,瓜肉黄色。单瓜重约2.7 kg,纵径约13.8 cm,横径约22.4 cm,商品瓜肉厚约21.9 mm,单株瓜数约8个。

平 铺 癞 南 瓜

【作物名称】南瓜 *Cucurbita moschata*
【作物类别】蔬菜
【分　　类】葫芦科南瓜属
【采集地点】芜湖市繁昌区
【采集编号】P340222028

【特征特性】

　　叶心脏五角形,绿色,叶面白斑少。瓜梗仅基部膨大,瓜梗横切面五棱形。瓜盘形,瓜面特征皱缩,棱沟浅,瓜瘤小,瓜面蜡粉多,近瓜蒂端形状为凹,瓜顶形状为凹。瓜皮棕黄色,瓜面无斑纹,瓜肉金黄色。单瓜重约1.9 kg,纵径约11.5 cm,横径约21.2 cm,商品瓜肉厚约23.1 mm,单株瓜数约5个。

何 湾 南 瓜

【作物名称】南瓜 *Cucurbita moschata*
【作物类别】蔬菜
【分　　类】葫芦科南瓜属
【采集地点】芜湖市南陵县
【采集编号】2020341016

【特征特性】

叶心脏形,深绿色,叶面无白斑。瓜梗仅基部稍膨大,瓜梗横切面五棱形。瓜长把梨形,瓜面特征平滑,棱沟浅,瓜瘤无,瓜面蜡粉中,近瓜蒂端形状为凸,瓜顶形状为平。瓜皮棕黄色,瓜面斑纹点状,瓜斑纹色绿,瓜肉黄色。单瓜重约3.3 kg,纵径约44.2 cm,横径约14.0 cm,商品瓜肉厚约35.1 mm,单株瓜数约4个。

家发水果南瓜

【作物名称】南瓜 *Cucurbita moschata*

【作物类别】蔬菜

【分　　类】葫芦科南瓜属

【采集地点】芜湖市南陵县

【采集编号】2020341072

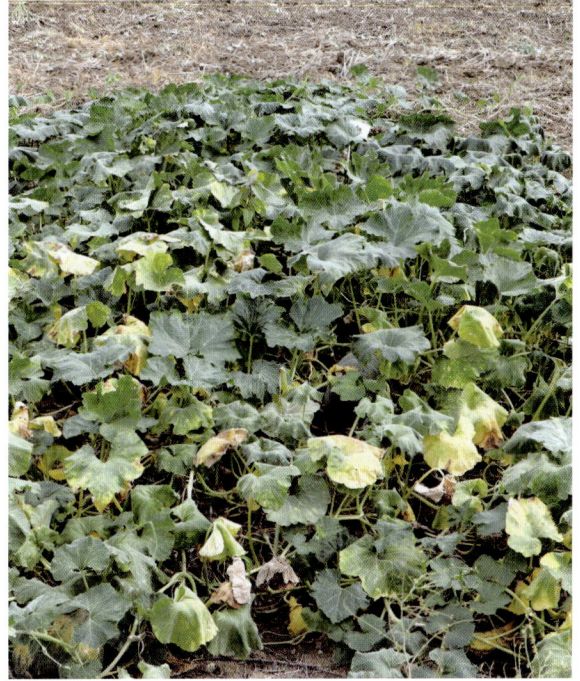

【特征特性】

　　叶心脏五角形,绿色,叶面白斑少。瓜梗仅基部稍膨大,瓜梗横切面五棱形。瓜近圆形,瓜面特征皱缩,棱沟浅,瓜瘤无,瓜面蜡粉中,近瓜蒂端形状为平,瓜顶形状为平。瓜皮黄褐色,瓜面斑纹条状,瓜斑纹色绿,瓜肉橙黄色。单瓜重约2.4 kg,纵径约21.7 cm,横径约20.0 cm,商品瓜肉厚约34.7 mm,单株瓜数约4个。

弋 江 磨 盘 南 瓜

【作物名称】南瓜 *Cucurbita moschata*

【作物类别】蔬菜

【分　　类】葫芦科南瓜属

【采集地点】芜湖市南陵县

【采集编号】2022340223001

【特征特性】

　　叶掌状五角形,绿色,叶面白斑少。瓜梗仅基部稍膨大,瓜梗横切面五棱形。瓜盘形,瓜面特征多棱,棱沟深,瓜瘤无,瓜面蜡粉中,近瓜蒂端形状为凹,瓜顶形状为凹。瓜皮棕黄色,瓜面斑纹块状,瓜斑纹色浅黄,瓜肉黄色。单瓜重约1.2 kg,纵径约7.6 cm,横径约17.9 cm,商品瓜肉厚约36.8 mm,单株瓜数约4个。

何湾癞皮南瓜

【作物名称】南瓜 *Cucurbita moschata*

【作物类别】蔬菜

【分　　类】葫芦科南瓜属

【采集地点】芜湖市南陵县

【采集编号】P340223508

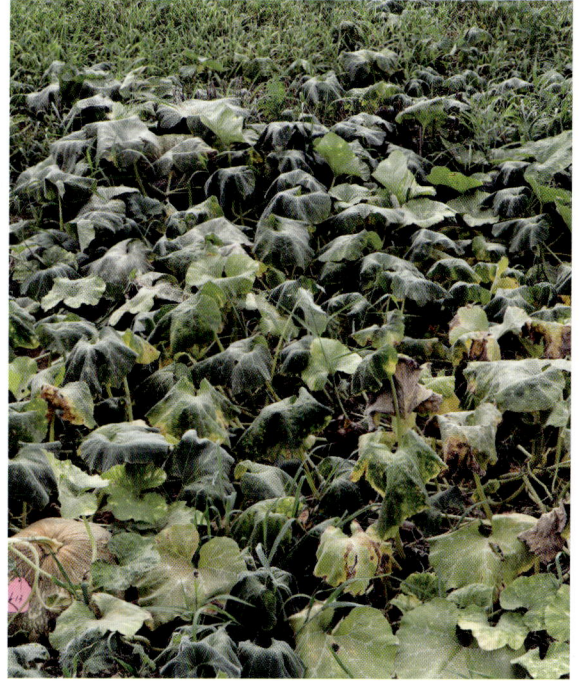

【特征特性】

叶心脏形,绿色,叶面白斑少。瓜梗仅基部膨大,瓜梗横切面五棱形。瓜扁圆形,瓜面特征多棱,棱沟浅,瓜瘤中,瓜面蜡粉中,近瓜蒂端形状为凹,瓜顶形状为凹。瓜皮棕黄色,瓜面无斑纹,瓜肉金黄色。单瓜重约11.7 kg,纵径约23.8 cm,横径约40.2 cm,商品瓜肉厚约61.2 mm,单株瓜数约10个。

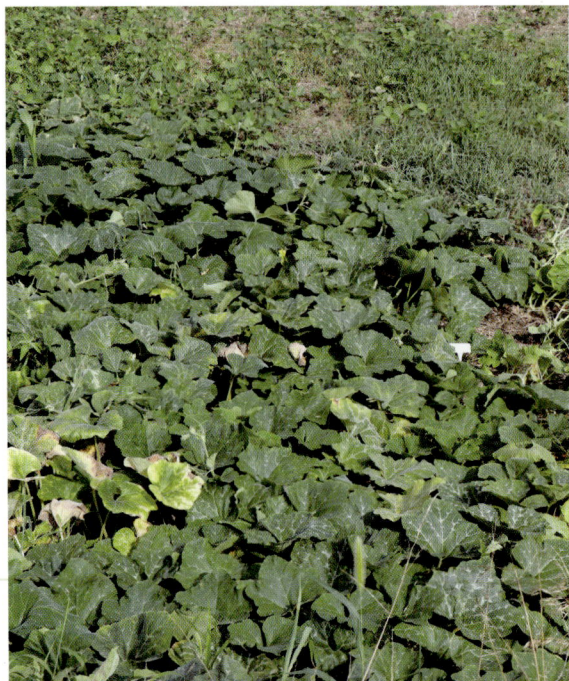

何 湾 南 瓜

【作物名称】南瓜 *Cucurbita moschata*
【作物类别】蔬菜
【分　　类】葫芦科南瓜属
【采集地点】芜湖市南陵县
【采集编号】P340223536

【特征特性】

　　叶心脏五角形,深绿色,叶面白斑少。瓜梗仅基部稍膨大,瓜梗横切面五棱形。瓜梨形,瓜面特征多棱,棱沟浅,瓜瘤无,瓜面蜡粉少,近瓜蒂端形状为凹,瓜顶形状为凹。瓜皮黄褐色,瓜面无斑纹,瓜肉黄色。单瓜重约2.5 kg,纵径约22.5 cm,横径约18.3 cm,商品瓜肉厚约30.2 mm,单株瓜数约9个。

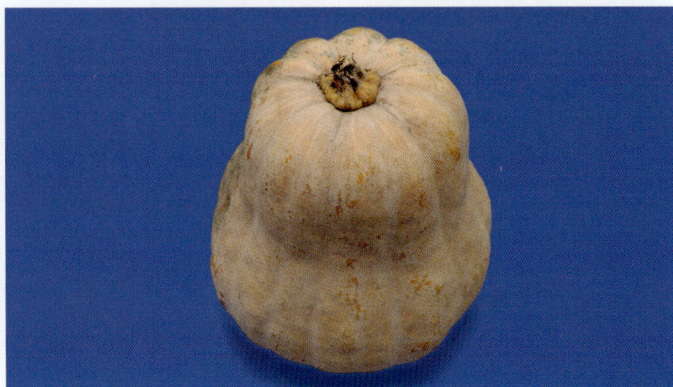

龙 湖 南 瓜

【作物名称】南瓜 *Cucurbita moschata*
【作物类别】蔬菜
【分　　类】葫芦科南瓜属
【采集地点】芜湖市三山区
【采集编号】P340208020

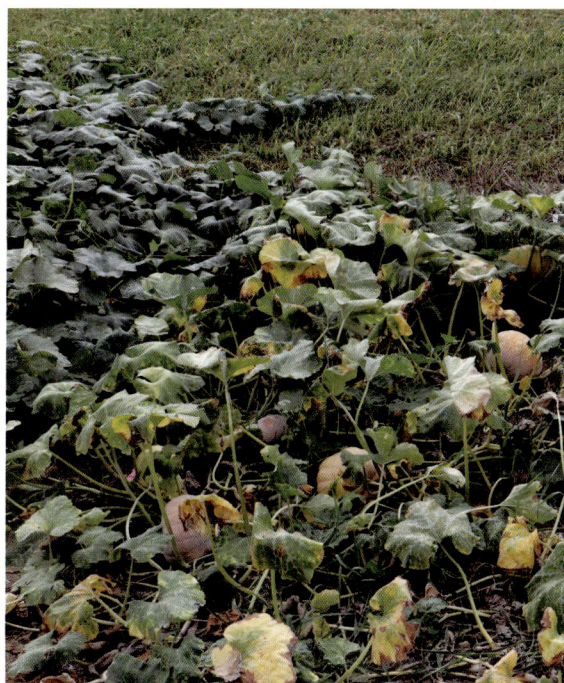

【特征特性】

　　叶掌状五角形,浅绿色,叶面无白斑。瓜梗仅基部膨大,瓜梗横切面五棱形。瓜盘形,瓜面特征多棱,棱沟中,瓜瘤无,瓜面蜡粉少,近瓜蒂端形状为凹,瓜顶形状为凹。瓜皮棕黄色,瓜面无斑纹,瓜肉金黄色。单瓜重约4.6 kg,纵径约17.9 cm,横径约25.3 cm,商品瓜肉厚约38.6 mm,单株瓜数约8个。

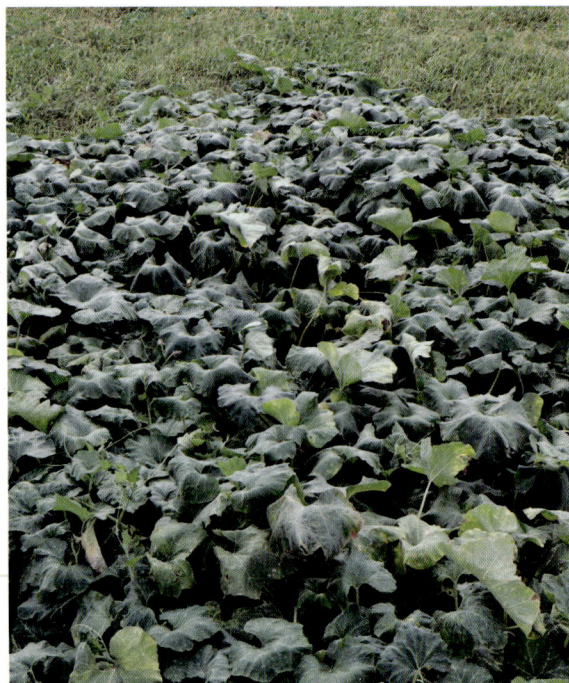

高安小南瓜

【作物名称】南瓜 *Cucurbita moschata*
【作物类别】蔬菜
【分　　类】葫芦科南瓜属
【采集地点】芜湖市三山区
【采集编号】P340208042

【特征特性】

　　叶心脏五角形，绿色，叶面白斑少。瓜梗仅基部膨大，瓜梗横切面五棱形。瓜梨形，瓜面特征多棱，棱沟浅，瓜瘤无，瓜面蜡粉多，近瓜蒂端形状为凹，瓜顶形状为凸。瓜皮棕黄色，瓜面斑纹条状，瓜斑纹色橙黄，瓜肉橙黄色。单瓜重约2.3 kg，纵径约31.5 cm，横径约14.9 cm，商品瓜肉厚约26.1 mm，单株瓜数约6个。

板 栗 南 瓜

【作物名称】南瓜 *Cucurbita moschata*

【作物类别】蔬菜

【分　　类】葫芦科南瓜属

【采集地点】芜湖市三山区

【采集编号】P340208045

【特征特性】

　　叶近圆形,浅绿色,叶面白斑多。花端瓜梗均匀膨大,瓜梗横切面圆形。瓜近圆形,瓜面特征瘤突,棱沟浅,瓜瘤大,瓜面蜡粉无,近瓜蒂端形状为凸,瓜顶形状为平。瓜皮红色,瓜面斑纹块状,瓜斑纹色绿,瓜肉金黄色。单瓜重约0.5 kg,纵径约10.2 cm,横径约13.6 cm,商品瓜肉厚约20.7 mm,单株瓜数约4个。

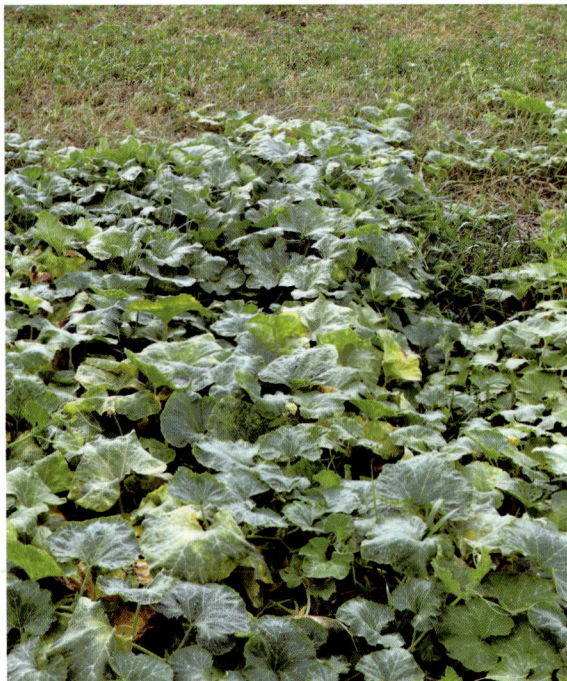

癞 子 南 瓜

【作物名称】南瓜 *Cucurbita moschata*

【作物类别】蔬菜

【分　　类】葫芦科南瓜属

【采集地点】芜湖市湾沚区

【采集编号】P340221010

【特征特性】

　　叶近圆形,浅绿色,叶面白斑少。瓜梗仅基部膨大,瓜梗横切面五棱形。瓜盘形,瓜面特征皱缩,棱沟浅,瓜瘤小,瓜面蜡粉中,近瓜蒂端形状为平,瓜顶形状为凹。瓜皮棕黄色,瓜面无斑纹,瓜肉金黄色。单瓜重约4.9 kg,纵径约12.3 cm,横径约29.2 cm,商品瓜肉厚约57.8 mm,单株瓜数约8个。

鹤 毛 南 瓜

【作物名称】南瓜 Cucurbita moschata
【作物类别】蔬菜
【分　　类】葫芦科南瓜属
【采集地点】芜湖市无为县
【采集编号】P340225031

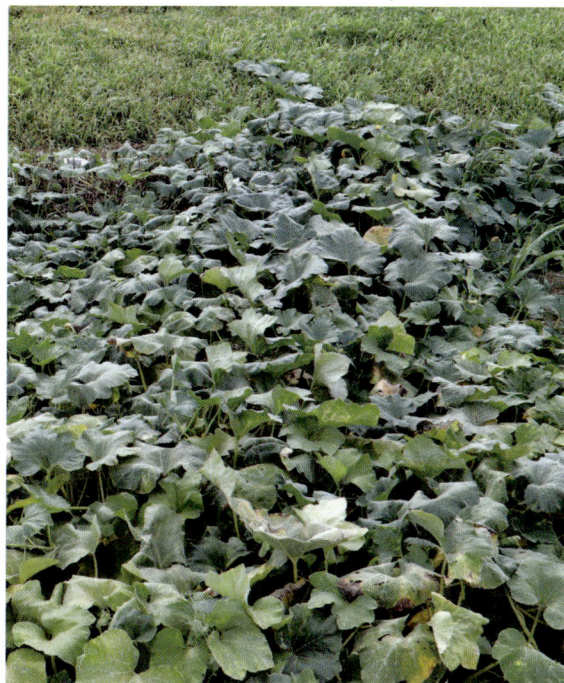

【特征特性】

　　叶心脏五角形,绿色,叶面无白斑。瓜梗仅基部稍膨大,瓜梗横切面五棱形。瓜盘形,瓜面特征多棱,棱沟浅,瓜瘤无,瓜面蜡粉无,近瓜蒂端形状为凹,瓜顶形状为凹。瓜皮黄色,瓜面斑纹条状,瓜斑纹色浅绿,瓜肉浅黄色。单瓜重约1.4 kg,纵径约10.2 cm,横径约17.7 cm,商品瓜肉厚约35.3 mm,单株瓜数约6个。

昆山老南瓜

【作物名称】南瓜 *Cucurbita moschata*

【作物类别】蔬菜

【分　　类】葫芦科南瓜属

【采集地点】芜湖市无为县

【采集编号】P340225038

【特征特性】

　　叶心脏五角形,深绿色,叶面白斑少。瓜梗仅基部膨大,瓜梗横切面五棱形。瓜近圆形,瓜面特征多棱,棱沟浅,瓜瘤无,瓜面蜡粉中,近瓜蒂端形状为凹,瓜顶形状为凹。瓜皮橙黄色,瓜面斑纹网状,瓜斑纹色浅绿,瓜肉浅黄色。单瓜重约6.8 kg,纵径约26.5 cm,横径约28.5 cm,商品瓜肉厚约41.7 mm,单株瓜数约6个。

四 合 老 南 瓜

【作物名称】南瓜 *Cucurbita moschata*
【作物类别】蔬菜
【分　　类】葫芦科南瓜属
【采集地点】宣城市广德市
【采集编号】P341882022

【特征特性】

　　叶掌状五角形,浅绿色,叶面无白斑。瓜梗仅基部稍膨大,瓜梗横切面五棱形。瓜盘形,瓜面特征多棱,棱沟中,瓜瘤中,瓜面蜡粉少,近瓜蒂端形状为凹,瓜顶形状为凹。瓜皮棕黄色,瓜面无斑纹,瓜肉橙黄色。单瓜重约1.7 kg,纵径约21.5 cm,横径约19.8 cm,商品瓜肉厚约26.6 mm,单株瓜数约7个。

荆州老南瓜

【作物名称】南瓜 *Cucurbita moschata*

【作物类别】蔬菜

【分　　类】葫芦科南瓜属

【采集地点】宣城市绩溪县

【采集编号】P341824044

【特征特性】

叶掌状五角形,绿色,叶面白斑少。瓜梗仅基部膨大,瓜梗横切面五棱形。瓜盘形,瓜面特征多棱,棱沟深,瓜瘤无,瓜面蜡粉少,近瓜蒂端形状为平,瓜顶形状为平。瓜皮黄色,瓜面斑纹网状,瓜斑纹色浅绿,瓜肉黄色。单瓜重约2.9 kg,纵径约12.5 cm,横径约23.7 cm,商品瓜肉厚约52.5 mm,单株瓜数约2个。

泾 川 圆 南 瓜

【作物名称】南瓜 *Cucurbita moschata*

【作物类别】蔬菜

【分　　类】葫芦科南瓜属

【采集地点】宣城市泾县

【采集编号】2021341510

【特征特性】

　　叶心脏五角形,深绿色,叶面白斑少。瓜梗仅基部膨大,瓜梗横切面五棱形。瓜扁圆形,瓜面特征多棱,棱沟浅,瓜瘤小,瓜面蜡粉多,近瓜蒂端形状为凹,瓜顶形状为平。瓜皮棕黄色,瓜面无斑纹,瓜肉橙黄色。单瓜重约5.9 kg,纵径约18.7 cm,横径约29.4 cm,商品瓜肉厚约38.6 mm,单株瓜数约4个。

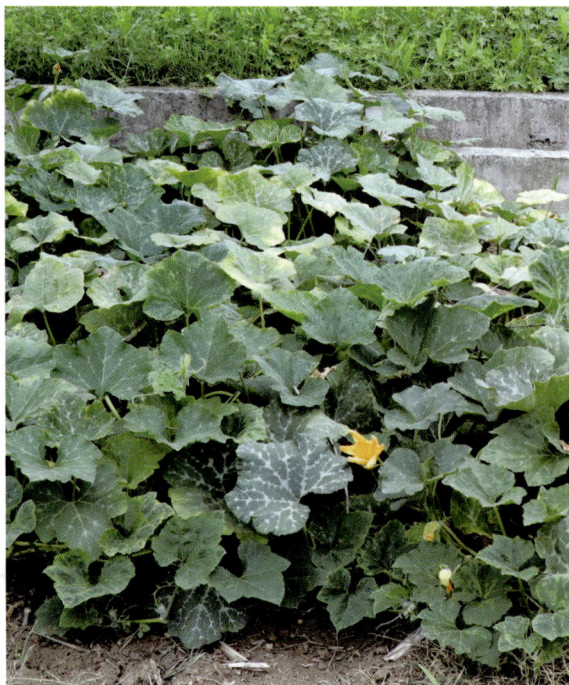

榔桥长南瓜

【作物名称】南瓜 *Cucurbita moschata*

【作物类别】蔬菜

【分　　类】葫芦科南瓜属

【采集地点】宣城市泾县

【采集编号】2021341556

【特征特性】

　　叶掌状,浅绿色,叶面白斑少。瓜梗仅基部膨大,瓜梗横切面五棱形。瓜长把梨形,瓜面特征多棱,棱沟浅,瓜瘤小,瓜面蜡粉少,近瓜蒂端形状为平,瓜顶形状为凸。瓜皮棕黄色,瓜面斑纹条状,瓜斑纹色浅黄,瓜肉金黄色。单瓜重约2.3 kg,纵径约36.8 cm,横径约14.4 cm,商品瓜肉厚约33.1 mm,单株瓜数约5个。

心 圆 南 瓜

【作物名称】南瓜 *Cucurbita moschata*
【作物类别】蔬菜
【分　　类】葫芦科南瓜属
【采集地点】宣城市泾县
【采集编号】2021341576

【特征特性】

　　叶掌状五角形,深绿色,叶面白斑少。瓜梗仅基部稍膨大,瓜梗横切面五棱形。瓜心脏形,瓜面特征多棱,棱沟浅,瓜瘤无,瓜面蜡粉少,近瓜蒂端形状为凹,瓜顶形状为平。瓜皮棕黄色,瓜面斑纹点状,瓜斑纹色深绿,瓜肉黄色。单瓜重约1.2 kg,纵径约14.2 cm,横径约15.2 cm,商品瓜肉厚约34.6 mm,单株瓜数约3个。

榔桥大籽南瓜

【作物名称】南瓜 *Cucurbita moschata*
【作物类别】蔬菜
【分　　类】葫芦科南瓜属
【采集地点】宣城市泾县
【采集编号】2022341823001

【特征特性】

　　叶掌状五角形,绿色,叶面白斑少。瓜梗仅基部稍膨大,瓜梗横切面五棱形。瓜近圆形,瓜面特征多棱,棱沟浅,瓜瘤无,瓜面蜡粉中,近瓜蒂端形状为平,瓜顶形状为平。瓜皮棕黄色,瓜面斑纹网状,瓜斑纹色深绿,瓜肉金黄色。单瓜重约4.0 kg,纵径约31.5 cm,横径约20.4 cm,商品瓜肉厚约29.5 mm,单株瓜数约4个。

泾川磨盘南瓜

【作物名称】南瓜 *Cucurbita moschata*
【作物类别】蔬菜
【分　　类】葫芦科南瓜属
【采集地点】宣城市泾县
【采集编号】P342529030

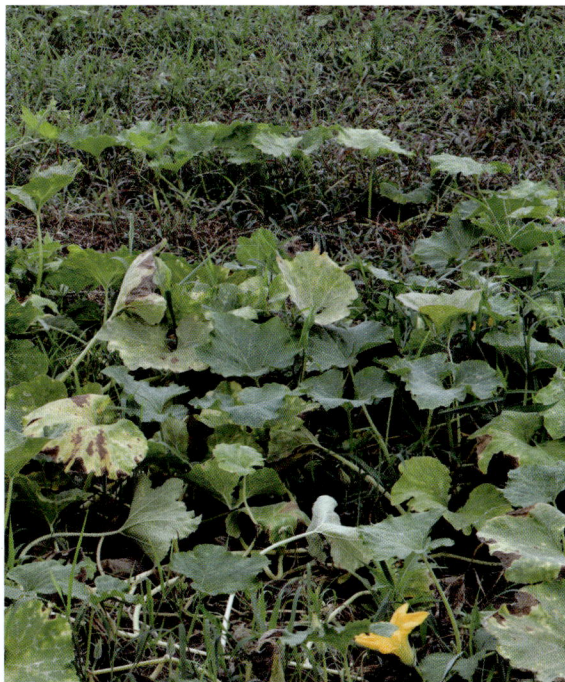

【特征特性】

　　叶心脏五角形,绿色,叶面无白斑。瓜梗基部无变化,瓜梗横切面五棱形。瓜盘形,瓜面特征瘤突,棱沟无,瓜瘤中,瓜面蜡粉无,近瓜蒂端形状为平,瓜顶形状为凹。瓜皮棕黄色,瓜面斑纹网状,瓜斑纹色绿,瓜肉黄色。单瓜重约1.0 kg,纵径约11.8 cm,横径约16.1 cm,商品瓜肉厚约24.8 mm,单株瓜数约2个。

旌 阳 癞 子 瓜

【作物名称】南瓜 *Cucurbita moschata*

【作物类别】蔬菜

【分　　类】葫芦科南瓜属

【采集地点】宣城市旌德县

【采集编号】P341825034

【特征特性】

　　叶心脏五角形,绿色,叶面无白斑。瓜梗仅基部稍膨大,瓜梗横切面五棱形。瓜盘形,瓜面特征多棱,棱沟中,瓜瘤中,瓜面蜡粉中,近瓜蒂端形状为凹,瓜顶形状为凹。瓜皮棕黄色,瓜面斑纹网状,瓜斑纹色浅绿,瓜肉金黄色。单瓜重约1.7 kg,纵径约10.6 cm,横径约20.6 cm,商品瓜肉厚约31.1 mm,单株瓜数约5个。

霞 西 南 瓜

【作物名称】南瓜 *Cucurbita moschata*
【作物类别】蔬菜
【分　　类】葫芦科南瓜属
【采集地点】宣城市宁国市
【采集编号】2021345085

【特征特性】

　　叶掌状五角形,浅绿色,叶面白斑少。瓜梗基部无变化,瓜梗横切面五棱形。瓜扁圆形,瓜面特征多棱,棱沟浅,瓜瘤中,瓜面蜡粉少,近瓜蒂端形状为凹,瓜顶形状为凹。瓜皮棕黄色,瓜面斑纹点状,瓜斑纹色绿,瓜肉黄色。单瓜重约1.4 kg,纵径约10.5 cm,横径约18.5 cm,商品瓜肉厚约22.3 mm,单株瓜数约5个。

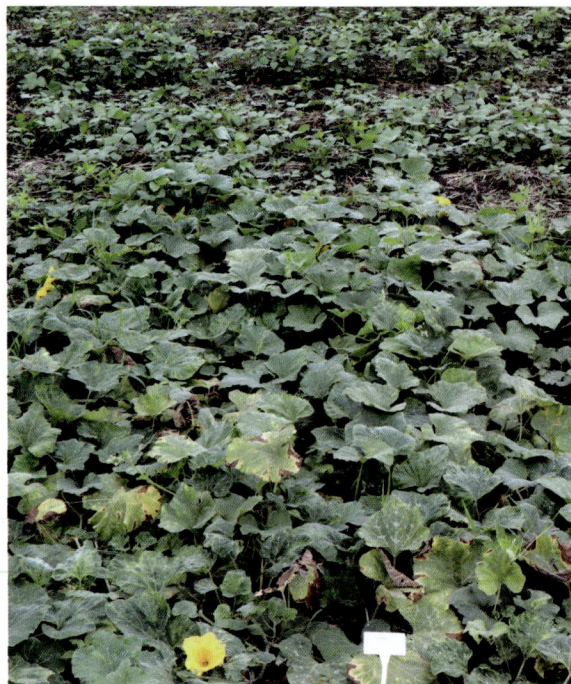

汪 溪 小 南 瓜

【作物名称】南瓜 *Cucurbita moschata*

【作物类别】蔬菜

【分　　类】葫芦科南瓜属

【采集地点】宣城市宁国市

【采集编号】2021345167

【 **特征特性** 】

　　叶心脏五角形,浅绿色,叶面白斑多。瓜梗仅基部稍膨大,瓜梗横切面五棱形。瓜皇冠形,瓜面特征瘤突,棱沟浅,瓜瘤大,瓜面蜡粉多,近瓜蒂端形状为平,瓜顶形状为凹。瓜皮棕黄色,瓜面无斑纹,瓜肉黄色。单瓜重约1.1 kg,纵径约12.2 cm,横径约15.9 cm,商品瓜肉厚约24.1 mm,单株瓜数约5个。

竹峰老南瓜

【作物名称】南瓜 *Cucurbita moschata*

【作物类别】蔬菜

【分　　类】葫芦科南瓜属

【采集地点】宣城市宁国市

【采集编号】2021345212

【特征特性】

叶掌状五角形,深绿色,叶面白斑少。瓜梗仅基部膨大,瓜梗横切面五棱形。瓜扁圆形,瓜面特征多棱,棱沟浅,瓜瘤无,瓜面蜡粉中,近瓜蒂端形状为凹,瓜顶形状为凹。瓜皮黄褐色,瓜面斑纹网状,瓜斑纹色深红,瓜肉橙黄色。单瓜重约3.4 kg,纵径约18.8 cm,横径约24.9 cm,商品瓜肉厚约27.5 mm,单株瓜数约5个。

胡乐长南瓜

【作物名称】南瓜 *Cucurbita moschata*
【作物类别】蔬菜
【分　　类】葫芦科南瓜属
【采集地点】宣城市宁国市
【采集编号】2021345252

【特征特性】

　　叶近圆形,深绿色,叶面白斑少。瓜梗仅基部膨大,瓜梗横切面五棱形。瓜梨形,瓜面特征多棱,棱沟浅,瓜瘤无,瓜面蜡粉中,近瓜蒂端形状为平,瓜顶形状为平。瓜皮棕黄色,瓜面斑纹条状,瓜斑纹色黄,瓜肉橙黄色。单瓜重约3.8 kg,纵径约40.4 cm,横径约16.4 cm,商品瓜肉厚约25.0 mm,单株瓜数约5个。

龙 池 癞 南 瓜

【作物名称】南瓜 *Cucurbita moschata*
【作物类别】蔬菜
【分　　类】葫芦科南瓜属
【采集地点】宣城市宁国市
【采集编号】2021345257

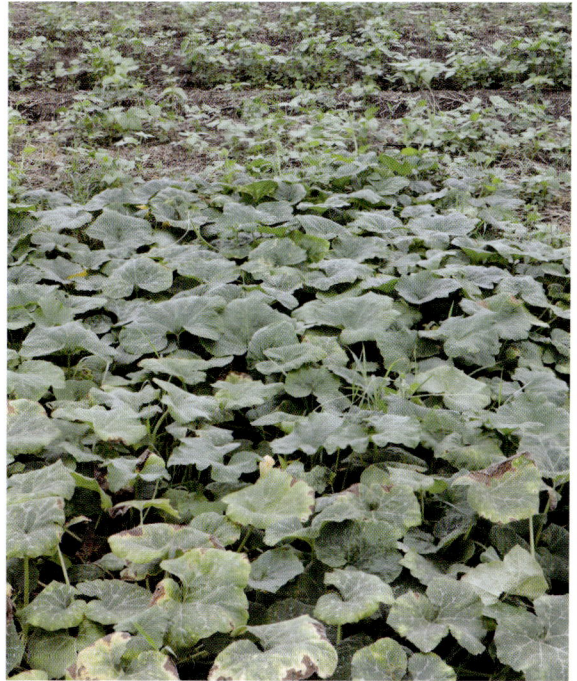

【特征特性】

叶心脏形,深绿色,叶面白斑中等。瓜梗仅基部膨大,瓜梗横切面五棱形。瓜梨形,瓜面特征瘤突,棱沟无,瓜瘤大,瓜面蜡粉多,近瓜蒂端形状为平,瓜顶形状为凸。瓜皮黄褐色,瓜面斑纹网状,瓜斑纹色深红,瓜肉橙黄色。单瓜重约4.3 kg,纵径约34.4 cm,横径约21.5 cm,商品瓜肉厚约33.6 mm,单株瓜数约3个。

宁墩癞南瓜

【作物名称】南瓜 *Cucurbita moschata*

【作物类别】蔬菜

【分　　类】葫芦科南瓜属

【采集地点】宣城市宁国市

【采集编号】2021345314

【特征特性】

　　叶掌状,浅绿色,叶面白斑少。瓜梗仅基部膨大,瓜梗横切面五棱形。瓜近圆形,瓜面特征瘤突,棱沟无,瓜瘤大,瓜面蜡粉中,近瓜蒂端形状为凸,瓜顶形状为平。瓜皮棕黄色,瓜面斑纹点状,瓜斑纹色深绿,瓜肉浅黄色。单瓜重约1.0 kg,纵径约13.6 cm,横径约15.4 cm,商品瓜肉厚约20.2 mm,单株瓜数约2个。

青 粉 圆 南 瓜

【作物名称】南瓜 *Cucurbita moschata*
【作物类别】蔬菜
【分　　类】葫芦科南瓜属
【采集地点】宣城市宣州区
【采集编号】P341802045

【特征特性】

叶心脏五角形,绿色,叶面无白斑。瓜梗仅基部稍膨大,瓜梗横切面五棱形。瓜近圆形,瓜面特征多棱,棱沟深,瓜瘤无,瓜面蜡粉中,近瓜蒂端形状为凹,瓜顶形状为凹。瓜皮棕黄色,瓜面斑纹网状,瓜斑纹色深绿,瓜肉浅黄色。单瓜重约1.7 kg,纵径约15.6 cm,横径约18.5 cm,商品瓜肉厚约27.2 mm,单株瓜数约4个。

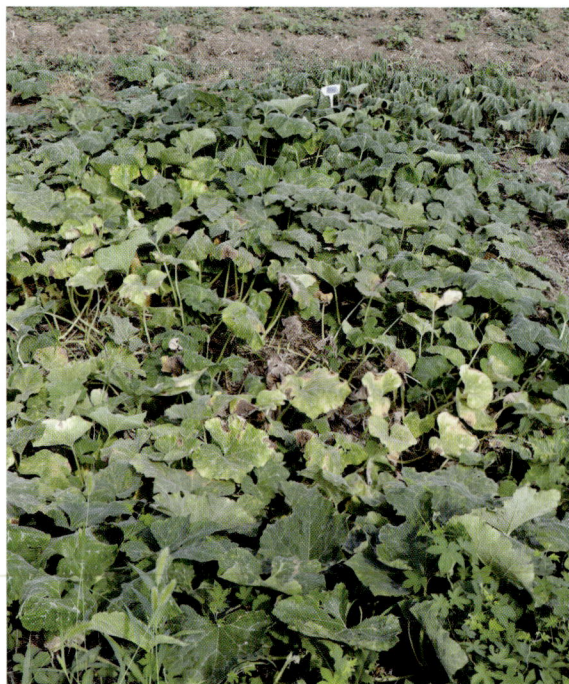

杨 柳 粉 南 瓜

【作物名称】南瓜 *Cucurbita moschata*

【作物类别】蔬菜

【分　　类】葫芦科南瓜属

【采集地点】宣城市宣州区

【采集编号】P341802046

【特征特性】

　　叶心脏形,深绿色,叶面白斑少。瓜梗仅基部膨大,瓜梗横切面五棱形。瓜梨形,瓜面特征皱缩,棱沟浅,瓜瘤小,瓜面蜡粉多,近瓜蒂端形状为平,瓜顶形状为凹。瓜皮棕黄色,瓜面无斑纹,瓜肉橙黄色。单瓜重约2.6 kg,纵径约23.2 cm,横径约18.7 cm,商品瓜肉厚约30.3 mm,单株瓜数约5个。

苋
菜

宿 松 大 叶 红 苋 菜

【作物名称】苋菜 *Amaranthus tricolor* L.

【作物类别】蔬菜

【分　　类】苋科苋属

【采集地点】安庆市宿松县

【采集编号】P340826022

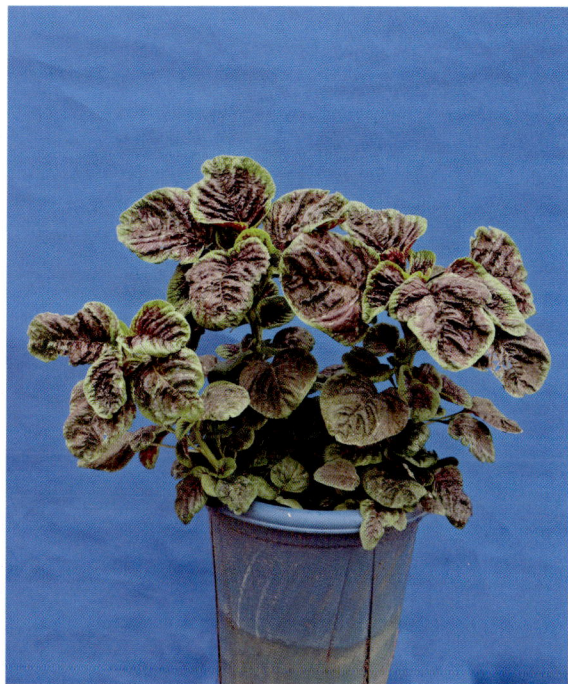

【**特征特性**】

　　株型单茎型,植株整齐度中等,分枝性中。株高约17.7 cm,茎绿色,茎粗约0.7 cm。叶片着生半直角,叶卵形,叶面花色,皱缩,全缘;叶背花色,叶尖凹,叶基楔形;叶片数约36片,叶长约12.0 cm,叶宽约6.9 cm,叶柄长约4.0 cm,叶柄浅绿色,单株重约11.7 g。

宿 松 尖 叶 红 苋 菜

【作物名称】苋菜 *Amaranthus tricolor* L.

【作物类别】蔬菜

【分　　类】苋科苋属

【采集地点】安庆市宿松县

【采集编号】P340826023

【特征特性】

　　株型多茎型,植株整齐,分枝性强。株高约11.8 cm,茎绿色,茎粗约0.5 cm。叶片着生半直角,叶纺锤形,叶面花色,皱缩,全缘;叶背花色,叶尖尖,叶基渐狭;叶片数约42片,叶长约11.7 cm,叶宽约4.8 cm,叶柄长约3.3 cm,叶柄浅绿色,单株重约11.3 g。

徐桥青苋菜

【作物名称】苋菜 *Amaranthus tricolor* L.

【作物类别】蔬菜

【分　　类】苋科苋属

【采集地点】安庆市太湖县

【采集编号】2021349131

【特征特性】

　　株型多茎型,植株整齐,分枝性强。株高约10.4 cm,茎绿色,茎粗约0.8 cm。叶片着生半直角,叶披针形,叶面绿色,皱缩,全缘;叶背黄绿色,叶尖尖,叶基渐狭;叶片数约33片,叶长约13.5 cm,叶宽约5.2 cm,叶柄长约5.5 cm,叶柄浅绿色,单株重约20.3 g。

双港青苋菜

【作物名称】苋菜 *Amaranthus tricolor* L.

【作物类别】蔬菜

【分　　类】苋科苋属

【采集地点】安庆市桐城市

【采集编号】P340881007

【特征特性】

　　株型多茎型,植株整齐,分枝性强。株高约12.3 cm,茎绿色,茎粗约0.7 cm。叶片着生半直角,叶披针形,叶面绿色,皱缩,全缘;叶背黄绿色,叶尖尖,叶基渐狭;叶片数约63片,叶长约10.2 cm,叶宽约3.8 cm,叶柄长约2.5 cm,叶柄浅绿色,单株重约14.7 g。

店 前 红 苋 菜

【作物名称】苋菜 *Amaranthus tricolor* L.

【作物类别】蔬菜

【分　　类】苋科苋属

【采集地点】安庆市岳西县

【采集编号】P340828020

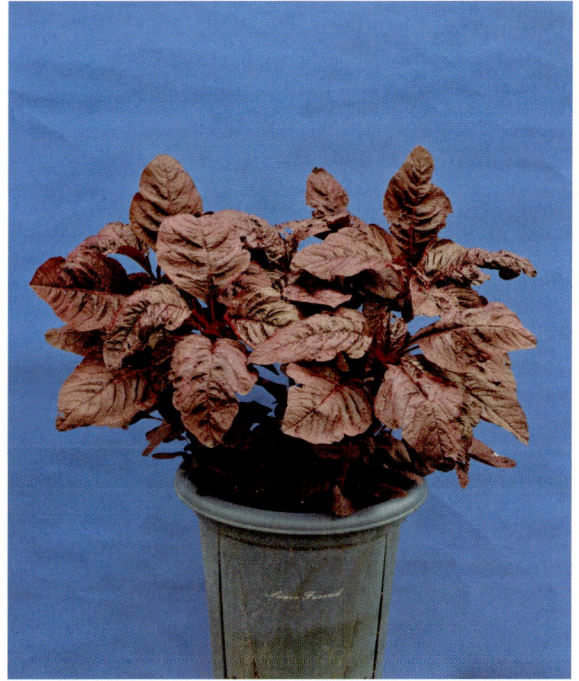

【特征特性】

　　株型单茎型,植株整齐,分枝性中。株高约14.7 cm,茎紫红色,茎粗约0.7 cm。叶片着生半直角,叶卵形,叶面紫红色,皱缩,全缘;叶背紫红色,叶尖凹,叶基楔形;叶片数约26片,叶长约12.0 cm,叶宽约6.9 cm,叶柄长约4.5 cm,叶柄紫红色,单株重约10.0 g。

五河汉菜

【作物名称】苋菜 *Amaranthus tricolor* L.

【作物类别】蔬菜

【分　　类】苋科苋属

【采集地点】安庆市岳西县

【采集编号】P340828032

【特征特性】

　　株型单茎型,植株整齐,分枝性中。株高约16.1 cm,茎绿色,茎粗约0.7 cm。叶片着生半直角,叶卵形,叶面绿色,皱缩,全缘;叶背黄绿色,叶尖尖,叶基楔形;叶片数约42片,叶长约8.5 cm,叶宽约6.2 cm,叶柄长约3.9 cm,叶柄浅绿色,单株重约18.0 g。

任 桥 野 苋 菜

【作物名称】苋菜 *Amaranthus tricolor* L.

【作物类别】蔬菜

【分　　类】苋科苋属

【采集地点】蚌埠市固镇县

【采集编号】P340323057

【特征特性】

　　株型单茎型,植株整齐度中等,分枝性强。株高约19.5 cm,茎绿色,茎粗约0.8 cm。叶片着生半直角,叶卵形,叶面绿色,皱缩,全缘;叶背黄绿色,叶尖尖,叶基楔形;叶片数约41片,叶长约9.5 cm,叶宽约6.4 cm,叶柄长约5.1 cm,叶柄浅绿色,单株重约27.7 g。

常坟野苋菜

【作物名称】苋菜 *Amaranthus tricolor* L.

【作物类别】蔬菜

【分　　类】苋科苋属

【采集地点】蚌埠市怀远县

【采集编号】P340321071

【特征特性】

　　株型单茎型,植株整齐度中等,分枝性中。株高约19.7 cm,茎绿色,茎粗约0.8 cm。叶片着生半直角,叶卵形,叶面绿色,平滑,全缘;叶背黄绿色,叶尖尖,叶基圆形;叶片数约36片,叶长约10.0 cm,叶宽约6.9 cm,叶柄长约6.7 cm,叶柄浅绿色,单株重约24.0 g。

新 集 野 苋 菜

【作物名称】苋菜 *Amaranthus tricolor* L.

【作物类别】蔬菜

【分　　类】苋科苋属

【采集地点】蚌埠市五河县

【采集编号】2019345142

【特征特性】

　　株型单茎型,植株整齐度中等,分枝性强。株高约21.9 cm,茎绿色,茎粗约0.7 cm。叶片着生平展,叶卵形,叶面绿色,平滑,全缘;叶背黄绿色,叶尖尖,叶基圆形;叶片数约42片,叶长约10.2 cm,叶宽约8.3 cm,叶柄长约5.0 cm,叶柄紫红色,单株重约22.3 g。

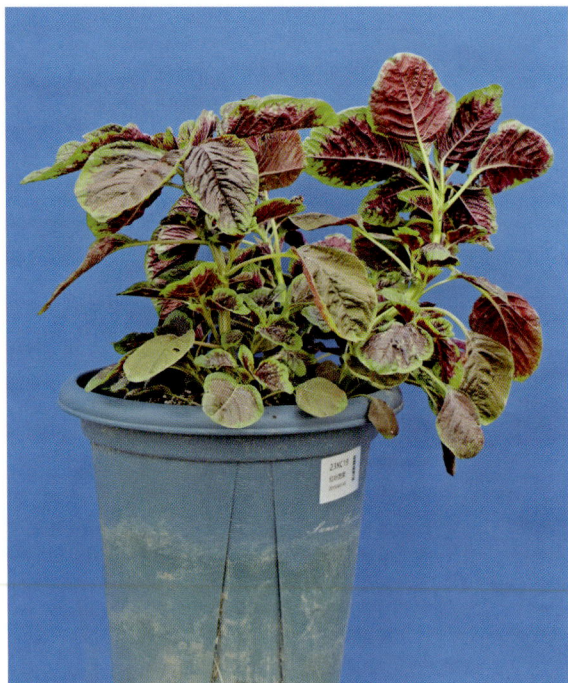

城 关 红 苋 菜

【作物名称】苋菜 *Amaranthus tricolor* L.

【作物类别】蔬菜

【分　　类】苋科苋属

【采集地点】蚌埠市五河县

【采集编号】2019345145

【特征特性】

　　株型单茎型,植株整齐度中等,分枝性中。株高约14.0 cm,茎绿色,茎粗约0.6 cm。叶片着生半直角,叶卵圆形,叶面花色,皱缩,全缘;叶背花色,叶尖凹,叶基楔形;叶片数约30片,叶长约8.8 cm,叶宽约7.3 cm,叶柄长约5.2 cm,叶柄浅绿色,单株重约12.7 g。

楚店高秆苋菜

【作物名称】苋菜 *Amaranthus tricolor* L.

【作物类别】蔬菜

【分　　类】苋科苋属

【采集地点】亳州市涡阳县

【采集编号】2021341010

【特征特性】

　　株型单茎型,植株整齐度中等,分枝性中。株高约13.5 cm,茎绿色,茎粗约0.7 cm。叶片着生半直角,叶卵形,叶面绿色,皱缩,全缘;叶背黄绿色,叶尖尖,叶基圆形;叶片数约42片,叶长约9.4 cm,叶宽约7.1 cm,叶柄长约7.1 cm,叶柄浅绿色,单株重约26.3 g。

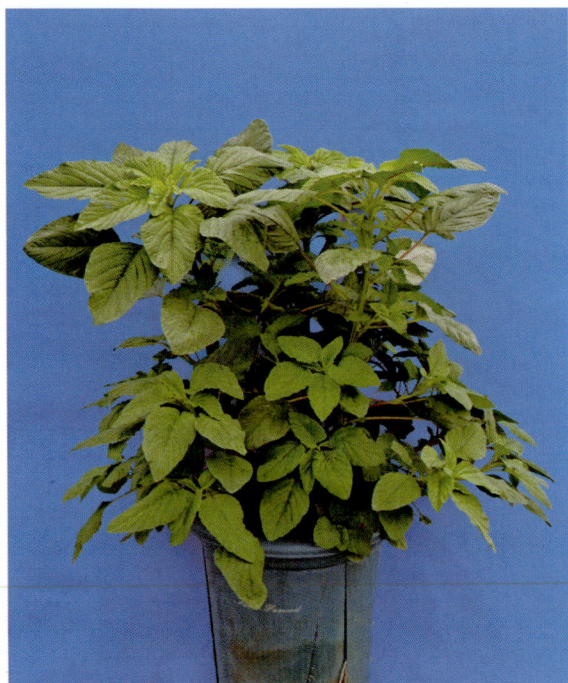

花 沟 苋 菜

【作物名称】苋菜 *Amaranthus tricolor* L.

【作物类别】蔬菜

【分　　类】苋科苋属

【采集地点】亳州市涡阳县

【采集编号】2021341036

【特征特性】

株型单茎型,植株整齐度中等,分枝性强。株高约19.5 cm,茎紫红色,茎粗约0.8 cm。叶片着生半直角,叶卵形,叶面花色,皱缩,全缘;叶背花色,叶尖尖,叶基楔形;叶片数约41片,叶长约11.0 cm,叶宽约7.0 cm,叶柄长约7.8 cm,叶柄紫红色,单株重约28.3 g。

曹市苋菜

【作物名称】苋菜 *Amaranthus tricolor* L.
【作物类别】蔬菜
【分　　类】苋科苋属
【采集地点】亳州市涡阳县
【采集编号】2021341041

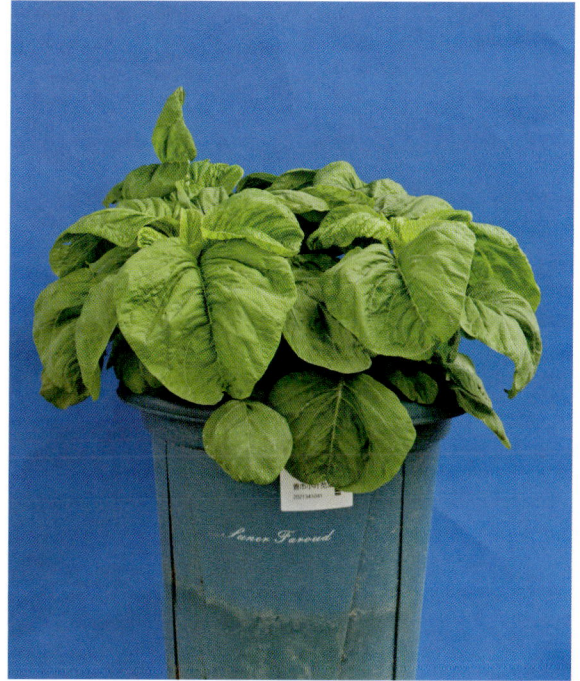

【特征特性】

株型多茎型,植株整齐度中等,分枝性中。株高约7.3 cm,茎浅绿色,茎粗约0.5 cm。叶片着生半直角,叶卵圆形,叶面黄绿色,皱缩,全缘;叶背黄绿色,叶尖凹,叶基楔形;叶片数约25片,叶长约9.4 cm,叶宽约10.2 cm,叶柄长约3.8 cm,叶柄浅绿色,单株重约14.0 g。

西阳青苋菜

【作物名称】苋菜 *Amaranthus tricolor* L.

【作物类别】蔬菜

【分　　类】苋科苋属

【采集地点】亳州市涡阳县

【采集编号】2021341068

【特征特性】

　　株型单茎型,植株整齐,分枝性中。株高约20.4 cm,茎绿色,茎粗约1.1 cm。叶片着生半直角,叶卵形,叶面花色,皱缩,全缘;叶背花色,叶尖尖,叶基楔形;叶片数约38片,叶长约12.0 cm,叶宽约8.0 cm,叶柄长约9.1 cm,叶柄浅绿色,单株重约49.7 g。

西阳苋菜

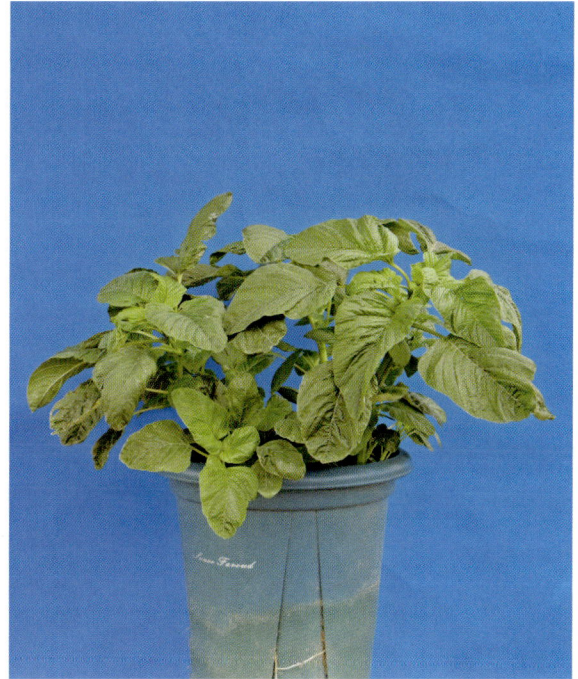

【作物名称】苋菜 *Amaranthus tricolor* L.
【作物类别】蔬菜
【分　　类】苋科苋属
【采集地点】亳州市涡阳县
【采集编号】2021341076

【特征特性】

　　株型单茎型,植株整齐,分枝性中。株高约12.0 cm,茎绿色,茎粗约0.6 cm。叶片着生平展,叶卵形,叶面绿色,皱缩,全缘;叶背黄绿色,叶尖尖,叶基圆形;叶片数约33片,叶长约5.9 cm,叶宽约6.4 cm,叶柄长约8.3 cm,叶柄浅绿色,单株重约12.7 g。

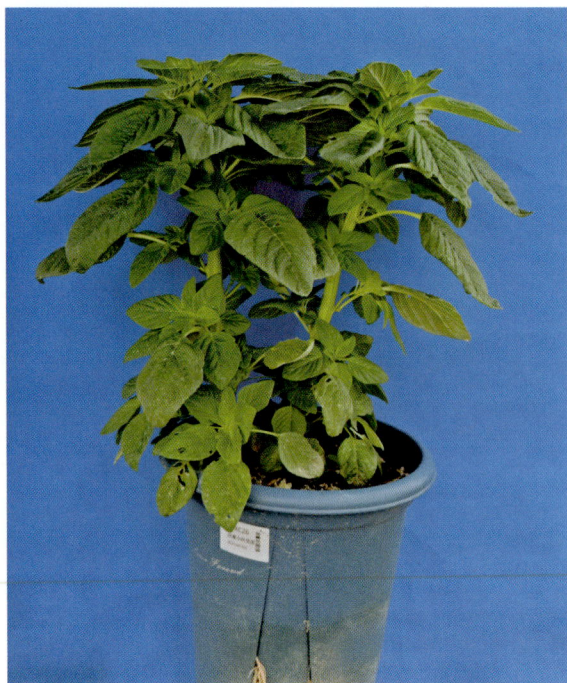

店 集 苋 菜

【作物名称】苋菜 *Amaranthus tricolor* L.

【作物类别】蔬菜

【分　　类】苋科苋属

【采集地点】亳州市涡阳县

【采集编号】2021341101

【特征特性】

　　株型单茎型,植株整齐,分枝性强。株高约25.0 cm,茎绿色,茎粗约1.0 cm。叶片着生平展,叶卵形,叶面花色,皱缩,全缘;叶背黄绿色,叶尖尖,叶基楔形;叶片数约52片,叶长约10.1 cm,叶宽约7.4 cm,叶柄长约8.0 cm,叶柄浅绿色,单株重约34.5 g。

店集大叶苋菜

【作物名称】苋菜 *Amaranthus tricolor* L.
【作物类别】蔬菜
【分　　类】苋科苋属
【采集地点】亳州市涡阳县
【采集编号】2021341104

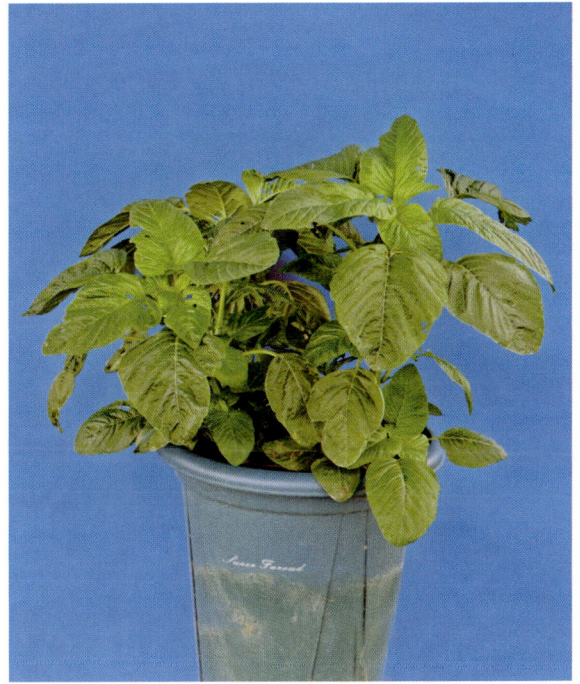

【特征特性】

　　株型单茎型,植株整齐,分枝性中。株高约22.2 cm,茎绿色,茎粗约0.8 cm。叶片着生半直角,叶卵形,叶面绿色,皱缩,全缘;叶背黄绿色,叶尖尖,叶基圆形;叶片数约39片,叶长约10.3 cm,叶宽约7.5 cm,叶柄长约8.4 cm,叶柄浅绿色,单株重约21.5 g。

花沟花苋菜

【作物名称】苋菜 *Amaranthus tricolor* L.

【作物类别】蔬菜

【分　　类】苋科苋属

【采集地点】亳州市涡阳县

【采集编号】2021341105

【特征特性】

株型单茎型,植株整齐度中等,分枝性强。株高约27.9 cm,茎紫红色,茎粗约1.0 cm。叶片着生半直角,叶卵形,叶面花色,皱缩,全缘;叶背花色,叶尖尖,叶基圆形;叶片数约55片,叶长约11.3 cm,叶宽约8.5 cm,叶柄长约8.0 cm,叶柄浅绿色,单株重约37.3 g。

龙 山 苋 菜

【作物名称】苋菜 *Amaranthus tricolor* L.
【作物类别】蔬菜
【分　　类】苋科苋属
【采集地点】亳州市涡阳县
【采集编号】2021341117

【特征特性】

　　株型单茎型,植株整齐,分枝性中。株高约15.4 cm,茎绿色,茎粗约0.7 cm。叶片着生半直角,叶卵形,叶面绿色,皱缩,全缘;叶背黄绿色,叶尖钝圆,叶基楔形;叶片数约35片,叶长约9.2 cm,叶宽约7.8 cm,叶柄长约8.8 cm,叶柄浅绿色,单株重约17.0 g。

九枝青苋菜

【作物名称】苋菜 *Amaranthus tricolor* L.

【作物类别】蔬菜

【分　　类】苋科苋属

【采集地点】池州市东至县

【采集编号】P341721035

【特征特性】

　　株型多茎型,植株整齐度中等,分枝性中。株高约5.1 cm,茎绿色,茎粗约0.6 cm。叶片着生半直角,叶纺锤形,叶面绿色,皱缩,全缘;叶背黄绿色,叶尖凹,叶基渐狭;叶片数约27片,叶长约12.3 cm,叶宽约4.8 cm,叶柄长约3.6 cm,叶柄浅绿色,单株重约13.3 g。

花 园 野 苋 菜

【作物名称】苋菜 *Amaranthus tricolor* L.
【作物类别】蔬菜
【分　　类】苋科苋属
【采集地点】池州市东至县
【采集编号】P341721062

【特征特性】

　　株型单茎型,植株整齐度中等,分枝性中。株高约12.9 cm,茎绿色,茎粗约0.7 cm。叶片着生半直角,叶卵形,叶面绿色,皱缩,全缘;叶背黄绿色,叶尖尖,叶基圆形;叶片数约32片,叶长约8.6 cm,叶宽约5.5 cm,叶柄长约8.5 cm,叶柄浅绿色,单株重约24.0 g。

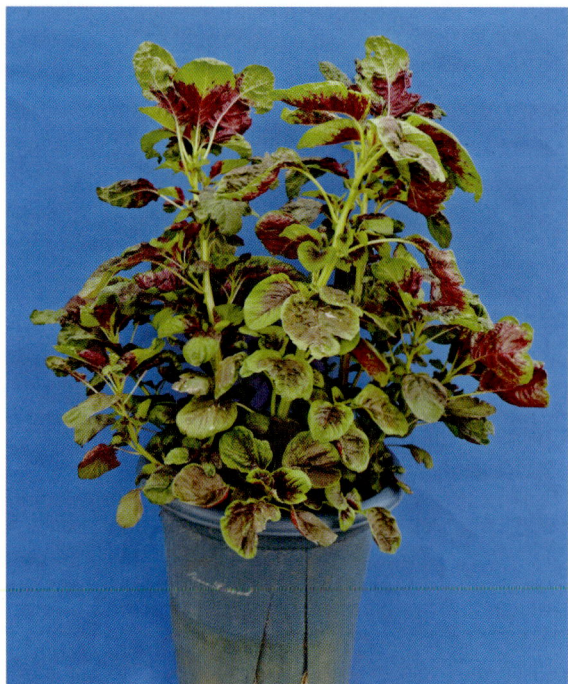

陵 阳 花 苋 菜

【作物名称】苋菜 *Amaranthus tricolor* L.

【作物类别】蔬菜

【分　　类】苋科苋属

【采集地点】池州市青阳县

【采集编号】2021343532

【特征特性】

　　株型单茎型,植株整齐度中等,分枝性中。株高约 17.9 cm,茎绿色,茎粗约 0.8 cm。叶片着生半直角,叶卵圆形,叶面花色,皱缩,全缘;叶背花色,叶尖凹,叶基楔形;叶片数约 32 片,叶长约 7.6 cm,叶宽约 7.1 cm,叶柄长约 3.7 cm,叶柄浅绿色,单株重约 19.7 g。

丁 桥 青 苋 菜

【作物名称】苋菜 *Amaranthus tricolor* L.
【作物类别】蔬菜
【分　　类】苋科苋属
【采集地点】池州市青阳县
【采集编号】2021343559

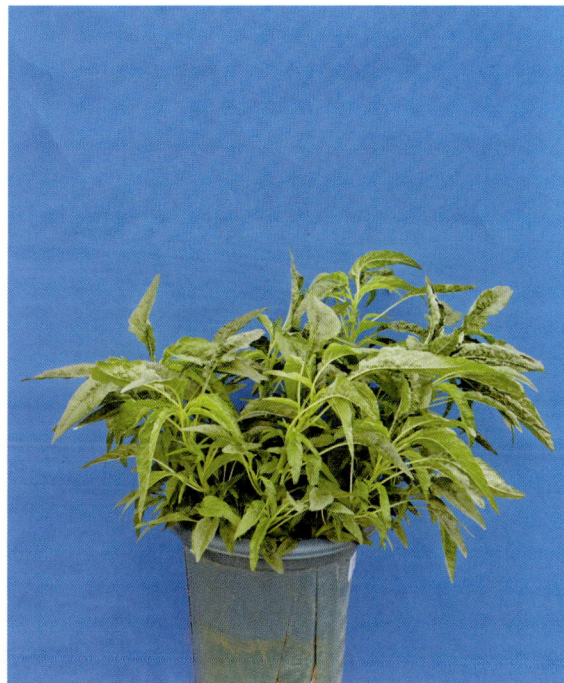

【特征特性】

　　株型多茎型,植株整齐度中等,分枝性中。株高约9.3 cm,茎绿色,茎粗约0.6 cm。叶片着生半直角,叶纺锤形,叶面绿色,皱缩,全缘;叶背黄绿色,叶尖尖,叶基渐狭;叶片数约33片,叶长约7.6 cm,叶宽约2.9 cm,叶柄长约6.8 cm,叶柄浅绿色,单株重约8.7 g。

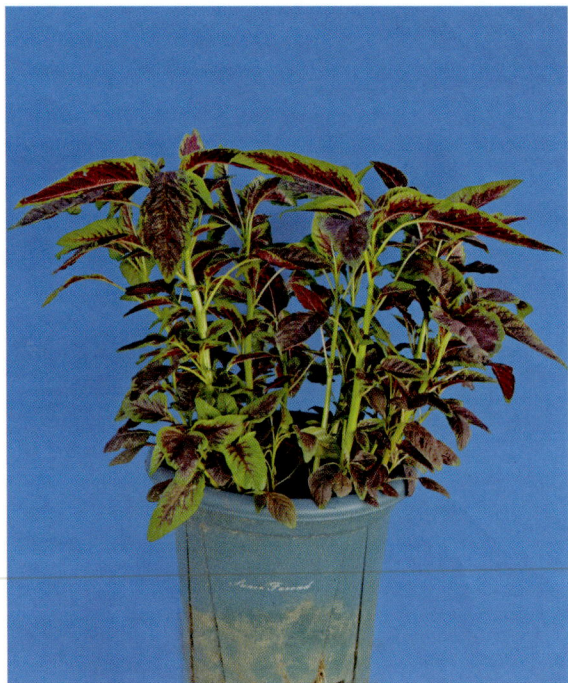

新 河 红 苋 菜

【作物名称】苋菜 *Amaranthus tricolor* L.

【作物类别】蔬菜

【分　　类】苋科苋属

【采集地点】池州市青阳县

【采集编号】2021343572

【特征特性】

　　株型单茎型,植株整齐度中等,分枝性中。株高约9.9 cm,茎绿色,茎粗约0.5 cm。叶片着生半直角,叶卵形,叶面花色,皱缩,全缘;叶背花色,叶尖凹,叶基楔形;叶片数约30片,叶长约8.4 cm,叶宽约5.3 cm,叶柄长约5.1 cm,叶柄浅绿色,单株重约8.0 g。

施 集 野 苋 菜

【作物名称】苋菜 *Amaranthus tricolor* L.
【作物类别】蔬菜
【分　　类】苋科苋属
【采集地点】滁州市南谯区
【采集编号】P341103015

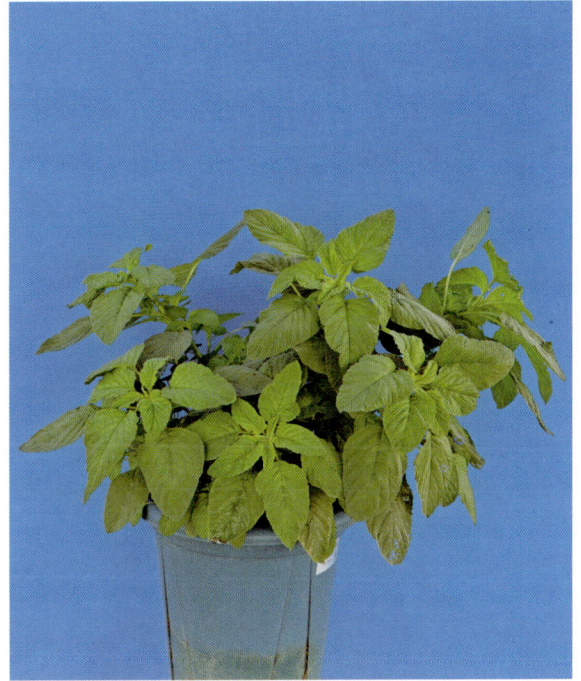

【特征特性】

　　株型单茎型,植株整齐度中等,分枝性强。株高约16.0 cm,茎绿色,茎粗约0.7 cm。叶片着生半直角,叶卵形,叶面绿色,皱缩,全缘;叶背黄绿色,叶尖尖,叶基楔形;叶片数约41片,叶长约11.2 cm,叶宽约4.8 cm,叶柄长约5.6 cm,叶柄浅绿色,单株重约18.0 g。

郜 台 野 苋 菜

【作物名称】苋菜 *Amaranthus tricolor* L.

【作物类别】蔬菜

【分　　类】苋科苋属

【采集地点】阜阳市阜南县

【采集编号】P341225011

【特征特性】

株型多茎型,植株整齐度中等,分枝性强。株高约15.0 cm,茎紫红色,茎粗约0.7 cm。叶片着生半直角,叶卵形,叶面绿色,平滑,全缘;叶背黄绿色,叶尖尖,叶基楔形;叶片数约37片,叶长约8.7 cm,叶宽约6.2 cm,叶柄长约6.0 cm,叶柄浅绿色,单株重约20.7 g。

靳 寨 野 苋 菜

【作物名称】苋菜 *Amaranthus tricolor* L.

【作物类别】蔬菜

【分　　类】苋科苋属

【采集地点】阜阳市界首市

【采集编号】2021343014

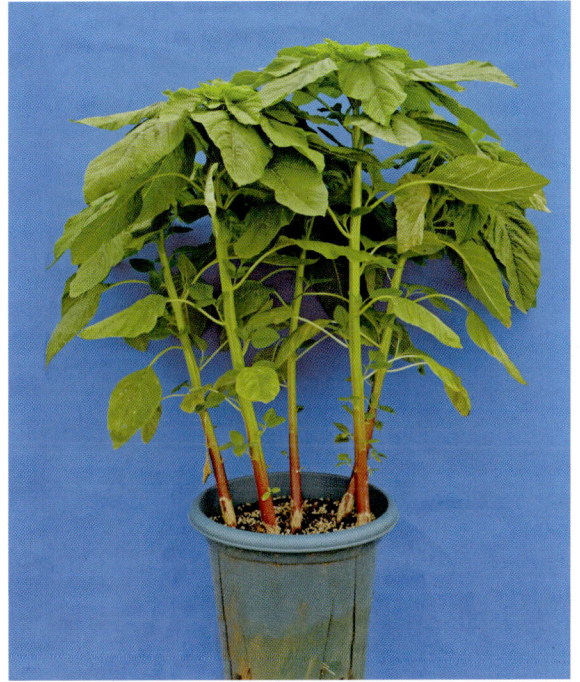

【特征特性】

　　株型单茎型,植株整齐度中等,分枝性中。株高约38.3 cm,茎绿色,茎粗约1.3 cm。叶片着生平展,叶卵形,叶面绿色,皱缩,全缘;叶背黄绿色,叶尖尖,叶基楔形;叶片数约50片,叶长约13.3 cm,叶宽约10.5 cm,叶柄长约9.3 cm,叶柄浅绿色,单株重约87.3 g。

陶 庙 高 秆 苋 菜

【作物名称】苋菜 *Amaranthus tricolor* L.

【作物类别】蔬菜

【分　　类】苋科苋属

【采集地点】阜阳市界首市

【采集编号】2021343090

【特征特性】

株型单茎型,植株整齐,分枝性中。株高约15.4 cm,茎绿色,茎粗约0.8 cm。叶片着生半直角,叶卵形,叶面绿色,皱缩,全缘;叶背黄绿色,叶尖钝圆,叶基圆形;叶片数约27片,叶长约8.1 cm,叶宽约6.0 cm,叶柄长约9.4 cm,叶柄浅绿色,单株重约19.3 g。

陶庙小叶苋菜

【作物名称】苋菜 *Amaranthus tricolor* L.
【作物类别】蔬菜
【分　　类】苋科苋属
【采集地点】阜阳市界首市
【采集编号】2021343091

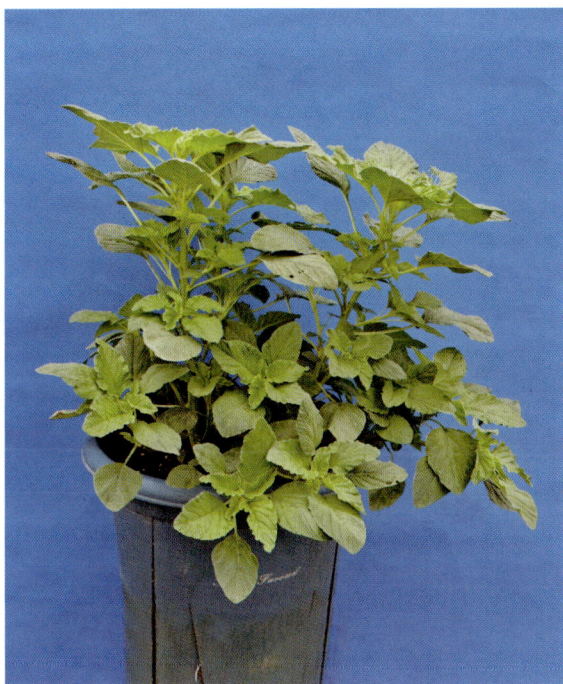

【特征特性】

　　株型单茎型,植株整齐,分枝性强。株高约15.7 cm,茎绿色,茎粗约0.6 cm。叶片着生半直角,叶卵形,叶面绿色,平滑,全缘;叶背黄绿色,叶尖尖,叶基圆形;叶片数约37片,叶长约9.5 cm,叶宽约6.7 cm,叶柄长约5.7 cm,叶柄浅绿色,单株重约19.7 g。

泉 阳 青 苋 菜

【作物名称】苋菜 *Amaranthus tricolor* L.

【作物类别】蔬菜

【分　　类】苋科苋属

【采集地点】阜阳市界首市

【采集编号】P341282025

【特征特性】

　　株型单茎型,植株整齐度中等,分枝性中。株高约14.8 cm,茎绿色,茎粗约1.0 cm。叶片着生半直角,叶卵形,叶面绿色,皱缩,全缘;叶背黄绿色,叶尖尖,叶基圆形;叶片数约27片,叶长约11.2 cm,叶宽约4.8 cm,叶柄长约8.1 cm,叶柄浅绿色,单株重约30.0 g。

三 塔 苋 菜

【作物名称】苋菜 *Amaranthus tricolor* L.
【作物类别】蔬菜
【分　　类】苋科苋属
【采集地点】阜阳市太和县
【采集编号】2021342008

【特征特性】

　　株型单茎型,植株整齐,分枝性中。株高约13.3 cm,茎绿色,茎粗约0.6 cm。叶片着生平展,叶卵圆形,叶面绿色,皱缩,全缘;叶背黄绿色,叶尖钝圆,叶基圆形;叶片数约36片,叶长约8.8 cm,叶宽约7.1 cm,叶柄长约8.9 cm,叶柄浅绿色,单株重约15.7 g。

城 关 黄 苋 菜

【作物名称】苋菜 *Amaranthus tricolor* L.

【作物类别】蔬菜

【分　　类】苋科苋属

【采集地点】阜阳市太和县

【采集编号】2021342031

【特征特性】

　　株型单茎型,植株整齐,分枝性强。株高约16.9 cm,茎绿色,茎粗约0.8 cm。叶片着生平展,叶卵形,叶面绿色,皱缩,全缘;叶背黄绿色,叶尖尖,叶基楔形;叶片数约55片,叶长约13.3 cm,叶宽约10.5 cm,叶柄长约9.7 cm,叶柄浅绿色,单株重约26.0 g。

二 郎 苋 菜

【作物名称】苋菜 *Amaranthus tricolor* L.

【作物类别】蔬菜

【分　　类】苋科苋属

【采集地点】阜阳市太和县

【采集编号】2021342093

【 特征特性 】

株型单茎型,植株整齐,分枝性强。株高约15.4 cm,茎绿色,茎粗约0.8 cm。叶片着生平展,叶卵形,叶面花色,皱缩,全缘;叶背花色,叶尖尖,叶基楔形;叶片数约62片,叶长约12.7 cm,叶宽约7.6 cm,叶柄长约9.1 cm,叶柄浅绿色,单株重约25.3 g。

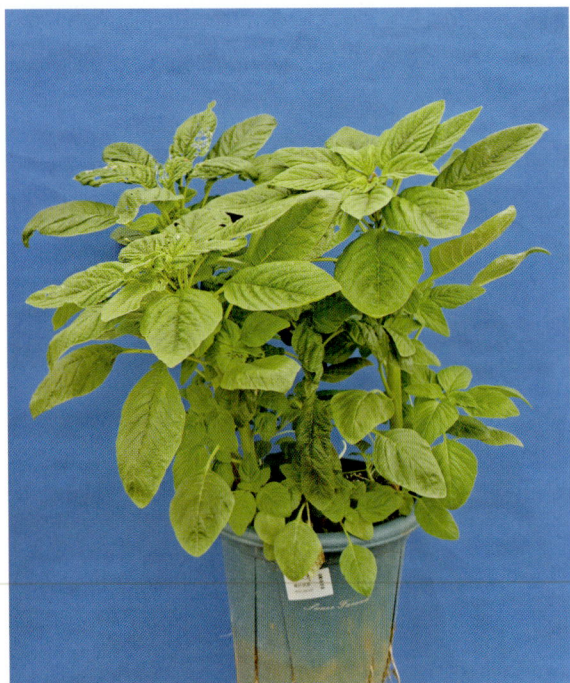

二 郎 青 秆 苋 菜

【作物名称】苋菜 *Amaranthus tricolor* L.

【作物类别】蔬菜

【分　　类】苋科苋属

【采集地点】阜阳市太和县

【采集编号】2021342105

【特征特性】

　　株型单茎型,植株整齐,分枝性强。株高约23.1 cm,茎绿色,茎粗约1.0 cm。叶片着生平展,叶卵形,叶面花色,皱缩,全缘;叶背花色,叶尖尖,叶基楔形;叶片数约60片,叶长约12.6 cm,叶宽约9.2 cm,叶柄长约8.6 cm,叶柄浅绿色,单株重约47.0 g。

古城野苋菜

【作物名称】苋菜 *Amaranthus tricolor* L.

【作物类别】蔬菜

【分　　类】苋科苋属

【采集地点】合肥市肥东县

【采集编号】2019343006

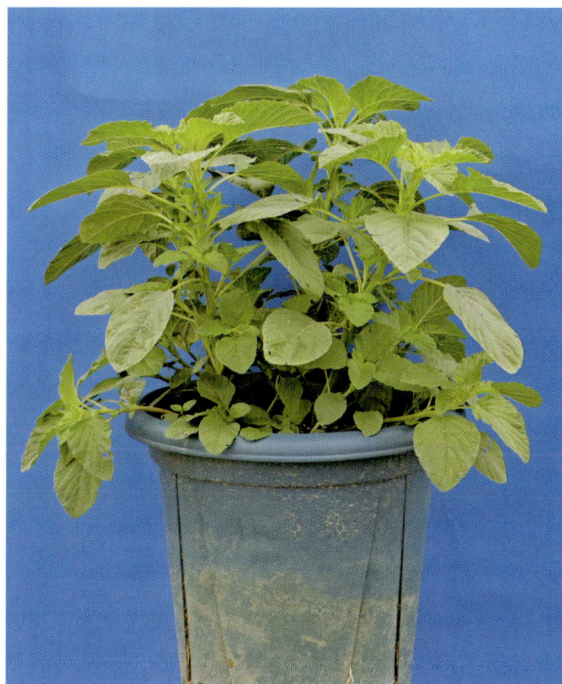

【特征特性】

　　株型单茎型,植株整齐度中等,分枝性中。株高约18.5 cm,茎绿色,茎粗约0.6 cm。叶片着生半直角,叶卵形,叶面绿色,平滑,全缘;叶背黄绿色,叶尖尖,叶基圆形;叶片数约33片,叶长约8.1 cm,叶宽约6.2 cm,叶柄长约4.9 cm,叶柄浅绿色,单株重约18.0 g。

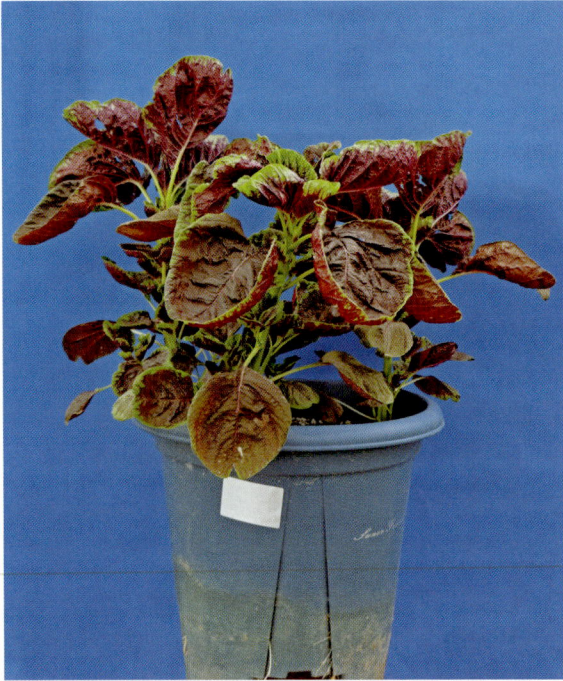

古城红叶苋菜

【作物名称】苋菜 *Amaranthus tricolor* L.

【作物类别】蔬菜

【分　　类】苋科苋属

【采集地点】合肥市肥东县

【采集编号】2019343011

【特征特性】

　　株型单茎型,植株整齐度中等,分枝性中。株高约12.3 cm,茎绿色,茎粗约0.5 cm。叶片着生半直角,叶近圆形,叶面花色,皱缩,全缘;叶背花色,叶尖凹,叶基楔形;叶片数约19片,叶长约9.1 cm,叶宽约8.2 cm,叶柄长约4.7 cm,叶柄浅绿色,单株重约16.0 g。

古 城 大 叶 苋 菜

【作物名称】苋菜 *Amaranthus tricolor* L.
【作物类别】蔬菜
【分　　类】苋科苋属
【采集地点】合肥市肥东县
【采集编号】2019343032

【特征特性】

　　株型单茎型,植株整齐,分枝性中。株高约10.9 cm,茎绿色,茎粗约0.6 cm。叶片着生平展,叶近圆形,叶面花色,皱缩,全缘;叶背花色,叶尖凹,叶基楔形;叶片数约21片,叶长约10.2 cm,叶宽约8.7 cm,叶柄长约3.7 cm,叶柄浅绿色,单株重约12.7 g。

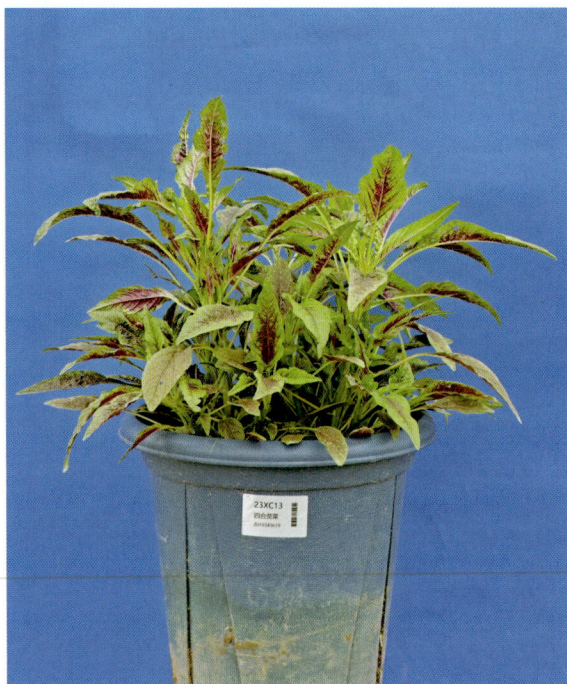

石 塘 苋 菜

【作物名称】苋菜 *Amaranthus tricolor* L.

【作物类别】蔬菜

【分　　类】苋科苋属

【采集地点】合肥市肥东县

【采集编号】2019343619

【特征特性】

　　株型多茎型,植株整齐,分枝性强。株高约10.0 cm,茎绿色,茎粗约0.5 cm。叶片着生半直角,叶披针形,叶面花色,皱缩,全缘;叶背花色,叶尖锐尖,叶基渐狭;叶片数约46片,叶长约10.7 cm,叶宽约3.6 cm,叶柄长约6.0 cm,叶柄浅绿色,单株重约10.7 g。

庐 城 青 秆 苋 菜

【作物名称】苋菜 *Amaranthus tricolor* L.
【作物类别】蔬菜
【分　　类】苋科苋属
【采集地点】合肥市庐江县
【采集编号】2021346116

【特征特性】

　　株型多茎型,植株整齐度中等,分枝性中。株高约7.3 cm,茎绿色,茎粗约0.3 cm。叶片着生半直角,叶卵形,叶面花色,皱缩,全缘;叶背花色,叶尖尖,叶基楔形;叶片数约44片,叶长约8.2 cm,叶宽约4.6 cm,叶柄长约4.7 cm,叶柄紫红色,单株重约7.3 g。

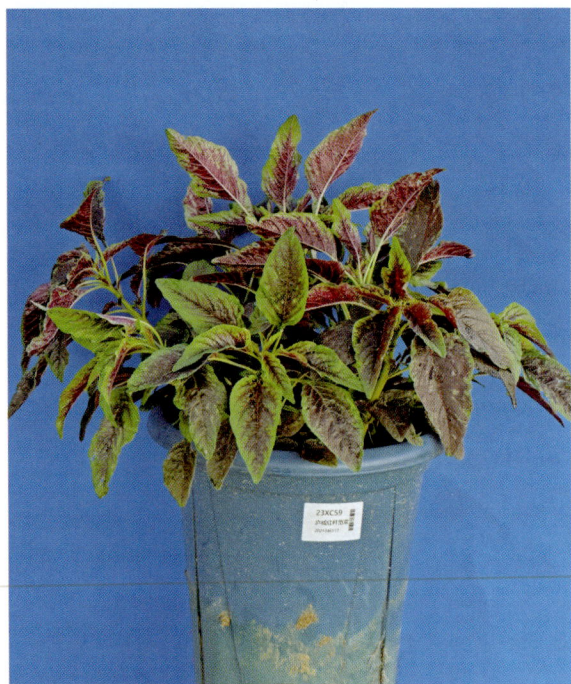

庐 城 红 苋 菜

【作物名称】苋菜 *Amaranthus tricolor* L.

【作物类别】蔬菜

【分　　类】苋科苋属

【采集地点】合肥市庐江县

【采集编号】2021346117

【特征特性】

　　株型单茎型,植株整齐度中等,分枝性强。株高约25.6 cm,茎绿色,茎粗约1.2 cm。叶片着生半直角,叶纺锤形,叶面花色,皱缩,全缘;叶背花色,叶尖尖,叶基渐狭;叶片数约39片,叶长约9.2 cm,叶宽约5.6 cm,叶柄长约4.2 cm,叶柄浅绿色,单株重约41.0 g。

汤池红苋菜

【作物名称】苋菜 *Amaranthus tricolor* L.
【作物类别】蔬菜
【分　　类】苋科苋属
【采集地点】合肥市庐江县
【采集编号】2021346141

【特征特性】

　　株型多茎型,植株整齐度中等,分枝性强。株高约16.7 cm,茎浅绿色,茎粗约0.8 cm。叶片着生平展,叶披针形,叶面花色,皱缩,全缘;叶背花色,叶尖锐尖,叶基渐狭;叶片数约97片,叶长约8.2 cm,叶宽约4.6 cm,叶柄长约2.6 cm,叶柄浅绿色,单株重约27.5 g。

龙桥红苋菜

【作物名称】苋菜 *Amaranthus tricolor* L.

【作物类别】蔬菜

【分　　类】苋科苋属

【采集地点】合肥市庐江县

【采集编号】2021346214

【特征特性】

株型多茎型,植株整齐,分枝性中。株高约8.7 cm,茎绿色,茎粗约0.5 cm。叶片着生半直角,叶卵形,叶面花色,皱缩,全缘;叶背花色,叶尖凹,叶基渐狭;叶片数约40片,叶长约8.9 cm,叶宽约8.0 cm,叶柄长约6.4 cm,叶柄浅绿色,单株重约12.0 g。

双 墩 红 苋 菜

【作物名称】苋菜 *Amaranthus tricolor* L.

【作物类别】蔬菜

【分　　类】苋科苋属

【采集地点】合肥市长丰县

【采集编号】P340121007

【特征特性】

　　株型多茎型,植株整齐度中等,分枝性中。株高约9.1 cm,茎紫红色,茎粗约0.5 cm。叶片着生半直角,叶近圆形,叶面紫红色,皱缩,全缘;叶背紫红色,叶尖凹,叶基楔形;叶片数约38片,叶长约11.9 cm,叶宽约11.0 cm,叶柄长约3.5 cm,叶柄紫红色,单株重约13.7 g。

杜集红梭子苋

【作物名称】苋菜 *Amaranthus tricolor* L.

【作物类别】蔬菜

【分　　类】苋科苋属

【采集地点】合肥市长丰县

【采集编号】P340121063

【特征特性】

　　株型多茎型,植株整齐度中等,分枝性中。株高约9.1 cm,茎紫红色,茎粗约0.6 cm。叶片着生半直角,叶披针形,叶面花色,皱缩,全缘;叶背花色,叶尖锐尖,叶基渐狭;叶片数约33片,叶长约8.2 cm,叶宽约4.6 cm,叶柄长约6.5 cm,叶柄紫红色,单株重约9.7 g。

大兴苋菜

【作物名称】苋菜 *Amaranthus tricolor* L.

【作物类别】蔬菜

【分　　类】苋科苋属

【采集地点】淮南市凤台县

【采集编号】2019341609

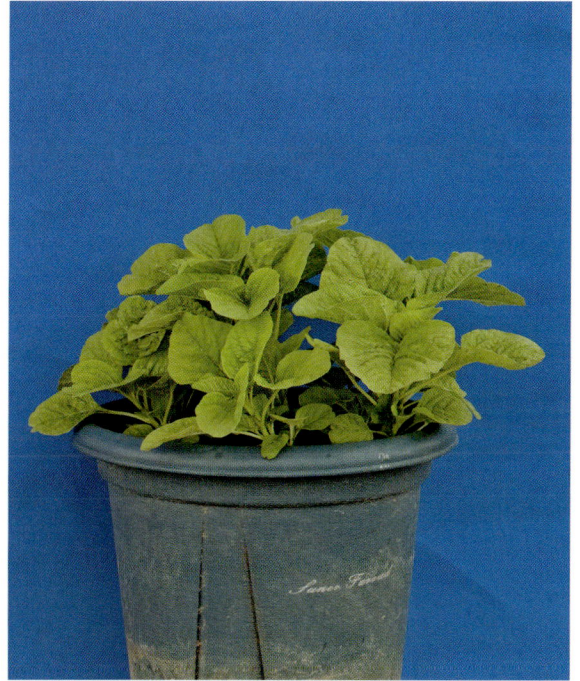

【特征特性】

　　株型单茎型,植株整齐度中等,分枝性中。株高约17.5 cm,茎浅绿色,茎粗约0.8 cm。叶片着生半直角,叶卵形,叶面黄绿色,皱缩,全缘;叶背黄绿色,叶尖凹,叶基楔形;叶片数约22片,叶长约10.2 cm,叶宽约8.8 cm,叶柄长约3.2 cm,叶柄浅绿色,单株重约24.6 g。

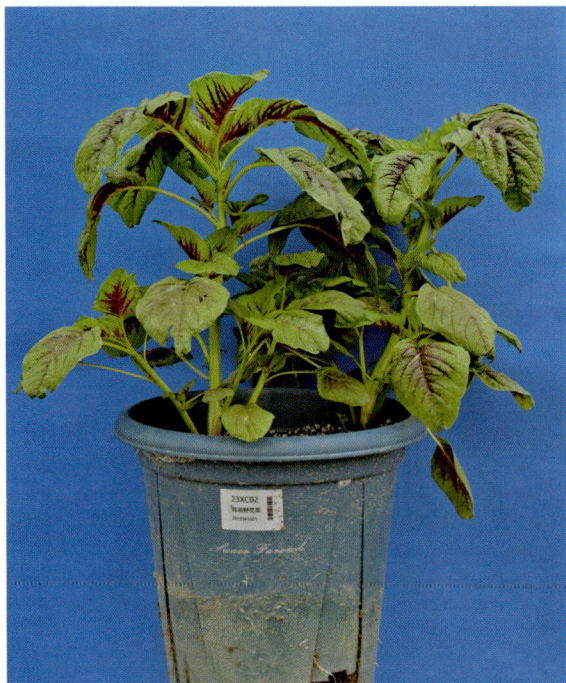

杨村野苋菜

【作物名称】苋菜 *Amaranthus tricolor* L.

【作物类别】蔬菜

【分　　类】苋科苋属

【采集地点】淮南市凤台县

【采集编号】2019341625

【特征特性】

　　株型单茎型,植株整齐度中等,分枝性中。株高约14.8 cm,茎绿色,茎粗约0.7 cm。叶片着生半直角,叶卵形,叶面花色,皱缩,全缘;叶背花色,叶尖凹,叶基楔形;叶片数约21片,叶长约8.8 cm,叶宽约8.5 cm,叶柄长约4.0 cm,叶柄浅绿色,单株重约19.0 g。

杨 村 花 苋 菜

【作物名称】苋菜 *Amaranthus tricolor* L.

【作物类别】蔬菜

【分　　类】苋科苋属

【采集地点】淮南市凤台县

【采集编号】2019341639

【特征特性】

　　株型多茎型,植株整齐,分枝性中。株高约10.1 cm,茎绿色,茎粗约0.5 cm。叶片着生半直角,叶卵形,叶面花色,皱缩,全缘;叶背花色,叶尖凹,叶基楔形;叶片数约24片,叶长约9.7 cm,叶宽约7.7 cm,叶柄长约3.6 cm,叶柄浅绿色,单株重约16.7 g。

李 冲 野 苋 菜

【作物名称】苋菜 *Amaranthus tricolor* L.

【作物类别】蔬菜

【分　　类】苋科苋属

【采集地点】淮南市凤台县

【采集编号】P340421010

【特征特性】

　　株型单茎型,植株整齐度中等,分枝性中。株高约19.7 cm,茎绿色,茎粗约0.9 cm。叶片着生半直角,叶卵形,叶面绿色,皱缩,全缘;叶背黄绿色,叶尖尖,叶基楔形;叶片数约41片,叶长约8.8 cm,叶宽约6.8 cm,叶柄长约5.1 cm,叶柄浅绿色,单株重约25.3 g。

李 冲 苋 菜

【作物名称】苋菜 *Amaranthus tricolor* L.

【作物类别】蔬菜

【分　　类】苋科苋属

【采集地点】淮南市凤台县

【采集编号】P340421012

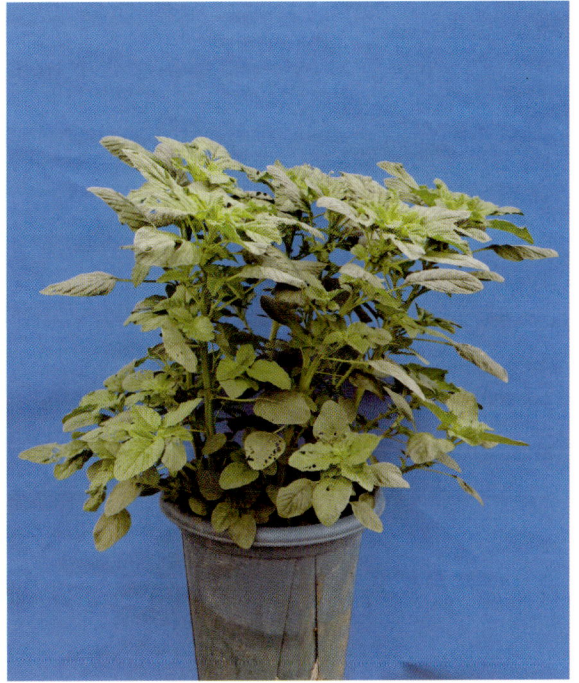

【特征特性】

　　株型多茎型,植株整齐,分枝性强。株高约20.1 cm,茎绿色,茎粗约0.9 cm。叶片着生平展,叶卵形,叶面绿色,平滑,全缘;叶背黄绿色,叶尖尖,叶基楔形;叶片数约55片,叶长约10.0 cm,叶宽约6.9 cm,叶柄长约7.8 cm,叶柄浅绿色,单株重约34.0 g。

富 竭 苋 菜

【作物名称】苋菜 *Amaranthus tricolor* L.

【作物类别】蔬菜

【分　　类】苋科苋属

【采集地点】黄山市歙县

【采集编号】2020343214

【特征特性】

株型多茎型,植株整齐,分枝性中。株高约9.7 cm,茎绿色,茎粗约0.5 cm。叶片着生半直角,叶近圆形,叶面花色,皱缩,全缘;叶背花色,叶尖凹,叶基楔形;叶片数约25片,叶长约7.7 cm,叶宽约9.2 cm,叶柄长约4.6 cm,叶柄浅绿色,单株重约14.3 g。

汪 村 红 苋 菜

【作物名称】苋菜 *Amaranthus tricolor* L.
【作物类别】蔬菜
【分　　类】苋科苋属
【采集地点】黄山市休宁县
【采集编号】2021347010

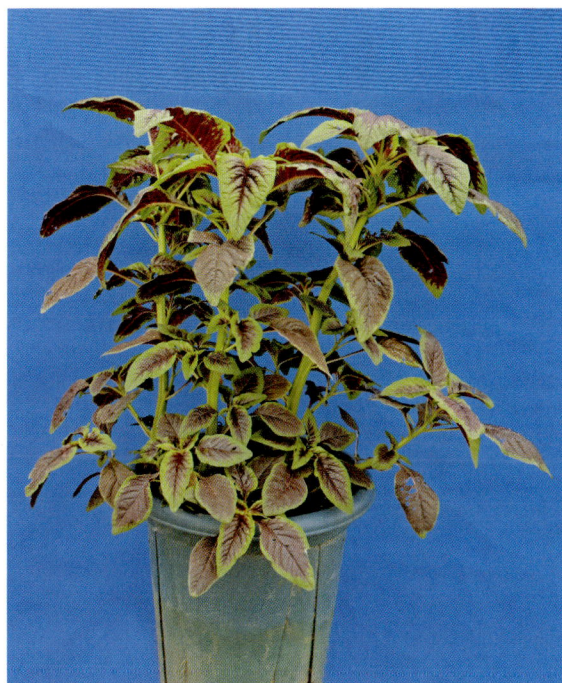

【特征特性】

　　株型单茎型,植株整齐,分枝性中。株高约17.2 cm,茎绿色,茎粗约0.7 cm。叶片着生半直角,叶纺锤形,叶面花色,皱缩,全缘;叶背花色,叶尖尖,叶基渐狭;叶片数约41片,叶长约11.4 cm,叶宽约6.7 cm,叶柄长约3.5 cm,叶柄浅绿色,单株重约17.3 g。

流 口 苋 菜

【作物名称】苋菜 *Amaranthus tricolor* L.
【作物类别】蔬菜
【分　　类】苋科苋属
【采集地点】黄山市休宁县
【采集编号】2021347020

【特征特性】

　　株型单茎型,植株整齐,分枝性中。株高约11.7 cm,茎绿色,茎粗约0.6 cm。叶片着生半直角,叶纺锤形,叶面花色,皱缩,全缘;叶背花色,叶尖凹,叶基渐狭;叶片数约26片,叶长约8.6 cm,叶宽约5.7 cm,叶柄长约4.2 cm,叶柄浅绿色,单株重约18.0 g。

榆村苋菜

【作物名称】苋菜 *Amaranthus tricolor* L.
【作物类别】蔬菜
【分　　类】苋科苋属
【采集地点】黄山市休宁县
【采集编号】2021347076

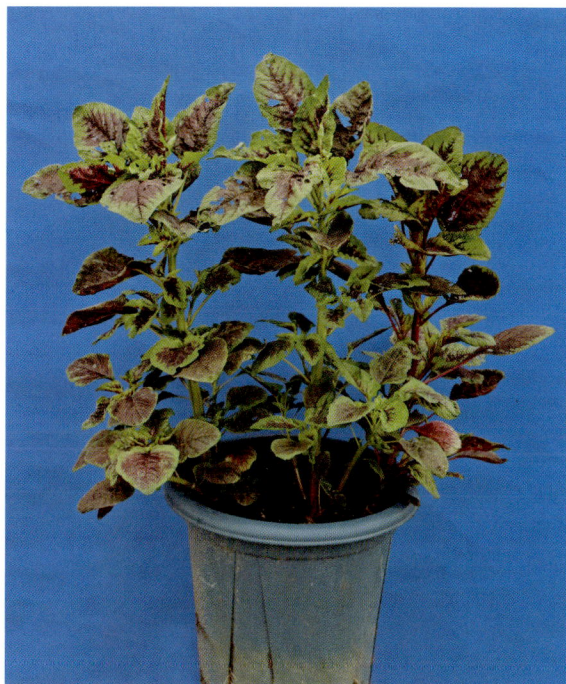

【特征特性】

　　株型多茎型,植株整齐,分枝性强。株高约17.1 cm,茎紫红色,茎粗约0.7 cm。叶片着生半直角,叶纺锤形,叶面花色,皱缩,全缘;叶背花色,叶尖凹,叶基渐狭;叶片数约25片,叶长约9.6 cm,叶宽约6.7 cm,叶柄长约3.5 cm,叶柄紫红色,单株重约19.3 g。

商 山 苋 菜

【作物名称】苋菜 *Amaranthus tricolor* L.

【作物类别】蔬菜

【分　　类】苋科苋属

【采集地点】黄山市休宁县

【采集编号】2021347093

【特征特性】

　　株型单茎型,植株整齐,分枝性中。株高约13.3 cm,茎绿色,茎粗约0.7 cm。叶片着生半直角,叶纺锤形,叶面绿色,皱缩,全缘;叶背黄绿色,叶尖凹,叶基渐狭;叶片数约47片,叶长约10.4 cm,叶宽约7.2 cm,叶柄长约4.1 cm,叶柄浅绿色,单株重约23.7 g。

东 临 溪 红 苋 菜

【作物名称】苋菜 *Amaranthus tricolor* L.
【作物类别】蔬菜
【分　　类】苋科苋属
【采集地点】黄山市休宁县
【采集编号】P341022017

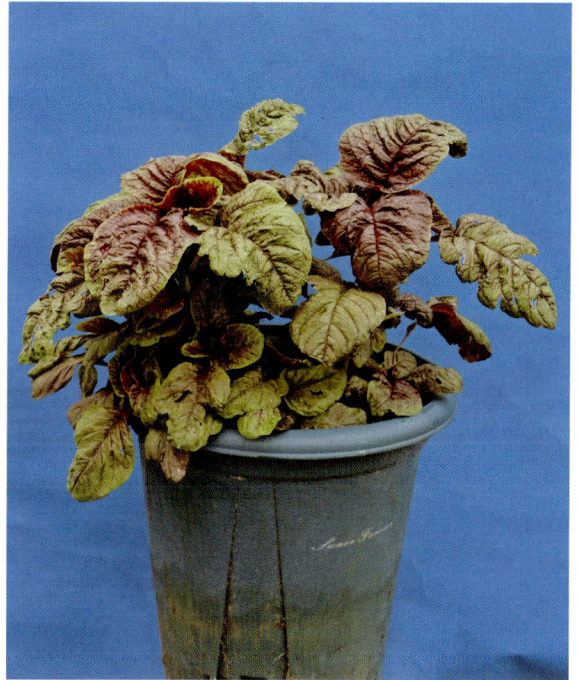

【特征特性】

　　株型单茎型,植株整齐度中等,分枝性强。株高约20.0 cm,茎浅绿色,茎粗约1.3 cm。叶片着生半直角,叶卵形,叶面花色,皱缩,全缘;叶背花色,叶尖尖,叶基楔形;叶片数约52片,叶长约12.0 cm,叶宽约6.9 cm,叶柄长约5.0 cm,叶柄浅绿色,单株重约30.0 g。

宏 潭 苋 菜

【作物名称】苋菜 *Amaranthus tricolor* L.

【作物类别】蔬菜

【分　　类】苋科苋属

【采集地点】黄山市黟县

【采集编号】P341023043

【 特征特性 】

　　株型多茎型,植株整齐,分枝性强。株高约7.8 cm,茎绿色,茎粗约0.6 cm。叶片着生半直角,叶纺锤形,叶面绿色,皱缩,全缘;叶背黄绿色,叶尖尖,叶基渐狭;叶片数约40片,叶长约10.2 cm,叶宽约3.8 cm,叶柄长约8.0 cm,叶柄浅绿色,单株重约16.7 g。

彭 塔 红 苋 菜

【作物名称】苋菜 *Amaranthus tricolor* L.

【作物类别】蔬菜

【分　　类】苋科苋属

【采集地点】六安市霍邱县

【采集编号】P341522034

【特征特性】

　　株型单茎型,植株整齐,分枝性中。株高约7.9 cm,茎绿色,茎粗约0.5 cm。叶片着生半直角,叶卵形,叶面花色,皱缩,全缘;叶背花色,叶尖凹,叶基楔形;叶片数约22片,叶长约6.8 cm,叶宽约6.0 cm,叶柄长约3.7 cm,叶柄浅绿色,单株重约9.2 g。

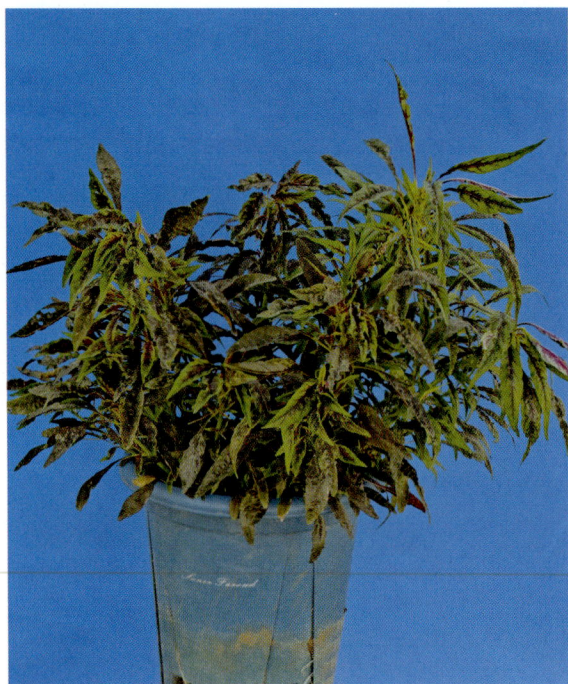

蓑 衣 苋 菜

【作物名称】苋菜 *Amaranthus tricolor* L.
【作物类别】蔬菜
【分　　类】苋科苋属
【采集地点】六安市金安区
【采集编号】P342401007

【特征特性】

　　株型多茎型,植株整齐,分枝性强。株高约12.7 cm,茎绿色,茎粗约0.6 cm。叶片着生半直角,叶披针形,叶面花色,皱缩,全缘;叶背花色,叶尖尖,叶基渐狭;叶片数约52片,叶长约8.3 cm,叶宽约2.5 cm,叶柄长约3.7 cm,叶柄紫红色,单株重约14.3 g。

木厂圆叶苋

【作物名称】苋菜 *Amaranthus tricolor* L.
【作物类别】蔬菜
【分　　类】苋科苋属
【采集地点】六安市金安区
【采集编号】P342401055

【特征特性】

　　株型单茎型,植株整齐度中等,分枝性中。株高约13.1 cm,茎浅绿色,茎粗约0.5 cm。叶片着生半直角,叶近圆形,叶面花色,皱缩,全缘;叶背花色,叶尖凹,叶基楔形;叶片数约30片,叶长约9.9 cm,叶宽约9.0 cm,叶柄长约5.6 cm,叶柄浅绿色,单株重约11.0 g。

双河柳叶苋菜

【作物名称】苋菜 *Amaranthus tricolor* L.

【作物类别】蔬菜

【分　　类】苋科苋属

【采集地点】六安市金寨县

【采集编号】2021344013

【特征特性】

　　株型多茎型，植株整齐，分枝性强。株高约8.9 cm，茎绿色，茎粗约0.7 cm。叶片着生半直角，叶披针形，叶面绿色，皱缩，全缘；叶背黄绿色，叶尖锐尖，叶基渐狭；叶片数约54片，叶长约11.1 cm，叶宽约2.3 cm，叶柄长约3.8 cm，叶柄浅绿色，单株重约13.0 g。

天 堂 寨 青 苋 菜

【作物名称】苋菜 *Amaranthus tricolor* L.
【作物类别】蔬菜
【分　　类】苋科苋属
【采集地点】六安市金寨县
【采集编号】2021344068

【 **特征特性** 】

　　株型多茎型,植株整齐度中等,分枝性强。株高约16.2 cm,茎绿色,茎粗约0.9 cm。叶片着生半直角,叶纺锤形,叶面绿色,皱缩,全缘;叶背黄绿色,叶尖尖,叶基渐狭;叶片数约80片,叶长约8.2 cm,叶宽约4.6 cm,叶柄长约3.6 cm,叶柄浅绿色,单株重约25.3 g。

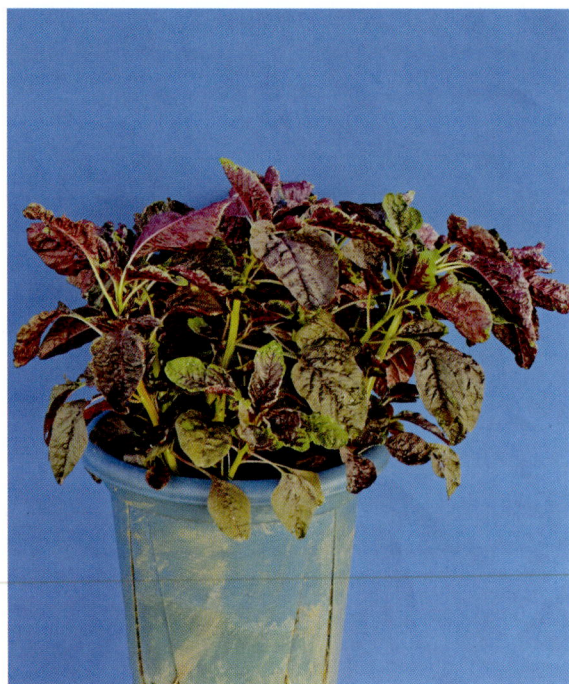

吴家店红苋菜

【作物名称】苋菜 *Amaranthus tricolor* L.

【作物类别】蔬菜

【分　　类】苋科苋属

【采集地点】六安市金寨县

【采集编号】2021344109

【特征特性】

　　株型多茎型,植株整齐度中等,分枝性中。株高约11.2 cm,茎绿色,茎粗约0.4 cm。叶片着生半直角,叶卵形,叶面花色,皱缩,全缘;叶背花色,叶尖凹,叶基楔形;叶片数约43片,叶长约8.4 cm,叶宽约5.3 cm,叶柄长约5.2 cm,叶柄紫红色,单株重约9.0 g。

古 碑 花 苋 菜

【作物名称】苋菜 *Amaranthus tricolor* L.
【作物类别】蔬菜
【分　　类】苋科苋属
【采集地点】六安市金寨县
【采集编号】2021344136

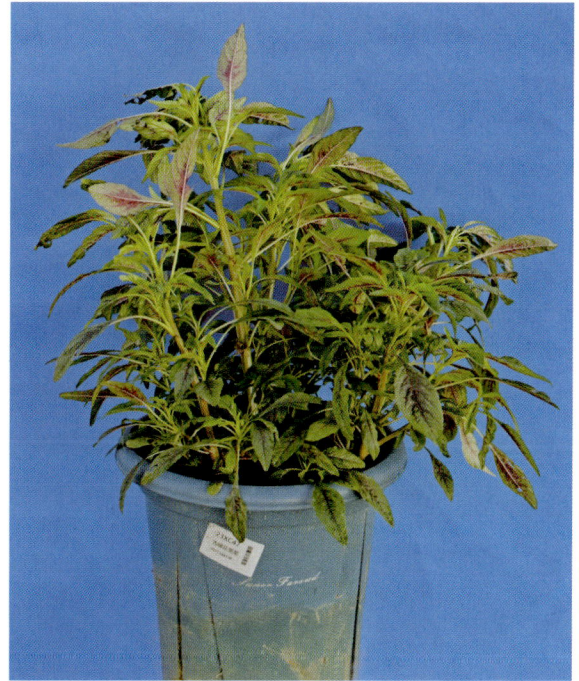

【特征特性】

　　株型多茎型,植株整齐,分枝性强。株高约17.2 cm,茎紫红色,茎粗约0.6 cm。叶片着生半直角,叶纺锤形,叶面花色,皱缩,全缘;叶背花色,叶尖尖,叶基渐狭;叶片数约85片,叶长约10.3 cm,叶宽约3.3 cm,叶柄长约2.1 cm,叶柄浅绿色,单株重约16.0 g。

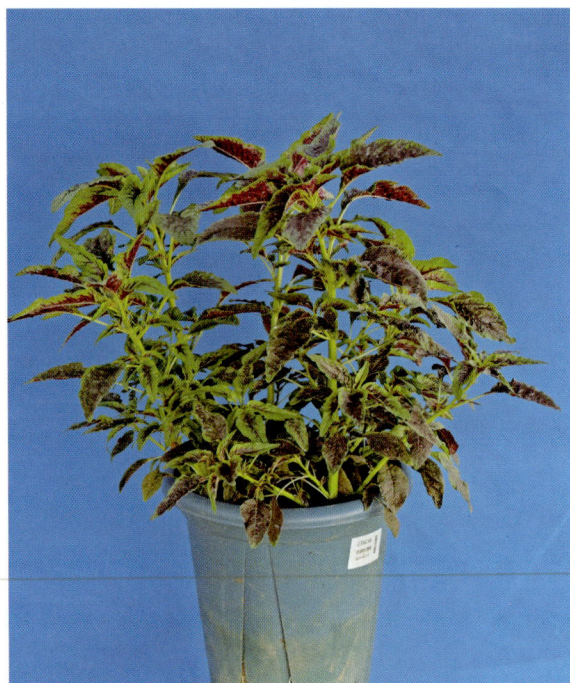

古 碑 红 苋 菜

【作物名称】苋菜 *Amaranthus tricolor* L.

【作物类别】蔬菜

【分　　类】苋科苋属

【采集地点】六安市金寨县

【采集编号】2021344137

【特征特性】

　　株型多茎型,植株整齐度中等,分枝性强。株高约10.9 cm,茎绿色,茎粗约0.7 cm。叶片着生半直角,叶纺锤形,叶面花色,皱缩,全缘;叶背花色,叶尖尖,叶基渐狭;叶片数约56片,叶长约8.7 cm,叶宽约4.3 cm,叶柄长约4.1 cm,叶柄浅绿色,单株重约16.3 g。

长 岭 青 苋 菜

【作物名称】苋菜 *Amaranthus tricolor* L.
【作物类别】蔬菜
【分　　类】苋科苋属
【采集地点】六安市金寨县
【采集编号】2021344152

【特征特性】

株型多茎型,植株整齐度中等,分枝性中。株高约17.1 cm,茎绿色,茎粗约0.8 cm。叶片着生半直角,叶卵形,叶面绿色,皱缩,全缘;叶背黄绿色,叶尖钝圆,叶基圆形;叶片数约39片,叶长约8.6 cm,叶宽约7.9 cm,叶柄长约9.8 cm,叶柄浅绿色,单株重约23.3 g。

后畈青苋菜

【作物名称】苋菜 *Amaranthus tricolor* L.

【作物类别】蔬菜

【分　　类】苋科苋属

【采集地点】六安市金寨县

【采集编号】2021344194

【特征特性】

　　株型多茎型,植株整齐度中等,分枝性强。株高约15.5 cm,茎绿色,茎粗约0.7 cm。叶片着生平展,叶卵形,叶面绿色,皱缩,全缘;叶背黄绿色,叶尖尖,叶基楔形;叶片数约51片,叶长约9.7 cm,叶宽约6.2 cm,叶柄长约4.6 cm,叶柄浅绿色,单株重约29.3 g。

果 子 园 花 苋 菜

【作物名称】苋菜 *Amaranthus tricolor* L.

【作物类别】蔬菜

【分　　类】苋科苋属

【采集地点】六安市金寨县

【采集编号】2021344217

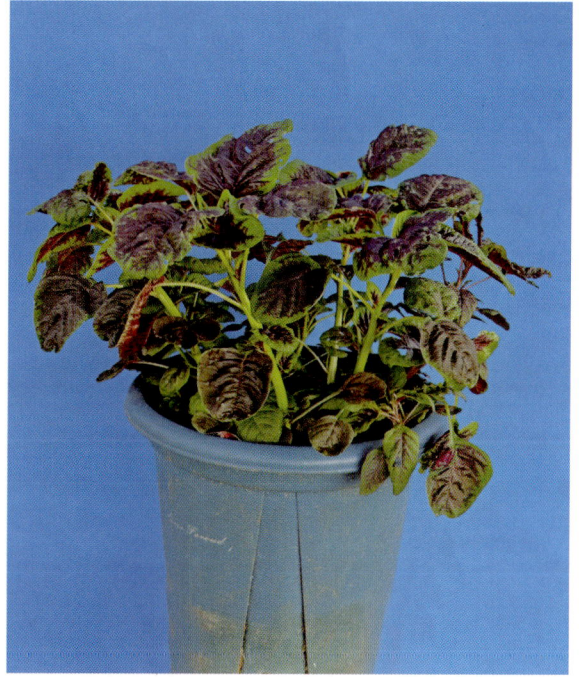

【特征特性】

　　株型单茎型,植株整齐度中等,分枝性中。株高约21.9 cm,茎浅绿色,茎粗约1.0 cm。叶片着生半直角,叶近圆形,叶面花色,皱缩,全缘;叶背花色,叶尖凹,叶基楔形;叶片数约27片,叶长约8.9 cm,叶宽约9.0 cm,叶柄长约5.5 cm,叶柄浅绿色,单株重约28.0 g。

双 河 尖 叶 苋 菜

【作物名称】苋菜 *Amaranthus tricolor* L.

【作物类别】蔬菜

【分　　类】苋科苋属

【采集地点】六安市金寨县

【采集编号】2021344228

【特征特性】

株型多茎型,植株整齐,分枝性中。株高约7.3 cm,茎绿色,茎粗约0.4 cm。叶片着生半直角,叶纺锤形,叶面绿色,皱缩,全缘;叶背黄绿色,叶尖尖,叶基渐狭;叶片数约31片,叶长约11.3 cm,叶宽约4.7 cm,叶柄长约4.1 cm,叶柄浅绿色,单株重约10.7 g。

双河青苋菜

【作物名称】苋菜 *Amaranthus tricolor* L.
【作物类别】蔬菜
【分　　类】苋科苋属
【采集地点】六安市金寨县
【采集编号】2021344229

【特征特性】

　　株型多茎型,植株整齐度中等,分枝性中。株高约10.8 cm,茎绿色,茎粗约0.5 cm。叶片着生半直角,叶卵形,叶面绿色,皱缩,全缘;叶背黄绿色,叶尖钝圆,叶基楔形;叶片数约59片,叶长约9.9 cm,叶宽约6.8 cm,叶柄长约3.6 cm,叶柄浅绿色,单株重约23.2 g。

天堂寨柳叶苋菜

【作物名称】苋菜 *Amaranthus tricolor* L.

【作物类别】蔬菜

【分　　类】苋科苋属

【采集地点】六安市金寨县

【采集编号】P341524012

【特征特性】

　　株型多茎型,植株整齐,分枝性强。株高约11.1 cm,茎绿色,茎粗约0.7 cm。叶片着生半直角,叶披针形,叶面绿色,皱缩,全缘;叶背黄绿色,叶尖尖,叶基渐狭;叶片数约61片,叶长约10.2 cm,叶宽约3.8 cm,叶柄长约3.8 cm,叶柄浅绿色,单株重约14.3 g。

晓 天 凹 头 苋

【作物名称】苋菜 *Amaranthus tricolor* L.
【作物类别】蔬菜
【分　　类】苋科苋属
【采集地点】六安市舒城县
【采集编号】P341523035

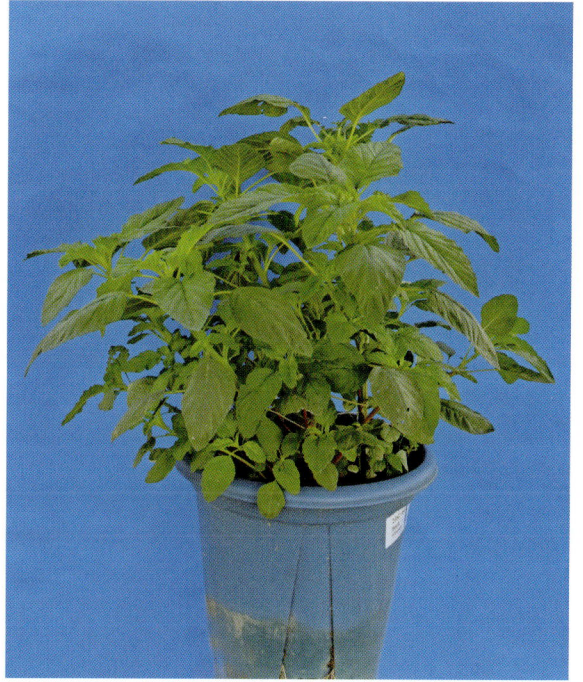

【特征特性】

株型单茎型,植株整齐,分枝性中。株高约15.4 cm,茎绿色,茎粗约0.7 cm。叶片着生半直角,叶卵形,叶面绿色,皱缩,全缘;叶背黄绿色,叶尖尖,叶基楔形;叶片数约36片,叶长约8.6 cm,叶宽约5.5 cm,叶柄长约5.2 cm,叶柄浅绿色,单株重约16.3 g。

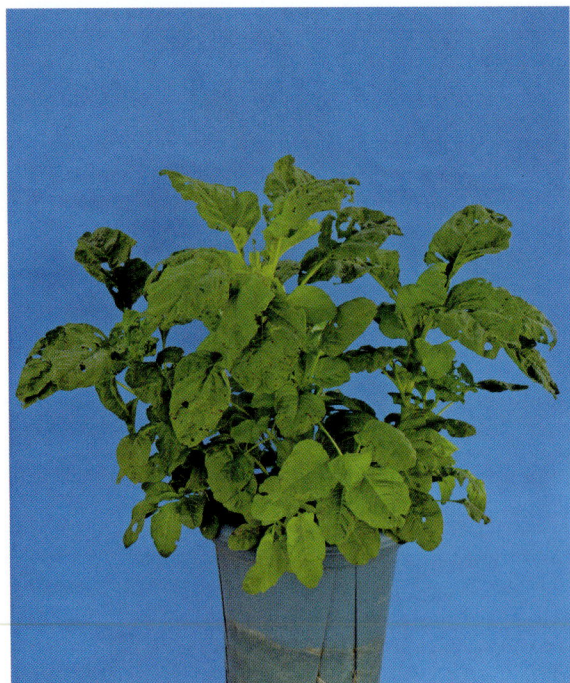

晓天青苋菜

【作物名称】苋菜 *Amaranthus tricolor* L.

【作物类别】蔬菜

【分　　类】苋科苋属

【采集地点】六安市舒城县

【采集编号】P341523046

【特征特性】

　　株型多茎型,植株整齐度中等,分枝性中。株高约14.9 cm,茎绿色,茎粗约0.9 cm。叶片着生半直角,叶卵形,叶面绿色,皱缩,全缘;叶背黄绿色,叶尖凹,叶基楔形;叶片数约42片,叶长约12.3 cm,叶宽约9.1 cm,叶柄长约6.6 cm,叶柄浅绿色,单株重约38.7 g。

白桥红叶苋菜

【作物名称】苋菜 *Amaranthus tricolor* L.

【作物类别】蔬菜

【分　　类】苋科苋属

【采集地点】马鞍山市和县

【采集编号】2019342028

【特征特性】

　　株型多茎型,植株整齐度中等,分枝性中。株高约9.0 cm,茎绿色,茎粗约0.5 cm。叶片着生半直角,叶近圆形,叶面花色,皱缩,全缘;叶背花色,叶尖凹,叶基圆形;叶片数约22片,叶长约8.1 cm,叶宽约7.8 cm,叶柄长约6.5 cm,叶柄浅绿色,单株重约14.3 g。

善厚红苋菜

【作物名称】苋菜 *Amaranthus tricolor* L.

【作物类别】蔬菜

【分　　类】苋科苋属

【采集地点】马鞍山市和县

【采集编号】2019342136

【特征特性】

　　株型单茎型,植株整齐度中等,分枝性中。株高约22.4 cm,茎绿色,茎粗约0.6 cm。叶片着生半直角,叶卵圆形,叶面花色,皱缩,全缘;叶背花色,叶尖凹,叶基楔形;叶片数约18片,叶长约10.3 cm,叶宽约10.6 cm,叶柄长约5.7 cm,叶柄浅绿色,单株重约24.9 g。

皂角花苋菜

【作物名称】苋菜 *Amaranthus tricolor* L.

【作物类别】蔬菜

【分　　类】苋科苋属

【采集地点】马鞍山市和县

【采集编号】2019342145

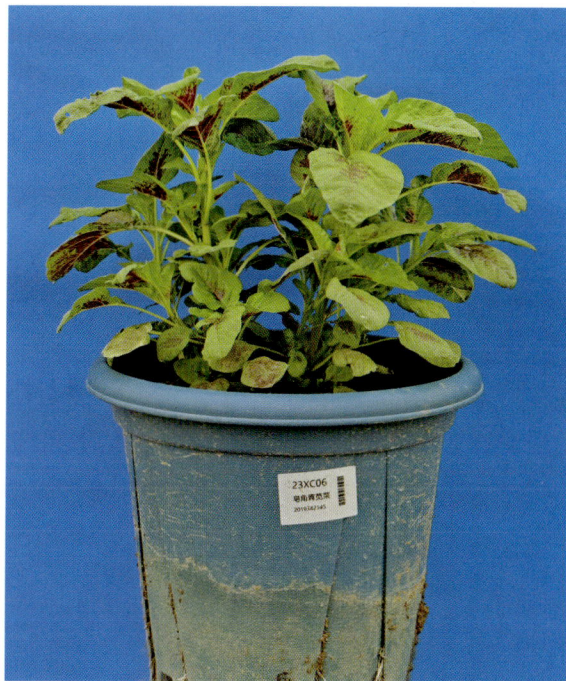

【特征特性】

株型多茎型,植株整齐度中等,分枝性中。株高约11.9 cm,茎绿色,茎粗约0.6 cm。叶片着生半直角,叶卵形,叶面花色,皱缩,全缘;叶背花色,叶尖凹,叶基楔形;叶片数约38片,叶长约10.4 cm,叶宽约7.6 cm,叶柄长约3.9 cm,叶柄浅绿色,单株重约22.0 g。

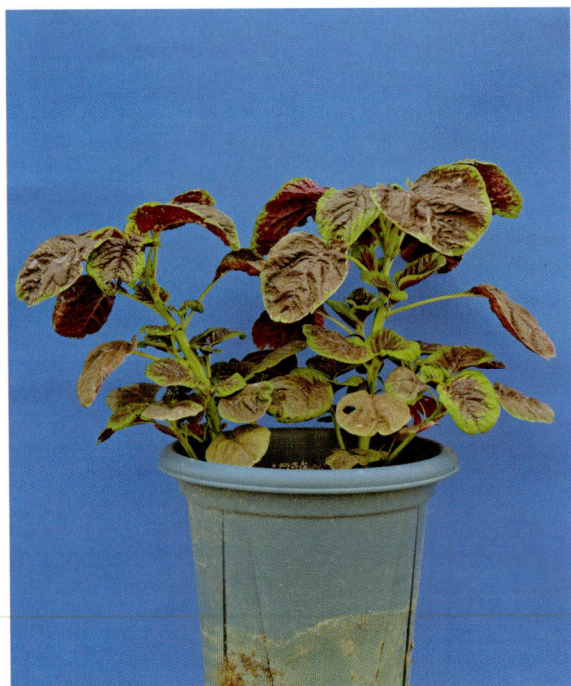

善厚花苋菜

【作物名称】苋菜 *Amaranthus tricolor* L.

【作物类别】蔬菜

【分　　类】苋科苋属

【采集地点】马鞍山市和县

【采集编号】2019342166

【特征特性】

　　株型单茎型,植株整齐,分枝性中。株高约12.1 cm,茎绿色,茎粗约0.6 cm。叶片着生半直角,叶卵圆形,叶面花色,皱缩,全缘;叶背花色,叶尖凹,叶基楔形;叶片数约19片,叶长约10.4 cm,叶宽约8.2 cm,叶柄长约4.2 cm,叶柄浅绿色,单株重约13.7 g。

旱林红叶苋菜

【作物名称】苋菜 *Amaranthus tricolor* L.

【作物类别】蔬菜

【分　　类】苋科苋属

【采集地点】马鞍山市和县

【采集编号】P340523004

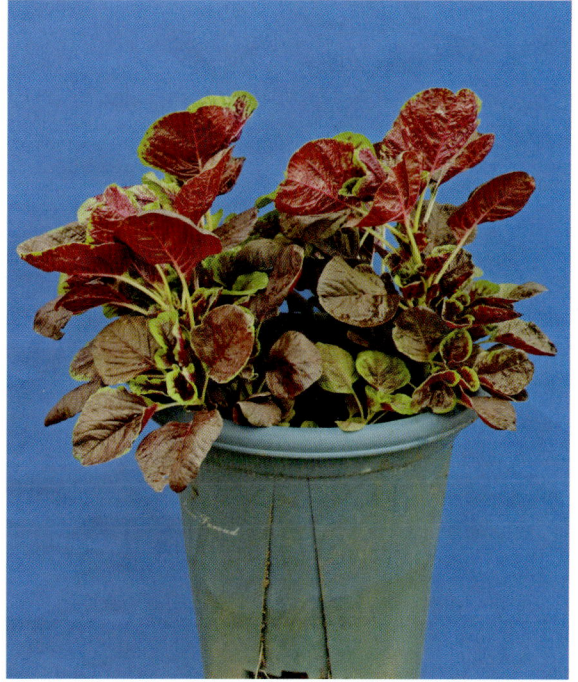

【特征特性】

　　株型多茎型,植株整齐,分枝性中。株高约9.5 cm,茎绿色,茎粗约0.5 cm。叶片着生半直角,叶近圆形,叶面花色,皱缩,全缘;叶背花色,叶尖凹,叶基楔形;叶片数约34片,叶长约9.9 cm,叶宽约9.0 cm,叶柄长约4.0 cm,叶柄紫红色,单株重约10.0 g。

历 阳 苋 菜

【作物名称】苋菜 *Amaranthus tricolor* L.

【作物类别】蔬菜

【分　　类】苋科苋属

【采集地点】马鞍山市和县

【采集编号】P340523020

【特征特性】

株型单茎型,植株整齐,分枝性中。株高约12.7 cm,茎绿色,茎粗约0.7 cm。叶片着生半直角,叶近圆形,叶面花色,皱缩,全缘;叶背花色,叶尖凹,叶基楔形;叶片数约23片,叶长约10.9 cm,叶宽约10.0 cm,叶柄长约3.9 cm,叶柄浅绿色,单株重约13.0 g。

张 铺 野 苋 菜

【作物名称】苋菜 *Amaranthus tricolor* L.

【作物类别】蔬菜

【分　　类】苋科苋属

【采集地点】滁州市天长市

【采集编号】P341181015

【特征特性】

　　株型单茎型,植株整齐度中等,分枝性中。株高约20.5 cm,茎紫红色,茎粗约0.5 cm。叶片着生半直角,叶卵形,叶面绿色,平滑,全缘;叶背黄绿色,叶尖尖,叶基圆形;叶片数约32片,叶长约7.7 cm,叶宽约5.2 cm,叶柄长约5.1 cm,叶柄浅绿色,单株重约11.7 g。

大 路 口 野 苋 菜

【作物名称】苋菜 *Amaranthus tricolor* L.

【作物类别】蔬菜

【分　　类】苋科苋属

【采集地点】宿州市泗县

【采集编号】P341324020

【特征特性】

　　株型单茎型,植株整齐度中等,分枝性中。株高约32.0 cm,茎绿色,茎粗约0.6 cm。叶片着生半直角,叶卵形,叶面绿色,平滑,全缘;叶背黄绿色,叶尖尖,叶基圆形;叶片数约23片,叶长约8.7 cm,叶宽约6.2 cm,叶柄长约5.1 cm,叶柄浅绿色,单株重约12.8 g。

大 路 口 红 根 苋 菜

【作物名称】苋菜 *Amaranthus tricolor* L.

【作物类别】蔬菜

【分　　类】苋科苋属

【采集地点】宿州市泗县

【采集编号】P341324105

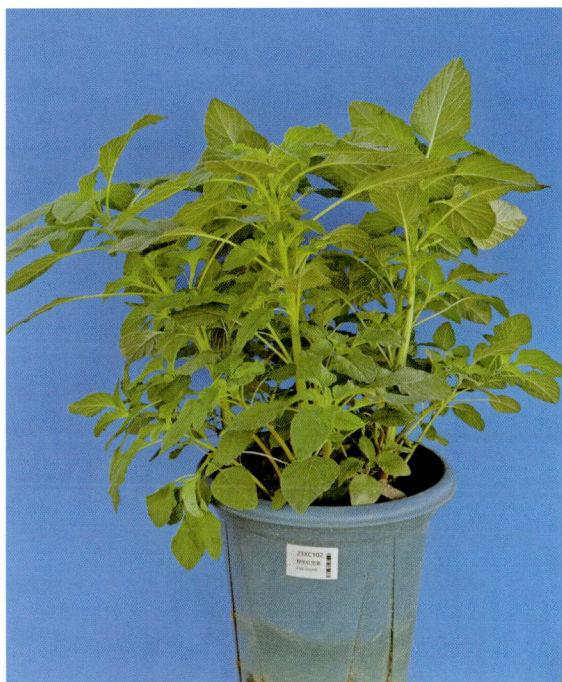

【特征特性】

　　株型单茎型,植株整齐,分枝性强。株高约16.7 cm,茎绿色,茎粗约0.6 cm。叶片着生半直角,叶卵形,叶面绿色,平滑,全缘;叶背黄绿色,叶尖尖,叶基楔形;叶片数约32片,叶长约9.7 cm,叶宽约7.2 cm,叶柄长约6.6 cm,叶柄浅绿色,单株重约19.0 g。

沟镇苋菜

【作物名称】苋菜 *Amaranthus tricolor* L.

【作物类别】蔬菜

【分　　类】苋科苋属

【采集地点】宿州市埇桥区

【采集编号】2022341302048

【特征特性】

　　株型多茎型,植株整齐,分枝性中。株高约12.7 cm,茎绿色,茎粗约0.7 cm。叶片着生半直角,叶近圆形,叶面花色,皱缩,全缘;叶背花色,叶尖凹,叶基楔形;叶片数约33片,叶长约9.9 cm,叶宽约9.0 cm,叶柄长约4.9 cm,叶柄浅绿色,单株重约18.3 g。

栏杆青苋菜

【作物名称】苋菜 *Amaranthus tricolor* L.
【作物类别】蔬菜
【分　　类】苋科苋属
【采集地点】宿州市埇桥区
【采集编号】P341302055

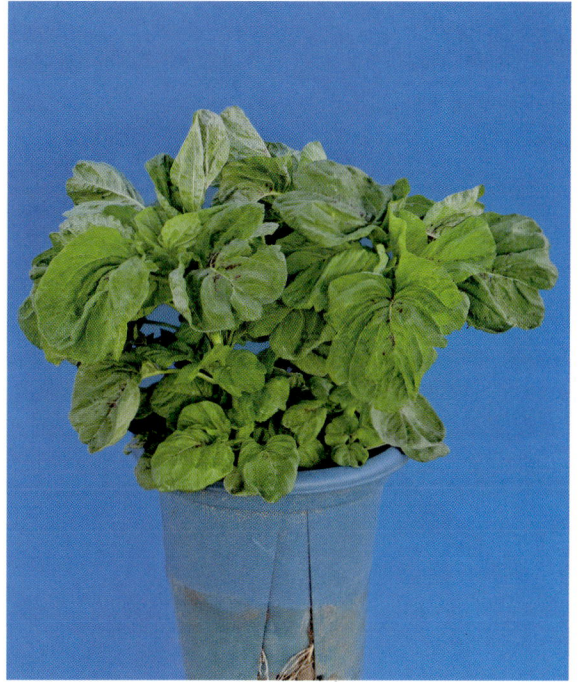

【特征特性】

　　株型多茎型,植株整齐,分枝性中。株高约7.9 cm,茎绿色,茎粗约0.7 cm。叶片着生半直角,叶近圆形,叶面花色,皱缩,全缘;叶背花色,叶尖凹,叶基楔形;叶片数约25片,叶长约9.9 cm,叶宽约9.0 cm,叶柄长约6.0 cm,叶柄浅绿色,单株重约20.3 g。

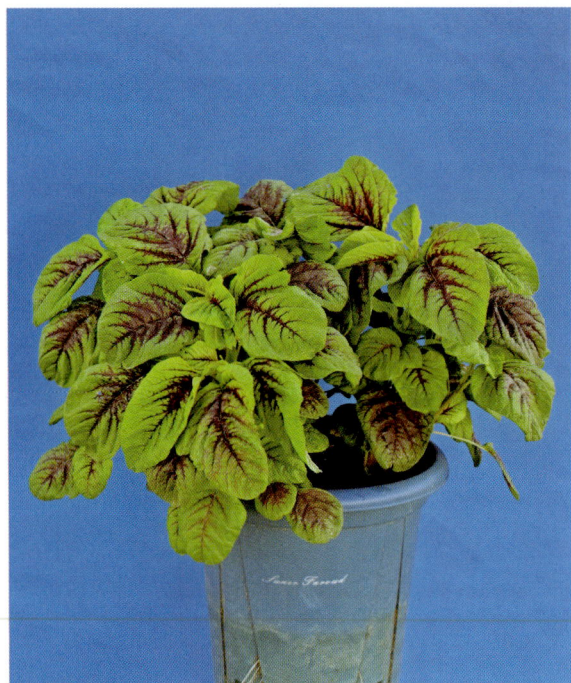

符离苋菜

【作物名称】苋菜 *Amaranthus tricolor* L.

【作物类别】蔬菜

【分　　类】苋科苋属

【采集地点】宿州市埇桥区

【采集编号】P341302058

【特征特性】

株型多茎型,植株整齐,分枝性中。株高约9.2 cm,茎浅绿色,茎粗约0.7 cm。叶片着生半直角,叶近圆形,叶面花色,皱缩,全缘;叶背花色,叶尖凹,叶基楔形;叶片数约24片,叶长约10.9 cm,叶宽约10.0 cm,叶柄长约4.8 cm,叶柄浅绿色,单株重约15.0 g。

新 城 红 苋 菜

【作物名称】苋菜 *Amaranthus tricolor* L.

【作物类别】蔬菜

【分　　类】苋科苋属

【采集地点】铜陵市铜官区

【采集编号】P340705019

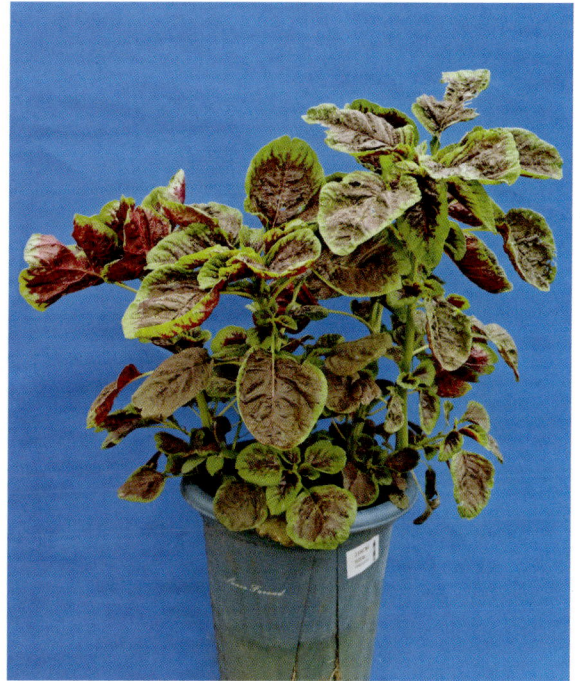

【特征特性】

　　株型单茎型,植株整齐度中等,分枝性中。株高约12.1 cm,茎绿色,茎粗约0.6 cm。叶片着生半直角,叶近圆形,叶面花色,皱缩,全缘;叶背花色,叶尖凹,叶基楔形;叶片数约32片,叶长约11.9 cm,叶宽约11.0 cm,叶柄长约3.8 cm,叶柄浅绿色,单株重约15.7 g。

新 城 青 苋 菜

【作物名称】苋菜 *Amaranthus tricolor* L.

【作物类别】蔬菜

【分　　类】苋科苋属

【采集地点】铜陵市铜官区

【采集编号】P340705020

【特征特性】

　　株型多茎型,植株整齐度中等,分枝性强。株高约17.1 cm,茎绿色,茎粗约0.8 cm。叶片着生半直角,叶披针形,叶面绿色,皱缩,全缘;叶背黄绿色,叶尖尖,叶基渐狭;叶片数约74片,叶长约10.2 cm,叶宽约3.8 cm,叶柄长约6.0 cm,叶柄浅绿色,单株重约19.0 g。

顺 安 野 苋 菜

【作物名称】苋菜 *Amaranthus tricolor* L.
【作物类别】蔬菜
【分　　类】苋科苋属
【采集地点】铜陵市义安区
【采集编号】2019344001

【特征特性】

　　株型单茎型,植株整齐,分枝性中。株高约21.0 cm,茎绿色,茎粗约0.6 cm。叶片着生平展,叶卵形,叶面绿色,平滑,全缘;叶背黄绿色,叶尖尖,叶基圆形;叶片数约30片,叶长约8.4 cm,叶宽约6.8 cm,叶柄长约6.9 cm,叶柄浅绿色,单株重约21.3 g。

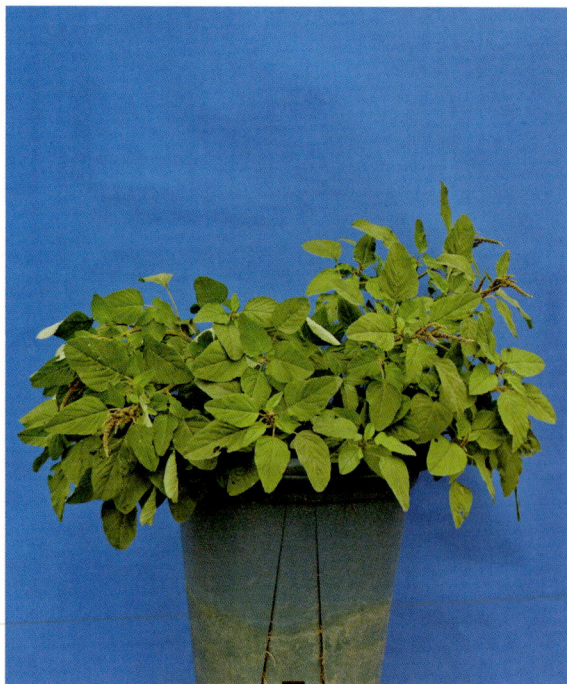

顺 安 刺 苋 菜

【作物名称】苋菜 *Amaranthus tricolor* L.
【作物类别】蔬菜
【分　　类】苋科苋属
【采集地点】铜陵市义安区
【采集编号】2019344002

【特征特性】

　　株型多茎型,植株整齐度中等,分枝性强。株高约20.6 cm,茎紫红色,茎粗约0.4 cm。叶片着生半直角,叶卵形,叶面绿色,平滑,全缘;叶背黄绿色,叶尖尖,叶基圆形;叶片数约39片,叶长约5.8 cm,叶宽约4.2 cm,叶柄长约5.2 cm,叶柄紫红色,单株重约13.0 g。

天 门 苋 菜

【作物名称】苋菜 *Amaranthus tricolor* L.

【作物类别】蔬菜

【分　　类】苋科苋属

【采集地点】铜陵市义安区

【采集编号】2019344037

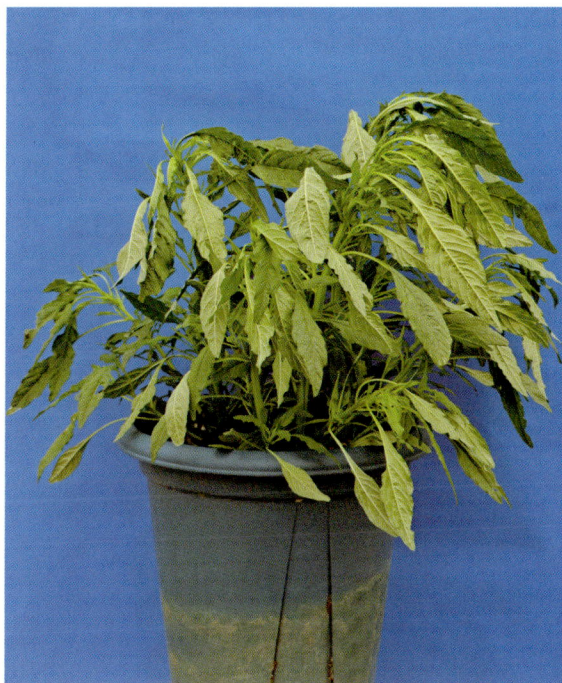

【特征特性】

　　株型多茎型,植株整齐度中等,分枝性强。株高约13.1 cm,茎绿色,茎粗约0.6 cm。叶片着生半直角,叶披针形,叶面绿色,平滑,全缘;叶背黄绿色,叶尖锐尖,叶基渐狭;叶片数约54片,叶长约9.6 cm,叶宽约3.0 cm,叶柄长约5.7 cm,叶柄浅绿色,单株重约15.3 g。

钟 鸣 苋 菜

【作物名称】苋菜 *Amaranthus tricolor* L.

【作物类别】蔬菜

【分　　类】苋科苋属

【采集地点】铜陵市义安区

【采集编号】2019344180

【特征特性】

　　株型多茎型,植株整齐,分枝性中。株高约10.5 cm,茎绿色,茎粗约0.6 cm。叶片着生半直角,叶卵形,叶面花色,皱缩,全缘;叶背花色,叶尖凹,叶基楔形;叶片数约41片,叶长约8.2 cm,叶宽约7.0 cm,叶柄长约3.9 cm,叶柄浅绿色,单株重约17.3 g。

横 山 汉 菜

【作物名称】苋菜 *Amaranthus tricolor* L.

【作物类别】蔬菜

【分　　类】苋科苋属

【采集地点】芜湖市繁昌区

【采集编号】P340222042

【特征特性】

　　株型单茎型,植株整齐度中等,分枝性中。株高约10.0 cm,茎绿色,茎粗约0.6 cm。叶片着生半直角,叶近圆形,叶面花色,皱缩,全缘;叶背花色,叶尖凹,叶基楔形;叶片数约27片,叶长约9.9 cm,叶宽约9.0 cm,叶柄长约5.3 cm,叶柄浅绿色,单株重约16.0 g。

何湾苋菜

【作物名称】苋菜 *Amaranthus tricolor* L.

【作物类别】蔬菜

【分　　类】苋科苋属

【采集地点】芜湖市南陵县

【采集编号】2020341029

【特征特性】

　　株型多茎型,植株整齐度中等,分枝性强。株高约12.7 cm,茎绿色,茎粗约0.5 cm。叶片着生半直角,叶披针形,叶面绿色,平滑,全缘;叶背黄绿色,叶尖锐尖,叶基渐狭;叶片数约70片,叶长约12.1 cm,叶宽约4.6 cm,叶柄长约3.3 cm,叶柄浅绿色,单株重约16.7 g。

弋江苋菜

【作物名称】苋菜 *Amaranthus tricolor* L.

【作物类别】蔬菜

【分　　类】苋科苋属

【采集地点】芜湖市南陵县

【采集编号】2020341039

【特征特性】

　　株型多茎型,植株整齐度中等,分枝性强。株高约9.4 cm,茎绿色,茎粗约0.5 cm。叶片着生半直角,叶披针形,叶面花色,皱缩,全缘;叶背花色,叶尖锐尖,叶基渐狭;叶片数约51片,叶长约11.8 cm,叶宽约2.6 cm,叶柄长约3.2 cm,叶柄紫红色,单株重约8.7 g。

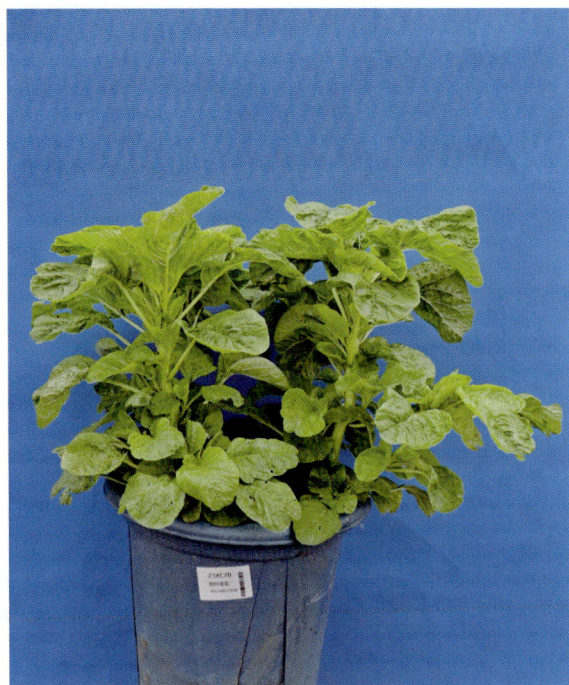

昆山圆叶苋菜

【作物名称】苋菜 *Amaranthus tricolor* L.

【作物类别】蔬菜

【分　　类】苋科苋属

【采集地点】芜湖市无为市

【采集编号】2022340225002

【特征特性】

株型多茎型,植株整齐,分枝性强。株高约10.3 cm,茎浅绿色,茎粗约0.7 cm。叶片着生半直角,叶卵圆形,叶面黄绿色,皱缩,全缘;叶背黄绿色,叶尖凹,叶基楔形;叶片数约43片,叶长约11.2 cm,叶宽约8.5 cm,叶柄长约5.9 cm,叶柄浅绿色,单株重约26.3 g。

无 城 尖 叶 苋 菜

【作物名称】苋菜 *Amaranthus tricolor* L.

【作物类别】蔬菜

【分　　类】苋科苋属

【采集地点】芜湖市无为市

【采集编号】P340225033

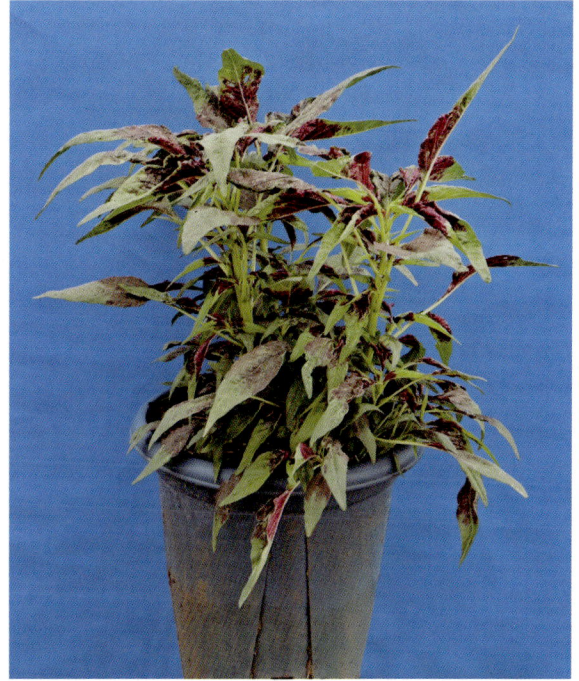

【特征特性】

　　株型多茎型,植株整齐,分枝性中。株高约10.9 cm,茎绿色,茎粗约0.5 cm。叶片着生半直角,叶披针形,叶面花色,皱缩,全缘;叶背花色,叶尖锐尖,叶基渐狭;叶片数约50片,叶长约8.2 cm,叶宽约4.6 cm,叶柄长约3.0 cm,叶柄浅绿色,单株重约12.7 g。

花桥红苋菜

【作物名称】苋菜 *Amaranthus tricolor* L.

【作物类别】蔬菜

【分　　类】苋科苋属

【采集地点】芜湖市湾沚区

【采集编号】P340221034

【特征特性】

株型单茎型,植株整齐度中等,分枝性中。株高约18.5 cm,茎绿色,茎粗约0.7 cm。叶片着生半直角,叶卵圆形,叶面花色,皱缩,全缘;叶背花色,叶尖凹,叶基楔形;叶片数约31片,叶长约8.9 cm,叶宽约8.0 cm,叶柄长约4.5 cm,叶柄浅绿色,单株重约16.3 g。

泾 川 花 苋 菜

【作物名称】苋菜 *Amaranthus tricolor* L.

【作物类别】蔬菜

【分　　类】苋科苋属

【采集地点】宣城市泾县

【采集编号】2021341515

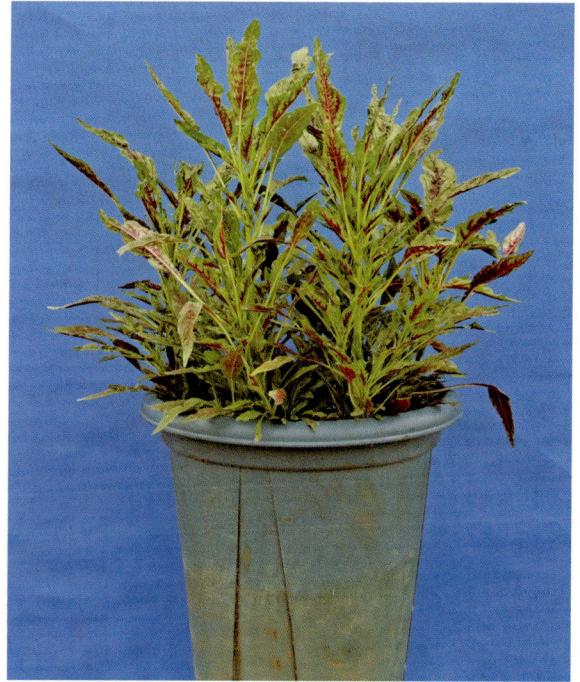

【特征特性】

株型多茎型,植株整齐度中等,分枝性强。株高约14.5 cm,茎绿色,茎粗约0.5 cm。叶片着生半直角,叶披针形,叶面花色,皱缩,全缘;叶背花色,叶尖锐尖,叶基渐狭;叶片数约48片,叶长约7.8 cm,叶宽约2.0 cm,叶柄长约3.1 cm,叶柄浅绿色,单株重约15.7 g。

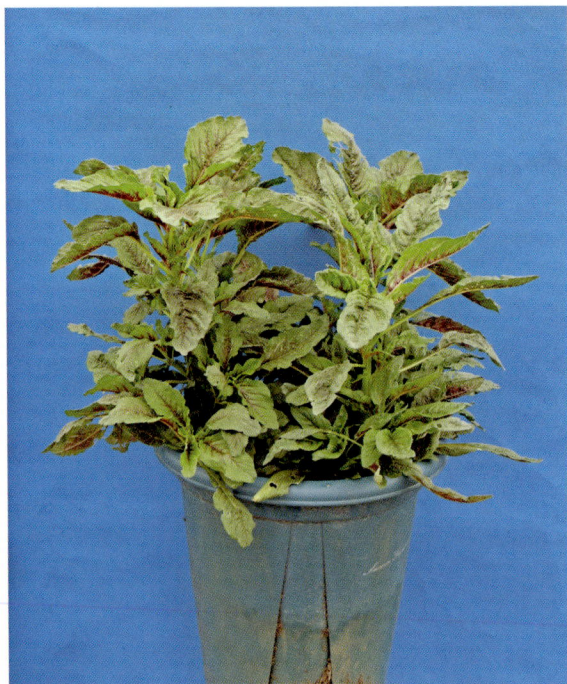

榔桥芝麻苋

【作物名称】苋菜 *Amaranthus tricolor* L.

【作物类别】蔬菜

【分　　类】苋科苋属

【采集地点】宣城市泾县

【采集编号】2021341560

【特征特性】

　　株型多茎型,植株整齐度中等,分枝性强。株高约8.2 cm,茎绿色,茎粗约0.5 cm。叶片着生半直角,叶纺锤形,叶面花色,皱缩,全缘;叶背花色,叶尖尖,叶基渐狭;叶片数约46片,叶长约11.3 cm,叶宽约8.5 cm,叶柄长约3.7 cm,叶柄浅绿色,单株重约10.7 g。

榔桥红苋菜

【作物名称】苋菜 *Amaranthus tricolor* L.

【作物类别】蔬菜

【分　　类】苋科苋属

【采集地点】宣城市泾县

【采集编号】2021341575

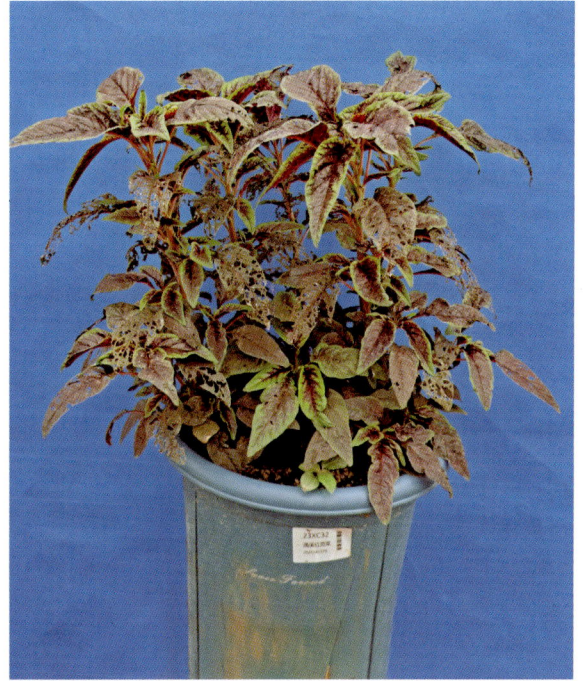

【特征特性】

　　株型单茎型,植株整齐度中等,分枝性强。株高约18.6 cm,茎紫红色,茎粗约0.6 cm。叶片着生半直角,叶纺锤形,叶面花色,皱缩,全缘;叶背花色,叶尖尖,叶基渐狭;叶片数约52片,叶长约12.3 cm,叶宽约9.5 cm,叶柄长约3.5 cm,叶柄紫红色,单株重约18.2 g。

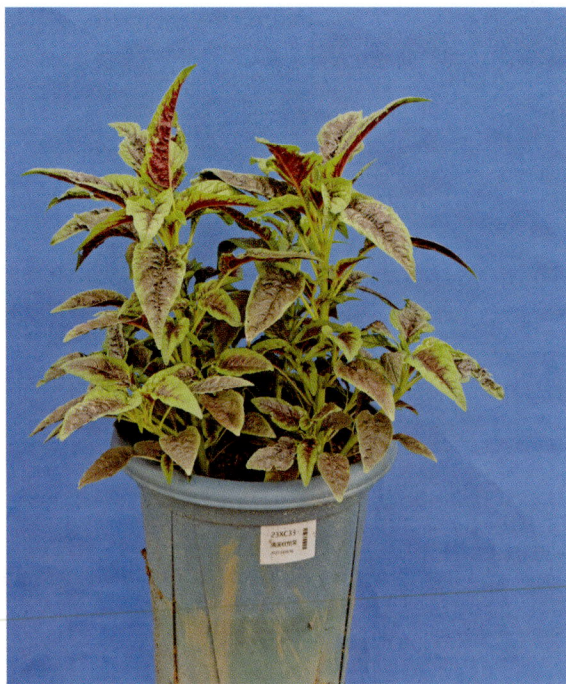

桃花潭红苋菜

【作物名称】苋菜 *Amaranthus tricolor* L.

【作物类别】蔬菜

【分　　类】苋科苋属

【采集地点】宣城市泾县

【采集编号】2021341616

【特征特性】

　　株型多茎型,植株整齐,分枝性中。株高约10.2 cm,茎绿色,茎粗约0.5 cm。叶片着生半直角,叶纺锤形,叶面花色,皱缩,全缘;叶背花色,叶尖尖,叶基渐狭;叶片数约40片,叶长约13.3 cm,叶宽约10.5 cm,叶柄长约4.1 cm,叶柄浅绿色,单株重约11.3 g。

涛 城 野 苋 菜

【作物名称】苋菜 *Amaranthus tricolor* L.

【作物类别】蔬菜

【分　　类】苋科苋属

【采集地点】宣城市郎溪县

【采集编号】P341821056

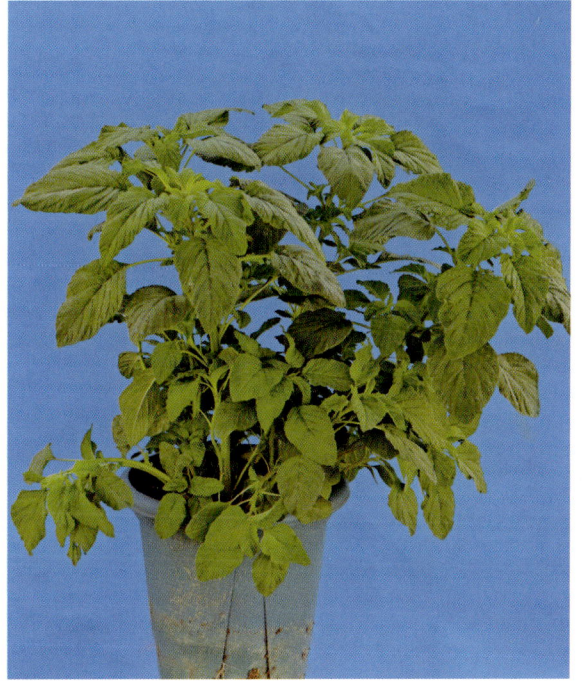

【特征特性】

　　株型多茎型,植株整齐,分枝性强。株高约20.4 cm,茎绿色,茎粗约0.8 cm。叶片着生半直角,叶卵形,叶面绿色,平滑,全缘;叶背黄绿色,叶尖尖,叶基楔形;叶片数约45片,叶长约9.7 cm,叶宽约6.8 cm,叶柄长约6.7 cm,叶柄浅绿色,单株重约30.3 g。

仙 霞 高 秆 苋 菜

【作物名称】苋菜 *Amaranthus tricolor* L.

【作物类别】蔬菜

【分　　类】苋科苋属

【采集地点】宣城市宁国市

【采集编号】2021345068

【特征特性】

株型单茎型,植株整齐度中等,分枝性中。株高约23.4 cm,茎绿色,茎粗约0.9 cm。叶片着生半直角,叶卵圆形,叶面绿色,皱缩,全缘;叶背黄绿色,叶尖钝圆,叶基楔形;叶片数约40片,叶长约11.1 cm,叶宽约9.6 cm,叶柄长约4.5 cm,叶柄浅绿色,单株重约22.7 g。

南 极 苋 菜

【作物名称】苋菜 *Amaranthus tricolor* L.

【作物类别】蔬菜

【分　　类】苋科苋属

【采集地点】宣城市宁国市

【采集编号】2021345149

【特征特性】

株型多茎型,植株整齐,分枝性中。株高约7.8 cm,茎绿色,茎粗约0.5 cm。叶片着生半直角,叶卵形,叶面花色,皱缩,全缘;叶背花色,叶尖钝圆,叶基楔形;叶片数约26片,叶长约9.7 cm,叶宽约6.5 cm,叶柄长约5.1 cm,叶柄浅绿色,单株重约9.3 g。

竹 峰 尖 叶 红 苋 菜

【作物名称】苋菜 *Amaranthus tricolor* L.

【作物类别】蔬菜

【分　　类】苋科苋属

【采集地点】宣城市宁国市

【采集编号】2021345238

【特征特性】

　　株型单茎型,植株整齐度中等,分枝性中。株高约9.7 cm,茎绿色,茎粗约0.5 cm。叶片着生半直角,叶卵形,叶面花色,皱缩,全缘;叶背花色,叶尖尖,叶基楔形;叶片数约31片,叶长约9.1 cm,叶宽约5.4 cm,叶柄长约5.0 cm,叶柄浅绿色,单株重约9.7 g。

济 川 红 苋 菜

【作物名称】苋菜 *Amaranthus tricolor* L.

【作物类别】蔬菜

【分　　类】苋科苋属

【采集地点】宣城市宣州区

【采集编号】P341802053

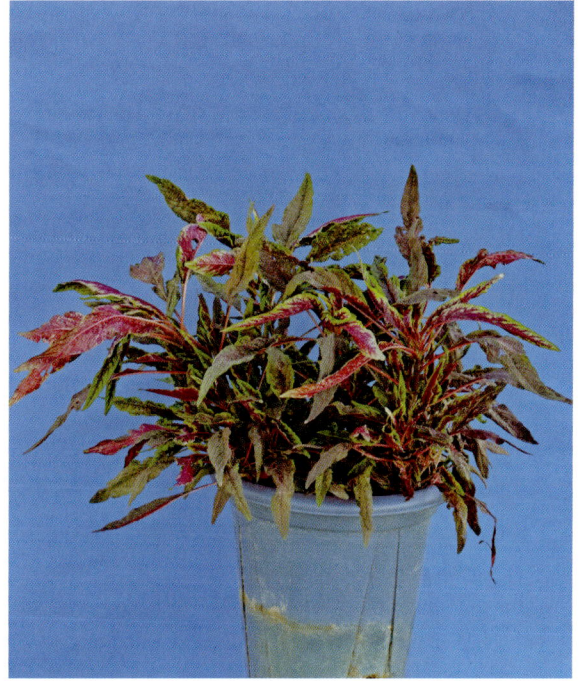

【特征特性】

　　株型多茎型,植株整齐度中等,分枝性中。株高约8.6 cm,茎紫红色,茎粗约0.5 cm。叶片着生半直角,叶披针形,叶面花色,皱缩,全缘;叶背花色,叶尖锐尖,叶基渐狭;叶片数约37片,叶长约11.9 cm,叶宽约2.7 cm,叶柄长约4.0 cm,叶柄紫红色,单株重约9.3 g。

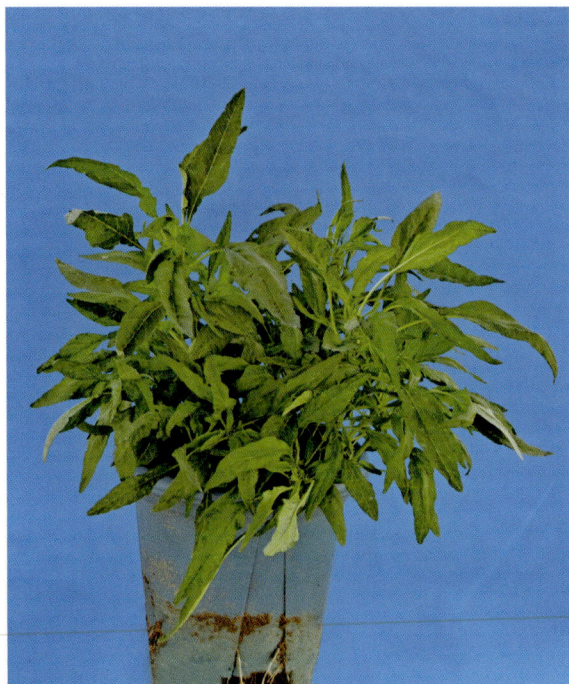

济 川 青 苋 菜

【作物名称】苋菜 *Amaranthus tricolor* L.

【作物类别】蔬菜

【分　　类】苋科苋属

【采集地点】宣城市宣州区

【采集编号】P341802054

【特征特性】

　　株型多茎型,植株整齐度中等,分枝性强。株高约12.0 cm,茎绿色,茎粗约0.7 cm。叶片着生半直角,叶披针形,叶面绿色,皱缩,全缘;叶背黄绿色,叶尖锐尖,叶基渐狭;叶片数约52片,叶长约13.1 cm,叶宽约3.8 cm,叶柄长约4.8 cm,叶柄浅绿色,单株重约23.0 g。